식생활관리

MEAL

식생활관리

백재은, 배현주, 이경아, 류시현, 김옥선, 이영미, 권수연 지음

교문사

MANAGEMENT

머리말

예로부터 인간의 가장 큰 관심사는 '잘 먹고 잘 사는 것'이었다. 의·식·주 중에서도 특히 식생활은 생명 유지뿐만 아니라 기호 충족 및 사회적 관계 형성에 있어서 중요한 의미를 가진다. 새로운 형태의 식품이 개발되고, 수많은 식생활 정보가 실시간 다양한 매체를 통해 유통되고 있는 현대사회에서 소비자는 여러 가지 의사결정을 해야만 한다. 이 과정에서 개인이나 집단은 건강한 식생활을 영위하기 위해 식생활관리 전문가의 도움을 받기도 한다.

이에 급식·외식·음식문화를 전공한 저자들은 식품·영양·외식·조리 분야 전공생뿐만 아니라 급식·외식업체의 관리자와 경영자에게 글로벌시대·다문화시대에 적합한 생애주기별 식생활관리의 지침과 구체적인 실행방법을 제공하고자 이 책을 집필하게 되었다.

본 교재는 '식생활관리의 이해', '식생활관리의 실제', '글로벌 음식문화의 이해'의 세부분으로 구성하였다. 식생활관리의 이해 부분에서는 최근 식생활의 환경 변화와 식생활관리의 목표에 대해서 설명하였으며, 식생활관리의 실제 부분에서는 생애주기나 특수한 관리 목적에 적합한 식단의 계획·실행·평가방법에 대해 수록하였다. 글로벌 음식문화의 이해 부분에서는 식생활관리자라면 꼭 알고 있어야 할 한국음식과 동·서양의 음식문화와 식사예절, 상차림 및 식공간 연출에 대한 내용을 포함하였다.

이 책이 식생활관리전문가, 메뉴개발자, 조리사, 음식문화연구가 등으로 활동하길 희망하는 전공생뿐만 아니라 건강한 식생활을 영위하기를 바라는 일반인들에게도 도움이 될 수 있기를 바란다. 끝으로 책을 출판하기까지 아낌없는 지원과 수고를 해주신 교문사 류원식 대표님과 편집부와 영업부 여러분께 감사의 마음을 전한다.

2022년 3월
저자 일동

차

례

PART 1 식생활관리의 이해

CHAPTER 1/ 식생활관리의 개요

CHAPTER 2/ 식생활과 환경 변화

CHAPTER 3/ 식생활관리의 목표

PART 2 식생활관리의
실제

PART

1

식생활관리의 이해

식생활관리의 개요

1 / 식생활의 기능

식생활은 인간이 생명을 유지하고 일상생활을 정상적으로 영위하기 위해 필수적인 요소라고 할 수 있다. 식생활이란 사전에서 '먹고사는 생활', 즉 음식물의 섭취와 관련된 광범위한 행위로 정의할 수 있고, 인간이 태어나서 생명을 다하는 순간까지 함께하는 인간 생존의 기본요소라 할 수 있다. 오늘날 경제 성장과 과학기술의 발달, 국가 간 교류가 많아짐에 따라 사람들의 생활환경이 크게 변화하고 인간 생존의 기본요소였던 식생활이 다양하고 복잡하게 변하고 있다. 식생활은 단순히 성장과 건강을 유지하거나 생리적인 욕구를 해소하기 위한 기능에서 벗어나 음식을 통해 아름다움을 찾고 기호를 충족시키는 기능과 인간관계를 강화하고 사교적인 만남을 통해 즐거움을 주는 커뮤니케이션(communication) 수단으로 발전하게 되었다(그림 1-1).

2 / 식생활의 변화

1) 식생활의 세계화

과거 전통적인 식생활패턴에서 이민과 해외여행의 증가, 국제 교류에 의한 수입식품의 증가로 외국의 식문화가 급격히 유입되면서, 식생활 분야가 서구화·세계화되었

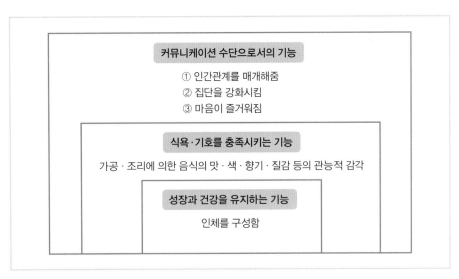

그림 1-1 **식생활의 기능**
자료: 권순자 외(2009). 식생활관리.

다. 서양 채소와 과일은 물론 양주, 와인, 커피 등의 소비가 증가하였고 밥과 반찬 위주의 반상식사가 아닌 빵과 햄버거, 우유를 이용하는 서양식사로 변하게 되었다. 또한 한국의 전통적인 조리법이 아닌 샐러드, 스테이크, 튀김 등의 서구식 식사를 기반으로 하는 서양식 조리법이 많이 이용되고 있다. 육류와 칼로리가 높은 서양 식사는 우리나라 사람들의 질병 양상도 서양식으로 바꾸는 계기를 제공하였다. 반면에 한국의 전통음식과 조리법은 건강식으로 알려지면서 외국인들이 많이 찾고 있으며 한식 세계화에 대한 연구가 활발하게 진행되고 있다.

2) 식생활의 간편화

바쁜 현대생활에서 늦은 저녁까지 활동하고 아침에 늦게 일어나는 현대인들이 많아지면서 아침 결식도 증가하였고, '1일 3끼 식사'가 '1일 2끼 + 간편식'으로 변화하게 되었다. 식생활의 간편화는 특히 아침 식사에 두드러지게 나타나게 되었고, 아침 결식은 점심에 과식하는 나쁜 식습관으로 이어지게 되었다. 식생활이 간편화되면서 서양의 식사처럼 간편하게 준비할 수 있는 빵, 우유 또는 음료, 반조리식품, 조리식품, 가공식품, 간편가정식(HMR: Home Meal Replacement), 인스턴트식품을 선호하게 되었다. 특히 동물성지방의 함량이 높고, 나트륨이 많이 함유되어 있으며, 식이섬유가 부족하고 식품첨가물이 많이 함유되어 있는 가공식품의 섭취는 건강에 위험을 초래할 수 있으므로 주의해서 선택해야 한다.

3) 고탄수화물식에서 고지방식으로 변화

현대 가정의 식사는 쌀 위주의 고탄수화물식(고전분식)에서 점차 고지방식으로 전환되고 있으며, 조리법에서도 삶거나 찌는 전통조리법에서 칼로리가 높은 튀김이나 마요네즈 드레싱 등의 사용이 증가하고 있다. 2013년도 국민건강조사에서도 탄수화물의 섭취 함량은 줄어드는 반면에 지방의 섭취는 뚜렷하게 증가하는 경향을 보였으며, 2015년 한국인 영양소 섭취기준의 에너지 적정비율에서도 총 지방이 15~25%에서 15~30%로 상향 조정되었다.

4) 생명 유지의 식사에서 건강과 사교를 위한 식사로 변화

1980년대 이후 급격히 증가한 서양 식사의 영향으로 동물성식품의 섭취가 증가하고 식이섬유소의 섭취는 감소하였으며 나트륨 및 당류의 섭취가 증가하였다. 이에 따라 만성질환을 예방하고 개선하기 위한 건강식에 대한 관심이 증대되었다. 또한 단순한 식사가 아닌 사교와 즐거움을 위한 식사가 부각되면서 음식에서 즐거움을 찾는 '먹방(먹는 방송)'과 '쿡방(Cook+방송)' 프로그램이 성행하고 인터넷, SNS를 통한 교류가 활발하게 진행되고 있다.

5) 맞춤형 식생활을 위한 산업과 직업의 등장

최근에는 개인의 개성과 건강 특성에 맞춘 맞춤형 식생활관리가 가능해졌다. 개인에게 부족한 영양소를 보충 또는 강화하거나 본인에게 알레르기를 일으키는 요인을 제거하는 방법으로 맞춤형 식생활관리를 제안하고 도와주는 직업도 등장하게 되었다.

3 / 식생활과 건강

1) 영양불균형 심화

19세기에는 기근으로 영양실조와 전염병이 만연하여 사람들의 평균 수명이 30~40세를 넘기기 어려웠다. 그러나 20세기 들어 품종 개량, 기계에 의한 농작물 생산기술의 향상으로 곡류·서류 등 식물성 식품의 수확량이 엄청나게 늘어났다. 이의 영향으로 소나 돼지 등의 먹이가 확보되면서 가축을 대량으로 사육할 수 있게 되었고, 생산량이 증가함에 따라 사람들의 육류 섭취량도 급격히 증가하게 되었다. 식량이 풍족해지면서 결핍이었던 영양상태가 과잉으로 변하였고, 1·2차 세계대전 이후 발전한 의학기술의 영향으로 인간의 수명이 70~80세까지 놀라운 속도로 연장되면서 '고령화 사회'를 준비할 시기가 다가왔다.

급격한 생활환경의 변화로 에너지 필요추정량의 125% 이상인 분율을 나타내는 에너지 과잉섭취 인구 분율이 평균 20%에 근접해 있으며, 남성의 경우 여성보다 더 높은 것으로 나타났다. 지방 과잉섭취 인구 분율에서도 남성은 여성보다 지방으로 에너지를 섭취하는 비율이 더 높은 것으로 나타났다(표 1-1). 특히 남녀 1세 이상 식품군별 1일 섭취량에서 남녀 모두 곡류, 채소류, 과일류 등의 식물성 식품의 섭취는 감소하는 경향을 나타냈고, 육류와 같은 동물성 식품과 음료 등의 기호식품이 증가

표 1-1 **에너지 과잉섭취자 분율(만 1세 이상)**

구분		2005	2010	2011	2012	2013	2014	2015	2016	2017	2018	2019
에너지 (%)[1]	전체	19.0	21.1	20.1	18.7	20.7	21.2	23.3	21.0	19.5	18.4	16.9
	남자	20.6	26.0	26.1	22.6	24.1	25.2	27.4	26.1	23.8	22.2	20.7
	여자	17.4	16.3	14.2	14.9	17.3	17.3	19.2	15.9	15.2	14.7	13.0
지방 (%)[2]	전체	22.6	21.6	22.4	23.6	27.3	29.6	29.8	17.2	18.9	19.6	22.0
	남자	24.6	23.2	23.9	24.8	28.6	30.3	31.4	18.5	19.5	19.4	22.8
	여자	20.7	20.1	21.0	22.3	26.1	28.8	28.0	15.8	18.3	19.8	21.1

자료: 보건복지부「국민건강영양조사, 국가승인통계 제117002호」
[1] 에너지 과잉 섭취 인구 분율 : 에너지 섭취량이 에너지 필요추정량의 125% 이상인 분율, 만 1세 이상
[2] 지방 과잉 섭취 인구 분율 : 지방 섭취량이 지방에너지 적정비율의 상한선을 초과한 분율, 만 1세 이상

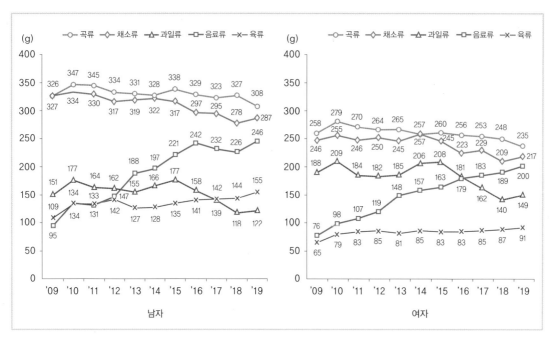

그림 1-2 식품군별 1일 섭취량(만 1세 이상)
자료: 질병관리청 국민건강영양조사 제 8기 1차 년도(2020)

하는 경향을 나타냈다(그림 1-2).

2) 가공식품 및 수입식품의 섭취 증대로 인한 안전성

여성의 사회 진출과 맞벌이 부부의 증가, 핵가족과 1인 가구 등 가족 구조의 변화는 가정에서의 식생활관리자의 역할을 대행할 수 있는 가정대용식(HMR) 또는 가공식품의 증가와 패스트푸드 또는 패밀리레스토랑 등의 외식업체 이용을 증가시키는 원인이 되었다. 2020년 국민건강영양조사 결과에서도 하루 1회 이상 외식률이 앞의 원인으로 인해 증가 추세인 것으로 나타났으며, 남자가 여자보다 외식률이 높은 것으로 나타났다(그림 1-3). 식료품비 지출 중 외식비가 차지하는 금액은 2012년 24만 원에서 2019년 30만 원으로 증가하였다(표 1-2). 현재는 코로나 19와 '먹방', '쿡방'의 영향으로 가정에서 음식을 해먹을 수 있는 밀키트의 매출은 증가하고 있으나 외식비는 크게 증가하지 않고 있는 것으로 나타났다.

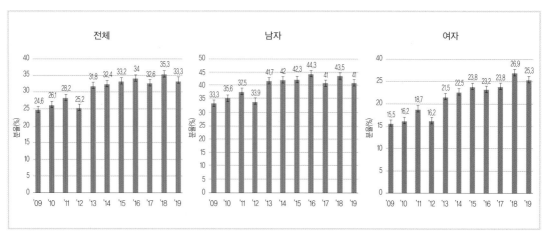

그림 1-3 **하루 1회 이상 외식률(1세 이상)**
자료: 질병관리청 국민건강영양조사 제 8기 1차년도(2020)

표 1-2 **식료품비 지출대비 외식비 지출** (단위: 만 원)

구분		2012	2013	2014	2015	2016	2017	2018	2019
식료품비	가정식비	42	43	43	44	45	46	46	49
	외식비	24	24	24	25	26	28	28	30
	계	66	67	67	69	71	74	74	79

또한 국제교역과 해외여행이 활발해짐에 따라 외국의 식생활이 무분별하게 전달되면서 밥과 국을 기본으로 하는 전통적인 식생활이 서구화되었고, 질병도 서구화되는 양상을 보이고 있다. 쌀의 소비량은 2013년을 기점으로 쌀을 이용한 가공식품의 개발과 급식에서의 활용으로 사업체 부분위주로 증가하는 경향이 나타났다(그림 1-4). 국내 농업 기반이 약해지고 이러한 영향으로 식량자급률과 곡물자급률이 떨어지는 현상을 초래하여 OECD국가 38개국(′21년 5월 기준) 중에 식량자급률은 일본과 함께 최하위를 차지하였다(그림 1-5). 식량 구매능력, 국가 식량 공급능력, 식품 안전성 및 질 등 3개 부문을 평가해 매년 순위와 점수로 발표되는 식량안보지수에서는 113개 회원국 중 29위를 차지했다. 식량안보는 넓은 뜻으로 국민들에게 충분한 양과 질의 식량을 필요한 시기와 장소에 공급할 수 있는 것을 말하며, 좁은 뜻으로는

푸드 마일리지

푸드 마일리지(food mileage)는 음식의 재료가 생산지에서 식탁에 오르기까지의 수송거리(km)로, 환경 부담의 정도를 나타내는 지표이다. 푸드 마일리지가 높을수록 많은 양의 식품을, 항공기나 선박 등 운송수단을 이용하여 먼 지역에서 수입해왔음을 의미하며, 식품 수송으로 발생하는 온실가스가 많다는 뜻이기도 하다. 푸드 마일리지 개념은 그 수치를 통해 식품의 수입 의존도, 식량 자급률, 식품의 신선도, 방부제 사용 정도, 이산화탄소 배출량을 파악할 수 있다. 우리나라는 일본과 함께 1인당 푸드 마일리지가 프랑스, 영국 등에 비해 매우 높은 수준으로 나타났다. 최근 우리나라는 푸드 마일리지를 줄이기 위해 지역 인근에서 생산된 재료를 먹자는 로컬푸드(local food)운동이 지속되고 있다. 로컬푸드는 운송 거

국가별 1인당 식품 수입량

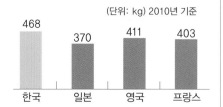

(단위: kg) 2010년 기준

국가별 1인당 푸드 마일리지

(단위: kg) 2010년 기준

자료: 국립환경과학원.

리가 짧아 빠른 시간 내에 신선하게 소비할 수 있으며, 지역의 농수산물 소비를 활성화할 수 있다는 장점이 있다. 유럽에서는 거주 지역에서 재배된 로컬푸드를 소비하는 사람들을 일컫는 로커보어(locavore)운동이 진행되고 있는데, 이는 우리나라의 신토불이(身土不二), 일본의 지산지소(地産地消)와 같은 개념이다.

$$\text{푸드 마일리지(kg} \cdot \text{km)} = \text{식품의 운송량(kg)} \times \text{운송 거리(km)}$$

[예제] 아래 표의 내용을 참고하여 푸드 마일리지를 계산해보자.

구분	캘리포니아에서 생산된 오렌지 10kg을 서울까지 가져올 경우	제주도에서 생산된 감귤 10kg을 서울까지 가져올 경우
선박 · 트럭을 이용해 이동한 거리	약 11,000km	약 540km
푸드 마일리지	(110,000)kg · km	(5,400)kg · km

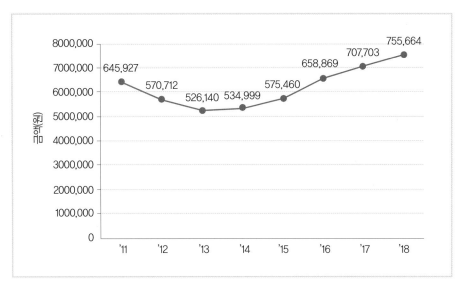

그림 1-4 사업체 부문 쌀 소비량
자료: 통계청, 양곡소비량조사, 사업체 부문 쌀 소비량(2019).

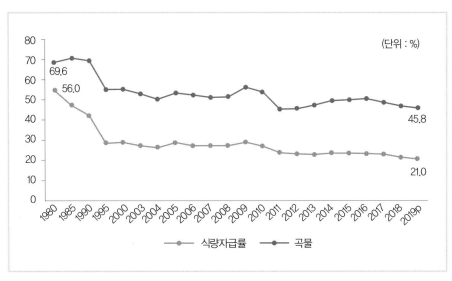

주: 곡물자급률(%) = 생산량/(수요량 − (해외원조 + 수출)) × 100
　　식량자급률(%) = 생산량/(수요량 − (사료 + 해외원조 + 수출)) × 100

그림 1-5 국내 연도별 식량자급률 및 곡물자급률
자료: 농림축산식품부, 「양정자료」, 2019. 8. pp.33-35.; 농림축산식품부 제출자료. 2020. 10. 21.

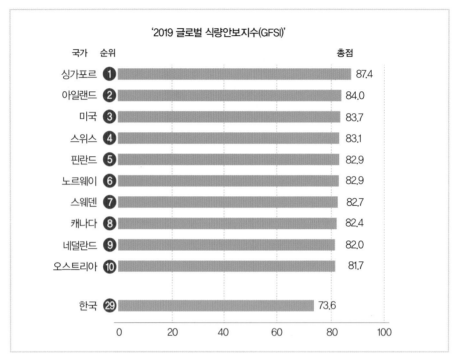

그림 1-6 세계 식량안보순위
자료: 서울경제(2021.11.23.) '식량자급률 20년간 20%P 뚝···수입 안정화·비축관리 역량 높여야' https://www.sedaily.
     com/NewsVlew/22U4NP15MJ
     연합뉴스 https://www.yna.co.kr/view/GYH20191215000400044

비상시 필요한 식량을 확보할 수 있는 상태를 뜻한다(그림 1-6). 또한 수입식품과 식
재료의 장기 수송과 유통 중 신선도와 품질 유지를 위해 사용하는 살충제, 보존제
등의 과다 사용이 안전성에 위협을 주고 있으며 푸드 마일리지를 높이는 결과를 초
래하고 있다(그림 1-7).

3) 식생활 관련 질환 증가

개인의 건강을 결정하는 주요 원인으로는 생활습관, 생물학적 요인, 환경적인 요인,
보건의료 정책을 꼽을 수 있는데 이 중 가장 영향을 미치는 요인은 음주, 스트레스,
식사(식생활), 운동, 흡연 등 개인의 생활습관으로 대부분 식생활과 관련이 많다. 국
민건강영양조사 결과에서 성인의 23.6%가 2개 이상의 만성질환을 가지고 있는 것으

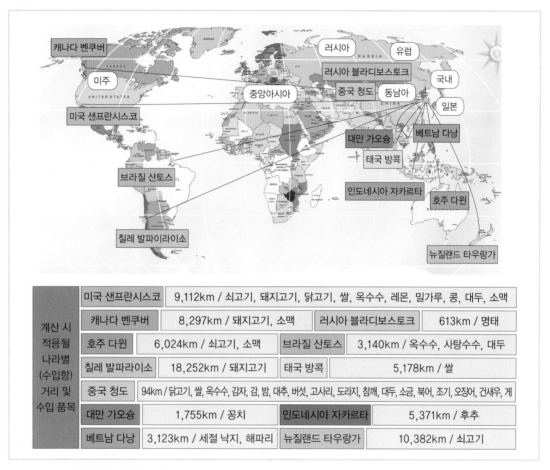

계산 시 적용될 나라별 (수입항) 거리 및 수입 품목	미국 샌프란시스코	9,112km / 쇠고기, 돼지고기, 닭고기, 쌀, 옥수수, 레몬, 밀가루, 콩, 대두, 소맥			
	캐나다 벤쿠버	8,297km / 돼지고기, 소맥		러시아 블라디보스토크	613km / 명태
	호주 다윈	6,024km / 쇠고기, 소맥		브라질 산토스	3,140km / 옥수수, 사탕수수, 대두
	칠레 발파라이소	18,252km / 돼지고기		태국 방콕	5,178km / 쌀
	중국 청도	94km / 닭고기, 쌀, 옥수수, 감자, 감, 밤, 대추, 버섯, 고사리, 도라지, 참깨, 대두, 소금, 북어, 조기, 오징어, 건새우, 게			
	대만 가오슝	1,755km / 꽁치		인도네시아 자카르타	5,371km / 후추
	베트남 다낭	3,123km / 세절 낙지, 해파리		뉴질랜드 타우랑가	10,382km / 쇠고기

그림 1-7 **푸드 마일리지 계산을 위한 국가별 거리 및 수입 품목**

로 나타났으며, 성인과 노인에게서 발생률이 높고 전체 진료비 부분 1위를 차지한 질병이 식생활과 관련이 많은 본태성(일차성) 고혈압(530만 명, 2조 5,446억 원)으로 나타났다. 2위는 만성 신장질환, 3위는 인슐린-비의존성 당뇨병으로(208만 명, 1조 3,501억 원) 전체 진료비의 36.7%를 차지하였다. 특히 비만, 콜레스테롤, 당뇨병, 고콜레스테롤혈증은 심뇌혈관질환의 선행질환으로 나타났으며, 연령이 증가할수록 심뇌혈관질환과 관련된 선행질환 유병률이 뚜렷이 증가하는 것으로 나타났다.

2018년 11월 한국건강증진개발원이 발간한 아동 및 청소년 비만 통계자료에서 우리나라 아동 및 청소년의 2017년 비만율은 17.3%로 2007년에 비해 5.7%가 상승하였고, 이것은 아동 및 청소년 5명 중 1명이 비만이라는 것을 증명하고 있다(그림 1-8). 성인 비만 유병률은 2019년 기준 남성이 41.8%로 여성 25.0%보다 비만 유병률이 높은 것으로 나타났고, 증가 경향도 뚜렷이 나타났다(그림 1-9). 남녀 아동과 청소년의 비만은 패스트푸드, 라면, 과자, 탄산음료 섭취의 증가가 영향을 주고 있으므로 이들을 대상으로 적극적인 비만 예방 정책과 올바른 식생활에 대한 교육과 지

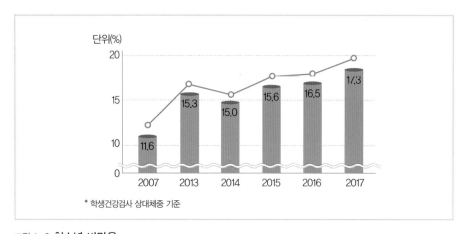

그림 1-8 **청소년 비만율**
자료: 한국건강증진개발원(2018). 국민건강증진을 위한 비만 통계자료집

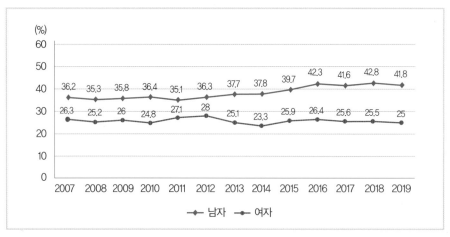

주) 비만 유병률: 체질량지수(kg/m^2) 25 이상인 분율, 만 19세 이상
  ※ 2005년 추계인구(장래인구추계, 2016. 12. 공표)로 연령표준화

그림 1-9 **비만 유병률 추이(체질량지수 기준)**
자료: 2019 국민건강통계: 보건복지부, 질병관리본부(국가승인통계 제117002호, 국민건강영양조사)

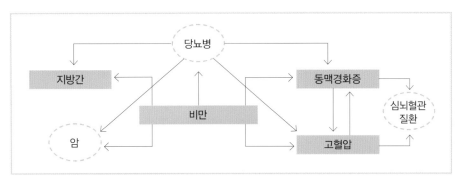

그림 1-10 식생활과 관련된 만성질환
자료: 통계청, 양곡소비량조사, 사업체 부문 쌀 소비량.

도가 필요한 실정이다. 식생활 관련 질환은 비만에서 시작하여 악성신생물(암), 당뇨
병, 고혈압, 심뇌혈관질환 등의 만성질환으로 이행 중이며, 이를 도식화한 것은 그림
1-10과 같다.

2020년 한국인 10대 사망원인과 남녀 사망률 비교에서도 악성신생물(암)이 1위,
심장질환이 2위를 차지하고 있으며 폐렴, 뇌혈관 질환, 당뇨병 등의 질환이 뒤를 따
르고 있다(그림 1-11, 12). 고의적 자해(자살)을 제외하면 식생활과 관련된 만성질환

사망 원인	사망자 수 (명)	사망률 (%)	'19년 순위 대비
악성신생물(암)	82,204	160.1	−
심장질환	32,347	63.0	−
폐렴	22,257	43.3	−
뇌혈관 질환	21,860	42.6	−
고의적 자해(자살)	13,195	25.7	−
당뇨병	8,456	16.5	−
알츠하이머병	7,532	14.7	−
간 질환	6,979	13.6	−
고혈압성 질환	6,100	11.9	↑(+1)
패혈증	6,086	11.9	↑(+1)

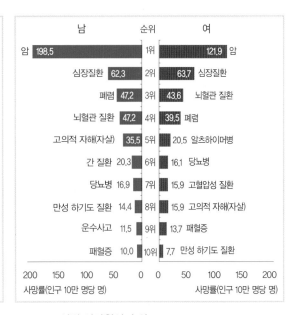

그림 1-11 2020년 10대 사망원인
자료: 통계청 보도자료(2021.9. 27) 2020년 사망원인통계결과

그림 1-12 성별 사망원인 순위
자료: 통계청 보도자료(2021.9. 27) 2020년 사망원인통계 결과

이 사망원인에 많은 영향을 주고 있는 것으로 보고되고 있으며, 이것은 식생활 환경의 급속한 변화와 밀접한 관련이 있다. 잘못된 식습관은 비만, 당뇨병, 악성신생물(암), 동맥경화증, 고혈압, 심근경색, 골다공증에 영향을 줄 수 있으며, 만성질환에 영향을 주는 식생활 관련 요인은 표 1-3과 같다.

남녀 사망률 1위를 차지하고 있는 악성신생물(암)을 발생시키는 관련 요인으로 에너지 및 지질 섭취의 증가, 짠 음식 및 절인 음식 섭취, 알코올 섭취, 흡연, 스트레스 등이 있다. 악성신생물(암) 발생의 20~30%가 식생활 관련 요인으로 알려져 있으며 특히 채소와 과일의 섭취 부족, 동물성 식품의 섭취 증가로 인하여 발생하는 대장암 및 췌장암이 많은 증가율을 보이는 것이 그 증거라고 할 수 있다.

남녀 사망률의 2위를 차지하고 있는 심장질환은 포화지방산과 콜레스테롤을 비롯한 지질 섭취 과다, 식이섬유소 섭취의 감소, 채소 및 과일의 섭취 부족과 관련이

표 1-3 만성질환에 영향을 주는 식생활 관련 요인

구분		만성질환						
		암	고혈압	당뇨병	동맥경화	비만	심근경색	골다공증
증가	에너지 및 지질 섭취	○	○	○	○	○	○	
	짠 음식 및 절인 음식 섭취	○	○					○
	포화지방산, 트랜스지방		○		○		○	
	알코올 섭취	○	○		○	○	○	○
	흡연	○	○		○		○	○
	연령	○	○	○	○		○	○
	스트레스	○	○		○		○	○
감소	식이섬유 섭취	○		○	○	○	○	
	칼슘 섭취	○	○					○
	채소와 과일 섭취	○	○		○			○
잘못된 습관		○	○	○	○	○	○	○
유전자		○	○	○	○	○	○	○

자료: 최혜미(2006). 영양과 건강이야기.

식생활평가지수란 전반적인 식사의 질 및 식생활지침 준수 여부를 평가하기 위해 과일류, 채소류, 우유 및 유제품, 전곡류, 나트륨, 고열량·저영양 식품 등 14개 평가 항목별 점수의 총점을 100점 만점으로 평가한 지수이다.

2014년 국민건강영양조사 결과 식생활지수는 100점 만점에 평균 59점으로 남자 58.2점, 여자 59.8점으로 나타났으며, 남녀 모두 연령과 소득이 증가할수록 식생활평가지수가 높아지는 것으로 나타났다.

식생활 평가지수

식생활평가지수(만 19~64세)

식생활평가지수 구성	점수 범위	평균 점수		
		전체	남자	여자
총 과일류 섭취	0~5	2.29	1.80	2.77
생과일 섭취	0~5	2.55	2.08	3.03
총 채소류 섭취	0~5	3.77	4.03	3.51
채소류 섭취(김치 및 장아찌 제외)	0~5	4.41	4.58	4.25
우유 및 유제품 섭취	0~10	4.73	4.40	5.06
총 단백질 식품 섭취	0~10	7.04	7.43	6.65
흰 고기(생선, 가금류)/ 붉은 고기(육류, 가공육류) 섭취비율	0~5	1.67	1.66	1.67
전곡류 섭취	0~5	0.63	0.60	0.65
아침 식사 빈도	0~10	6.29	6.26	6.33
나트륨 섭취	0~10	5.69	5.34	6.04
고열량·저영양 식품 섭취 (당류, 탄산음료, 주류, 버터, 마가린 등)	0~10	7.52	7.30	7.74
지방 섭취비율	0~10	5.41	5.70	5.11
도정곡 섭취	0~5	4.08	4.02	4.13
탄수화물 섭취비율	0~5	2.94	2.98	2.90
총점	0~100	59.00	58.17	59.84

자료: G-health 공공보건포털(2015).

많은 것으로 나타나고 있다.

　따라서 만성질환의 예방을 위해 식생활과 관련된 개인의 생활습관을 바르게 관리하고 가족의 건강을 지키기 위한 식생활관리자의 현명한 노력이 필요하며, 바람직한 식생활관리를 통해 가족의 건강을 유지할 수 있도록 해야 한다. 또한 TV 먹방과 쿡방 등의 프로그램, 신문, 잡지, 라디오, 인터넷, SNS를 통하여 얻는 무분별한 식품과 영양, 건강에 대한 정보 중에서 올바른 것을 선택하고 실천할 수 있는 능력을 기르는 것도 중요하다.

4 / 식생활관리의 개념 및 식생활관리자

1) 식생활관리의 개념

식생활관리(meal management)란 식사와 관련된 영양계획을 시작으로 식사계획, 식품 구매, 조리, 상차림, 서비스, 식사 평가 등 식생활과 관련된 모든 의사결정과 행동을 의미하며, 이를 식생활 현장에서 직접 실천하는 사람을 식생활관리자라고 한다.

2) 식생활관리자

식생활관리자(meal manager)는 식사와 관련된 모든 활동을 계획하고 실행하며 평가에 관련된 의사결정을 실천하고 책임지는 사람으로 식생활관리를 하는 장소에 따라 가정에서는 주부, 단체급식소에서는 영양사, 외식에서는 각각의 개인이 될 수 있다.

식생활관리자는 ① 식사대상자의 기호를 충족하면서 안전하고 위생적인 식사 제공을 통하여 심신의 건강과 안정을 찾고 즐겁게 식사할 수 있도록 도와주는 식사 제공 주체자로서의 역할, ② 가족과 집단에 균형 잡힌 식사를 제공하기 위한 식단계획을 하는 영양사로서의 역할, ③ 계획된 식단을 실행하기 위해 식품을 선택하고 결정하는 식품구매자의 역할, ④ 계획된 예산 안에서 식생활비를 조정하는 재무관리자로서의 역할, ⑤ 식문화를 전달하고 올바른 식습관이 정착될 수 있도록 교육하는 식생활교육자로서의 역할, ⑥ 계획된 식단을 주방 또는 조리공간에서 맛있게 만들

식생활 관리자의 역할

- 식사를 제공하는 주체
- 가족과 집단의 식사를 계획하는 영양사(dietitian)
- 식품구매자
- 식생활비를 조정하는 재무관리자
- 식생활교육자
- 주방에서는 조리사, 감독자, 관리자
- 식탁 및 식공간을 아름답게 꾸미는 예술가
- 안전하고 위생적인 식사 제공을 위한 위생감독관

수 있으며, 조리공간을 어떻게 설계하고 관리할 것인가를 계획하고 고민하는 조리사·감독자·관리자로서의 역할, ⑦ 식탁 및 식공간을 편하고 아름답게 꾸미는 예술가, 즉 테이블코디네이터(table coordinator)로서의 역할, ⑧ 식품을 메뉴로 변환하는 과정에서 위생적이고 안전하게 조리·저장·보관·제공할 수 있도록 모니터링하는 위생감독관으로서의 역할, ⑨ 식사계획부터 실행·평가에 이르기까지 의사결정의 우선 순위를 정하고 일의 가치를 결정하는 경영자로서의 역할을 한다.

3) 식생활관리의 자원

식생활관리를 위해 필요한 자원은 크게 물적자원(physical resource)과 인적자원(human resource)으로 나누어진다(표 1-4). 식생활관리에서는 물적자원에 포함되는 화폐로 인적자원을 대신할 수 있기 때문에 물적자원의 관리가 더 중요하다.

물적자원은 식생활관리자가 여러 가지 필요한 물품을 구입·관리할 수 있는 식재료(주·부재료) 및 공산품, 장비 및 조리기구, 주방설비 등을 포함한다. 이들 모두는 화폐로 구매할 수 있으므로 화폐 자원으로 쉽게 환산이 가능하다. 예를 들어 화폐로 가정도우미를 고용하여 인적자원을 대체할 수도 있고, 편의식품과 외식을 통하여 인적자원의 시간과 에너지를 절약할 수 있으며 물적자원의 소비 형태는 다양할 수 있다.

인적자원은 식생활관리자가 식사를 계획하고 실행하고 평가하는 과정에서 필요한 지식, 기술, 능력, 시간과 에너지를 말하며 식품과 영양에 관한 지식, 조리 관련 기술, 위생과 질병에 대한 지식, 관능적인 지식, 활동 능력과 솜씨 등이 여기에 포함된다. 또한 식생활관리자가 가족과 단체에 식사를 제공하기 위해 식사의 계획부터 평가까지 투입하는 시간과 여러 사람이 식사를 제공하기 위해 신체를 움직이면서 일어나는 에너지 소비도 인적자원에 포함시킬 수 있다.

표 1-4 **식생활관리의 자원**

물적자원	인적자원
식재료 및 공산품, 시설 및 설비, 화폐 등	지식, 기술, 능력, 시간과 에너지

식생활관리자는 바람직한 식사를 위해 주어진 자원 내에서 식생활의 목표가 만족되도록 자원을 상호 대체할 수 있어야 하며 이를 적절하게 활용할 수 있어야 한다.

5/ 의사결정

의사결정은 여러 대안 중 하나의 행동을 고르는 정신적 지각활동으로 정의할 수 있으며, 최종적으로 하나의 방법을 선택하기 위해 마음속의 궁금함을 해소시켜나가는 과정을 의사결정과정이라고 한다. 식생활관리에서 의사결정은 식생활관리자가 식생활 관련 활동의 방향을 결정하고 관련된 세부사항을 고려하여 선택하는 모든 과정을 말한다. 따라서 식생활관리자가 의사결정을 할 때는 각각의 기준과 목표에 맞추어 합리적인 방법을 선택해야 한다.

그러나 식생활관리자는 모든 기준과 목표를 만족시킬 만한 충분한 자원과 시간을 갖지 못하므로 식생활관리자가 이용할 수 있는 모든 재화나 서비스 중에서 필요한 것을 선택하면서 한정된 자본, 시간, 에너지 안에서 식생활을 계획하고 실행하며 평가하는 데 필요한 의사결정의 상황에 항상 도래하게 된다. 식생활관리자는 식재료의 가격에 의존할 수도 있고 조리 시간을 기준으로 의사결정을 할 수도 있다. 가족의 건강을 중요시하는 사람에게는 일반 채소 대신 친환경 농산물을 구입하는 것이 합리적인 의사결정일 수도 있다. 시간이 부족한 소비자의 경우 전처리 식재료나

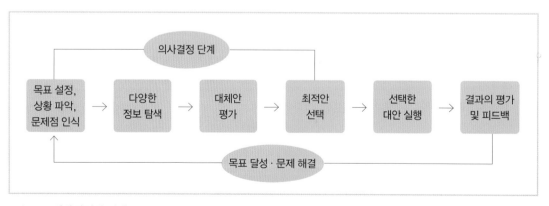

그림 1-13 **의사결정의 단계**

간편가정식(HMR)과 밀키트(meal kit)를 구매하는 의사결정을 하게 될 수도 있다.

식생활관리자의 의사결정 단계는 문제점 인식 → 정보 탐색 → 대체안 평가 → 최적안 선택으로 이루어지며, 의사결정 후 선택한 대안 실행 → 결과의 평가(만족/불만족) 및 피드백을 통하여 다시 의사결정의 단계로 들어가게 된다(그림 1-13).

1) 문제점 인식

식생활관리자가 목표를 설정하고 상황을 파악하면 어떤 문제나 욕구를 인식하게 된다. 욕구는 내부적 자극으로 나타나기도 하지만 음식점을 지나갈 때 나는 맛있는 냄새에 배고픔을 느끼는 것처럼 외부자극에 의해서도 일어난다.

2) 정보 탐색

정보 탐색은 식생활관리자가 다양한 해결책에 대한 정보를 모으는 과정이다. 탐색의 양은 관여도(involvement)와 연관이 있다. 관여도는 특정 상황에서 특정 대상에 대해 개인의 관련된 지각정도 또는 부여하는 의미의 정도로, 관여도가 높을수록 많은 정보를 찾는 경향이 있다.

3) 대체안 평가

식생활관리자가 정보 탐색을 통하여 수집한 대안 중 일정한 평가기준에 따라 대체안을 평가하는 단계로 평가기준은 개인에 따라 달라질 수 있다. 예를 들어 외식업체를 선택할 때는 음식의 품질, 위치, 가격, 상표의 이미지, 브랜드, 광고 등을 평가기준으로 삼기도 한다.

4) 최적안 선택

여러 가지 대안을 평가하여 특정 대안을 선택하는 단계로 2가지 변수요인이 영향을

식생활관리자가 내리는 의사결정의 종류	• 무엇을 제공할 것인가? • 어디서 구입할 것인가? • 얼마의 비용을 쓸 것인가? • 어느 정도 구입할 것인가? • 전처리 재료를 구입할 것인가? 또는 완제품을 구입할 것인가? • 어떻게 보관할 것인가? • 시간을 얼마나 소비할 것인가? • 어떤 방법으로 조리할 것인가? • 어떻게 서비스할 것인가? • 언제 식사를 제공할 것인가? • 전기 및 가스 등을 어떻게 절약할 것인가?

미칠 수 있다. ① 가까운 사람이 강한 태도를 가질수록 의사결정에 강한 영향을 주며, ② 예기치 않은 상황이 발생되어 의사결정이 변경되기도 한다.

5) 선택한 대안 실행

식생활관리자는 의사결정 후 자신이 지각한 기대수준과 대체안의 성과가 같거나 큰 경우 만족하게 되며, 대체안의 성과가 낮은 경우에는 불만족하게 된다. 의사결정에 대한 불만족은 물건의 경우 반품이나 환불·교환의 행동으로 나타나게 되며, 대안으로써 의사결정을 중단하고 가족이나 친구에게 부정적인 구전을 하게 된다.

식생활과 환경 변화

1/ 사회 · 문화 환경 변화

고령화와 저출산, 만혼 추세로 전통적인 가족형태가 급속도로 해체됨에 따라 1인 가구 수는 가파르게 증가하고 있다. 통계청에 따르면 1인 가구가 전체 가구에서 차지하는 비중은 2019년 처음으로 30%를 넘었으며, 2030년에는 33.2%인 720만 가구에 달할 것으로 전망된다. 1인 가구 증가로 혼밥 문화가 사회적 트렌드로 자리 잡으면서 소포장 음식과 가정간편식(Home Meal Replacement: HMR), 배달음식에 대한 수요가 증가하였다.

가정간편식이란 별도의 조리과정 없이 그대로 또는 단순 조리과정을 거쳐 섭취할 수 있도록 제조, 가공, 포장한 완전, 반조리 형태의 제품을 지칭한다. 가정간편식 시장규모는 간편하게 식사를 해결하려는 경향이 강한 1인 가구와 맞벌이 부부, 노인인구 등의 증가로 꾸준한 상승세를 보이며 제품이 다양화·고급화되고 있다. 최근에는 코로나 19 확산에 따른 사적 모임 제한과 재택근무 증가로 집밥 수요가 늘어나면서 가정간편식 시장은 급성장하였다. 한국농수산식품유통공사(aT)에 따르면 국내 가정간편식 시장규모는 지난 2016년 2조 2,700억 원에서 2019년 3조 5,000억 원, 2020년 4조원으로 지속적으로 상승하였으며, 2022년에는 5조원을 돌파할 것으로 전망된다 (그림 2–1). 특히 가정간편식의 일종인 밀키트(Meal-Kit) 시장의 성장세는 독보적인데 연평균 31%씩 성장해 2025년에는 7,250억 원에 이를 것으로 예측되고 있다. 밀키트는 손질된 식재료와 정량의 양념을 가공하지 않은 상태로 소분해 조리법과 함께 세

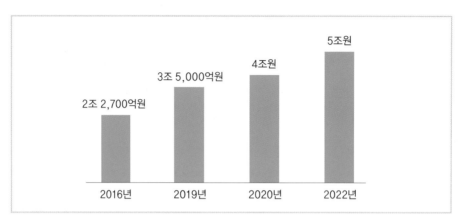

그림 2-1 국내 가정간편식 시장규모 추이
자료: 한국농수산식품유통공사(2021)

트로 구성된 제품이다. 밀키트가 주목받는 이유는 신선한 식재료로 조리법에 따라 간편하게 식사를 준비할 수 있고, 미리 만들어진 음식을 데워 먹는 것보다 신선하며, 요리하는 즐거움도 충족시킬 수 있기 때문이다. 식품업계에서는 유명 맛집이나 고급 음식점, 유명 셰프와의 협업을 통해 고품질의 프리미엄 간편식과 밀키트 제품들을 출시하고 있다.

> **가정간편식**
>
> 가정간편식(HMR)은 조리 정도에 따라 Ready to Eat(RTE), Ready to Heat(RTH), Ready to Cook(RTC), Ready to Prepare(RTP) 4가지로 분류된다.
> ① RTE: 별도의 조리 없이 구입 후 섭취 가능한 식품
>   예) 도시락, 김밥, 햄버거, 선식, 샐러드, 새싹채소, 간편채소, 간편과일 등
> ② RTH: 단순가열을 통해 섭취 가능한 식품
>   예) 즉석밥, 국, 탕, 수프, 순대, 즉석짜장, 덮밥소스, 피자, 파이, 핫도그 등
> ③ RTC: RTH에 비해 장시간 가열이나 간단한 조리가 필요한 식품
>   예) 곰탕, 삼계탕, 육수, 불고기, 편육, 수육, 햄버거 패티, 미트볼, 돈가스 등
> ④ RTP: 다듬기, 자르기 등 최소한으로 손질된 제품으로 직접 조리 후 섭취 가능한 식품 예) 밀키트
> 자료: 식품의약품안전처(2020) 요약

인구 고령화와 만성질환 증가, 웰빙(Well-being) 트렌드, 코로나 19 확산 등으로 건강에 대한 관심이 커지면서 매년 건강기능식품 시장규모도 지속적으로 성장하고 있다(그림 2-2). 건강기능식품에 대한 수요층도 중장년층에서 젊은 층으로 확대되고

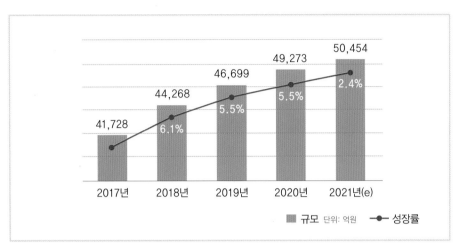

그림 2-2 국내 건강기능식품 시장규모
자료: 한국건강기능식품협회(2021)

있으며 면역력 증진, 혈행 개선, 항산화, 피로회복, 영양소 보충, 장 건강 개선 등과
관련된 제품에 대한 수요가 두드러지고 있다.

1. 나에게 꼭 필요한 기능성인지
－『영양 · 기능 정보』를 잘 확인하면 내 몸에 알맞은 기능성을 갖춘 제품을 지혜롭게 선택할 수 있다.

2. 국가에서 인정한 건강기능식품이 맞나?
－ 제품 앞면에 『건강기능식품』이라는 문구 또는 마크가 있는지 꼭 확인한다.
－ 수입품의 경우 한글로 표시되어있지 않다면 식품의약품안전처를 거쳐 정식
　수입된 것이 아니다.

3. 믿을 수 있는 표시, 광고인가?
－『표시 · 광고 사전 심의필』도안을 확인한다.

4. 안전한 섭취방법은 무엇인가?
－ 의약품을 복용하는 경우 같이 섭취해도 되는지 확인한다.
－ 섭취 시 주의사항에 대해 확인한다.

5. 우수한 품질인가?
－『GMP』마크를 먼저 확인한다.

6. 유통기한은 적절한가?
－ 유통기한이 충분히 남았는지 반드시 확인한다.

자료: 식품의약품안전처(2015) 요약

> 건강기능
> 식품 구매 전
> 확인 사항

자신의 가치관과 신념에 맞는 제품을 선택해 소비하는 가치소비가 MZ세대(1980년대 초~2000년대 초 출생자)를 중심으로 확산하고 있다. 즉, 가격이 좀 비싸거나 품질이 다소 낮더라도 윤리적 신념이나 개인 취향에 따라 기꺼이 지갑을 여는 합리적 소비 방식이 자리 잡고 있다. 환경과 윤리를 고려하는 가치소비 트렌드의 확산으로 유기농 식품, 비건(Vegan)식품, 동물복지 식품 등에 대한 소비가 늘어나면서 식품 구입 시 인증마크(그림 2-3)를 확인하고 구매하는 것이 하나의 기준이 되었다.

코로나 19 이후 건강을 우선시하는 가치소비자들 사이에서는 안전한 먹거리에 대한 관심이 높아지면서 합성 농약이나 화학비료 등을 사용하지 않는 농법으로 생산한 유기농 식품 소비가 급증하고 있다. 국내 대표적인 유기농 전문매장으로는 한살림, 초록마을, 자연드림이 있으며 채소, 육류·달걀·햄 등의 축산물, 과일 순으로 구매율이 높다. 한국농촌경제연구원에 따르면 2020년 국내 친환경·유기농 식품시장 규모는 약 1조 9,000억 원으로 2018년 대비 약 48% 증가하였으며, 2025년에는 2조 1,300억 원대로 성장할 것으로 전망된다.

비건 식품은 제조·가공·조리 과정에서 동물성 원재료를 사용하거나 이용하지 않은 식품으로 생산 공정 중 교차오염 되지 않도록 관리되고 안전성 검사를 위한 동물실험을 실시하지 않는 제품에 비건 인증이 부여되고 있다. 이러한 비건 식품이 건강식으로 재평가되면서 채소나 콩에서 단백질을 추출해 만든 대체육 식물성 고기, 달걀과 버터 등 유제품을 사용하지 않은 베이커리 제품과 아이스크림, 대체육을 넣은 식물성 소스로 만든 가정간편식 등 비건 식품 영역이 확대되고 있다. 과거 비건은 건강상의 이유로 어쩔 수 없이 섭취하는 대체 식단으로 여겨졌던 것과 달리 최근에는 환경과 동물권 보호의 관점에서 비건을 선택하는 젊은 세대가 늘면서 외식업소에서도 비건 메뉴를 도입하고 있다.

경제성장과 더불어 동물복지에 대한 소비자의 인식수준이 향상되면서 동물복지 인증을 받은 달걀과 닭고기, 돼지고기 등에 대한 수요가 늘고 있다. 동물복지 인증은 높은 수준의 동물복지 기준에 따라 인도적으로 동물을 사육하는 소, 돼지, 닭, 오리농장에 대해 국가가 인증하는 제도로 인증농장에서 생산되는 축산물에는 동물복지 축산농장 인증마크를 표시한다. 동물복지 인증을 받은 제품은 일반제품에 비해 가격이 더 높은 편임에도 불구하고 윤리적 소비의 일환으로 수요가 늘면서 식

그림 2-3 각종 인증마크
자료: 농림축산식품부(2022), 한국비건인증원(2022)

품업계도 관련 제품군을 확대하고 있다.

소비자의 건강과 환경에 대한 관심 증가와 함께 식품안전에 대한 우려와 인식이 높아지면서 로컬푸드(Local Food)가 주목받고 있다. 로컬푸드란 동일 시·군·구 등 보다 가까운 지역에서 생산되어 장거리 수송과 다단계 유통과정을 거치지 않은 농식품을 지칭한다. 로컬푸드는 생산지에서 소비지로의 이동거리가 짧아 신선함을 유지할 수 있고, 지구온난화의 원인인 탄소 배출량을 감소하는 환경적 가치가 있다.

또한 중·소규모 농가의 소득 안정과 지역경제의 선순환에 기여하며, 유통구조의 비효율성을 완화하는 등의 사회적 가치를 지닌다. 로컬푸드에 대한 수요가 증가하면서

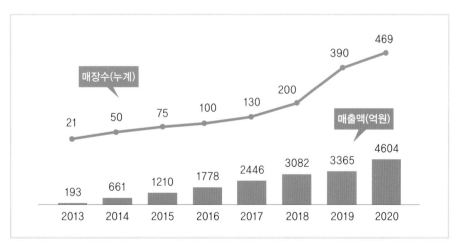

그림 2-4 농협 로컬푸드 직매장 수와 매출액
자료: 바로정보(2022)

베트남 반미

베트남 분짜

인도 탄두리 치킨

인도 케밥

그림 2-5 **에스닉 푸드**

농협과 지자체를 중심으로 로컬푸드 직매장과 매출액은 증가하고 있으며(그림 2-4), 로컬푸드 직매장에 먹거리 교육·문화시설 등 복합적인 기능을 추가하고 있다. 공공기관이나 군 급식에서는 지역 내 유기농 재배 농민과의 계약재배에 의해 지역에서 생산된 농산물을 식재료로 사용함으로써 급식원가 절감과 급식품질 향상 등의 효과를 얻고 있다. 또한 외식업체에서의 로컬푸드 사용 확산을 위해 '로컬푸드 사용 인증' 사업이 추진되어 지역 농산물 소비 확대와 건강한 먹거리 문화 조성에 기여하고 있다.

해외여행의 보편화와 SNS(Social Network Service)의 발달, 외국인 유학생 및 근로자 등 국내 거주 외국인의 증가로 에스닉 푸드(Ethnic food)에 대한 관심이 높아지면서 외국 음식 식재료 및 양념 수입이 증가하고 있다. 에스닉 푸드란 민족을 의미하는 에스닉(Ethnic)과 음식을 의미하는 푸드(Food)의 합성어로 동남아·중동·남미 등 세계 각 나라의 이국적이고 독특한 맛과 향이 특징인 음식을 뜻한다. 국내에서 인기를 끌고 있는 대표적인 에스닉 푸드로는 베트남의 쌀국수, 분짜, 반미, 반쎄오와 인도의 커리, 탄두리 치킨, 라시, 중동의 케밥, 샥슈카, 홈무스, 팔라펠 등이 있다(그림 2-5). 다양한 나라의 음식문화가 국내로 유입되면서 식생활 문화의 융합 현상도 나타나 퓨전음식이 개발되고 있다.

2 / 자연 환경 변화

전 세계 식량 생산은 인간 활동에 의해 배출되는 모든 온실가스의 1/3분을 차지한다. 특히, 축산에 의해 배출되는 온실가스 양은 식물성 식량 생산에 비해 약 2배의 오염을 유발하고 있다. 지구온난화의 원인이 되는 대기 중의 이산화탄소와 메탄 등 온실가스 배출량을 감축하기 위해 많은 국가들이 저탄소 소비를 촉진하는 정책과 제도 등을 운영하고 있다.

우리나라에서는 환경부가 주관하고 한국환경산업기술원이 운영하는 환경성적표지 인증제도가 시행되고 있다. 환경성적표지 인증제도는 제품의 원료 채취부터 생산, 수송·유통, 사용, 폐기 등 전 과정에 대한 환경적 영향을 계량적으로 표시해 공개하는 제도로, 환경을 고려한 제품 구매에 도움을 주고 시장 주도의 지속적 환경 개선을 유도하는 취지로 시행되고 있다. 이러한 환경성적표지 인증제도는 지난 2001년부터 시행되었으며, 2016년부터는 탄소발자국 인증을 통합하여 운영 중이다.

탄소발자국은 환경성적표지 환경영향 범주 중 하나로 1단계 탄소발자국 인증, 2단계 저탄소제품 인증으로 나뉜다(그림 2-6). 1단계인 '탄소발자국 인증'은 제품이 생산되어 폐기되기까지의 전 과정에서 발생되는 온실가스 배출량을 탄소 배출량으로 환산한 제품에 부여하는 인증이다. 2단계인 '저탄소제품 인증'은 동종 제품의 평균 탄소 배출량과 비교했을 때 탄소 배출량이 적으면서 저탄소 기술을 적용하여 온실

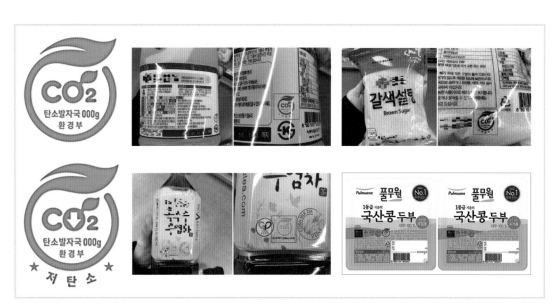

그림 2-6 **탄소성적표지제도 인증단계 및 적용 예**
자료: 환경부(2021)

가스 배출량을 4.24% 감축한 제품을 대상으로 부여하는 인증이다. 제품의 탄소배출량 정보를 공개하고 탄소발자국 인증을 통해 식생활에서도 소비자가 자발적으로 탄소라벨이 부착된 제품을 구매하도록 유도함으로써 저탄소 녹색생산과 녹색소비문화 확산에 기여하고 있다.

급속한 기후변화와 인구증가로 근래 식량 수급현황은 매우 불규칙하여 식생활에 변화를 주고 있다. 한파로 인한 유럽지역 밀의 성장 지연, 기록적 폭염으로 인한 가금류의 집단 폐사 등과 함께 세계 인구증가로 곡물이나 육류 등의 식재료 가격이 폭등하고 있다. 이처럼 환경이 급변함에 따라 식량위기가 빈번한 실정에서 2030년부터는 식량부족이 심화될 것으로 예상되고 있다. 또한 코로나 19 확산으로 국가 간 이동이 제한되고 국경이 폐쇄되면서 곡물 등의 물류 이동에 차질이 발생함에 따라 식량의 많은 부분을 수입에 의존하던 국가들은 식량위기로 어려움을 겪게 되었다.

지난 2013년 유엔식량농업기구(FAO)에서는 미래 식량자원으로 인간에게 매우 중요한 단백질 급원이 될 수 있는 곤충을 제시하였다. 지속가능한 음식으로 꼽히고 있는 식용곤충에는 소고기나 돼지고기 등 육류제품과 맞먹는 수준의 단백질이 함유되어 있으며, 가축에 비해 번식과 성장 속도가 빨라 먹이효율이 높은 편이다. 또한 사육 중 발생하는 암모니아, 이산화탄소 등 온실가스 발생량이 적기 때문에 친환경적이다(표 2-1). 이미 네덜란드나 미국 등에서는 슈퍼마켓에서 식용곤충식을 판매 중에 있으며, 유명 레스토랑에서도 곤충 요리를 많이 유입하고 있는 추세다. 우리나라는 2010년 곤충산업육성법 및 지원에 관한 법률 제정 후 식용곤충을 식품의약품안전처에서 안전성 평가를 거쳐 식품원료로 인정하고 있다. 현재 식품으로 인

표 2-1 **식용곤충 장점**

구분	소	식용곤충
단백질 함량(1kg 당)	320g	350g
이산화탄소 배출(1kg 당)	2,580g	18g
식용가능 비율	40%	80%
1kg 늘리기 위한 사료량	10kg	1g

자료: 비즈니스 와치(2021)

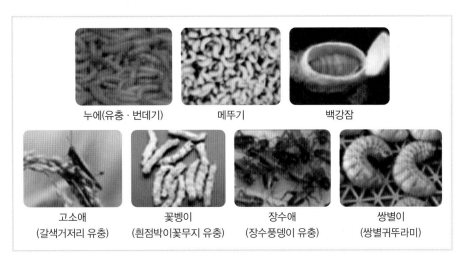

누에(유충·번데기)   메뚜기   백강잠

고소애
(갈색거저리 유충)

꽃벵이
(흰점박이꽃무지 유충)

장수애
(장수풍뎅이 유충)

쌍별이
(쌍별귀뚜라미)

그림 2-7 **국내에서 식품원료로 허가된 식용곤충**
자료: 농림수산식품부(2022)

갈색거저리 유충이 함유된 육가공 미트볼   흰점박이꽃무지 유충이 함유된 불고기 소시지

그림 2-8 **식용곤충을 이용한 식품개발**
자료: 매일신문(2021년)

정된 곤충으로는 누에번데기, 메뚜기, 백강잠누에, 갈색거저리 유충, 흰점박이꽃무지 유충, 장수풍뎅이 유충이 있다(그림 2-7). 곤충에 대한 혐오감으로 인해 식용곤충이 아직 대중화되진 않았지만, 이와 관련된 연구와 식품개발이 활발히 진행 중에 있다(그림 2-8).

3 / 경제 환경 변화

국내 경제성장률은 2011년 이후 줄곧 3~4% 미만의 저성장에 머물러 있으며, 2019년 12월 발생한 코로나 19의 장기화로 이동제한과 사회적 거리두기 등의 방역조치가 지속되면서 경제활동이 위축되어 경기침체가 심화되고 있다. 이는 소비자들의 외식비 지출규모 감소에도 영향을 미쳐 외식시장이 침체되면서 외식업계의 매출과 경기 체감 현황 및 전망을 지수화한 외식산업경기전망지수(Korea Restaurant Business Index)는 하락세를 보이고 있다(그림 2–9).

물가상승과 경기침체, 가계경제 위축 등의 환경변화로 식생활 소비패턴에도 양극화 현상이 심화되고 있다. 즉, 경제상황을 고려해 저가의 실속형 제품을 추구하는 소비형태가 정착되고 있는 반면, 건강에 대한 관심 증대로 프리미엄 식재료와 제품에 대한 수요도 꾸준히 늘고 있다. 식품 및 유통업계에서도 양분된 소비자들을 공략하기 위하여 가성비형 제품과 프리미엄형 제품을 모두 출시하고 있다. 대형마트와 편의점의 가성비를 앞세운 저가 도시락과 와인, 대용량 커피, 디저트 등의 매출이 증가하고 있지만, 또 다른 한편에서는 영양과 칼로리, 건강까지 고려한 프리미엄 도시락, 간편 보양식 등의 매출이 성장세를 보이고 있다.

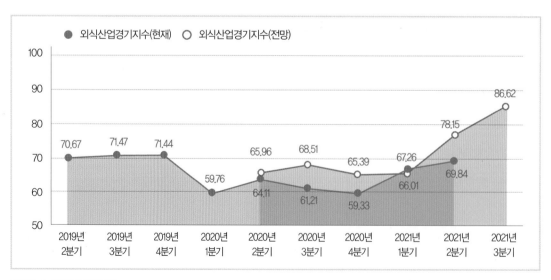

그림 2–9 **외식업경기지수**
자료: 농림축산식품부, 한국농수산식품유통공사(2021)

4/ 기술 환경 변화

4차 산업혁명 시대를 맞아 식품과 외식산업에 푸드테크(food tech) 기술이 적용되고 있다. 푸드테크는 음식(food)과 기술(technology)의 합성어로 식품의 생산, 유통, 소비에 이르는 전 영역에 걸쳐 정보통신기술(ICT)을 접목해 식생활 전반에 가치를 창출하는 산업분야이다(표 2-2).

외식산업과 정보통신기술의 접목으로 키오스크 주문, 사이렌 오더, 음식배달 서비스 애플리케이션 등 비대면 서비스가 증가하고 있다. 또한 빅 데이터를 활용한 맛집 추천이나 레시피 등의 정보 제공, 음식점 예약 및 결제, 장보기 등에 활용되면서 음식문화와 식생활 전반에 새로운 변화를 가져오고 있다.

표 2-2 **푸드테크 성장분야**

O2O 서비스	음식 · 식재료 등의 배달 서비스(배달 앱), 맛집추천 및 예약 서비스, 레시피 공유 서비스 등
스마트 키친	첨단 IT기술을 접목해 훨씬 편리한 요리환경의 조성, 준 지능형 오븐 등
협동로봇	셰프로봇, 요리 보조 로봇 등
대체 단백질	소고기나 닭고기 대체 '인공 고기' 식물성 마요네즈 등 식량난 해결을 위한 대체 음식 기술
3D 프린팅 기술	3D 프린팅 기술을 이용해 음식 제조
애그테크	첨단기술을 농산물 생산에 적용, 획기적으로 생선성을 증대

푸드테크의 범위는 상당히 광범위하며 농업의 생산효율을 높이는 스마트팜(smart farm)과 미래의 식량 개발 등과도 관련 있다. 국내에서는 정보통신기술을 비닐하우스, 과수원, 축사 등에 접목하여 스마트폰으로 언제 어디서나 작물이나 가축의 생육환경을 점검하고 원격으로 자동 제어함으로써 최적상태로 유지·관리할 수 있는 스마트팜을 도입한 농가가 늘어나고 있다(그림 2-10). 이러한 스마트팜은 빅데이터 분석을 통해 나온 정보를 직접 활용해 노동시간을 줄이면서 생산성을 향상시킬 수 있어 미래 농업의 모델로 주목받고 있다.

푸드테크는 기존의 식품을 대체할 미래 식량 개발에도 활용되고 있다. 대체식품 분야는 식물성 원료를 이용하여 식품을 개발하거나 인공조미료 등을 사용하지 않

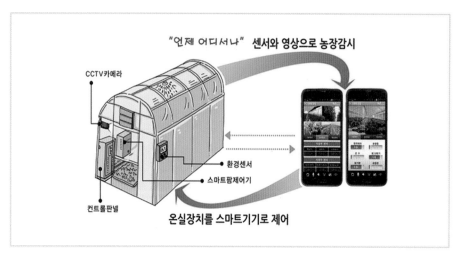

그림 2-10 스마트팜 체계도
자료: 파이낸셜 뉴스(2015)

는 건강식을 제공하는 영역이다. 완두와 수수 등의 성분으로 만든 인공 달걀 파우더인 비욘드에그(Beyond Egg), 고기 맛이 나는 인공 패티(patty)와 인공 치즈, 콩 단백질로 만든 인공 쇠고기와 닭고기, 귀뚜라미에서 추출한 단백질로 만든 에너지바 등 다양한 제품들이 개발되어 판매 중에 있다(그림 2-11).

그림 2-11 대체육
자료: 코리아데일리타임즈(2019)

식생활관리의 목표

가족과 단체의 바람직한 식생활관리를 위한 일반적인 목표는 크게 5가지로 나눌 수 있다. 첫 번째, 영양적으로 균형적이며 적절한 양을 공급하고 다양한 식품을 활용하는 것이다. 두 번째, 경제적인 상태를 고려하여 식품비를 적절히 배분하고 지출을 합리적으로 계획하는 것이다. 세 번째, 대상자의 관능적인 기호를 고려하여 식사를 계획하는 것이다. 네 번째, 제공하는 식사의 안전성과 위생을 고려한 식사계획을 하는 것이다. 다섯 번째, 식생활환경에 맞는 시간과 에너지를 계획하는 것이다. 따라서 식생활관리는 영양면, 경제면, 기호면, 위생면, 시간과 에너지의 5가지 목표를 모두 충족시키고 가정과 단체에서 건강하고 즐거운 식사를 할 수 있도록 도와야 하는 것이다.

1/ 영양면

최근 여성의 사회 진출과 가족 구조의 변화로 편의주의 식생활의 선호현상이 뚜렷해졌으며 패스트푸드의 섭취, 가공식품 및 인스턴트 식품의 섭취, 육류의 섭취가 증가하고 반대로 채소 섭취의 감소와 김치 등 전통음식 섭취의 감소로 영양 섭취에 심각한 불균형이 초래되고 있다. 따라서 식생활관리의 첫 번째 목표는 가족과 단체의 구성원에게 균형적이며 적절한 양과 다양한 식품을 공급하여 영양 불균형을 예방하고 건강을 유지할 수 있도록 관리하는 것이다.

1) 균형 잡힌 식품 섭취

식품을 골고루 섭취하면 필요한 영양소를 얻을 수 있으며 같은 식품군에 속한 식품 일지라도 종류에 따라 영양소 함량에 차이가 날 수 있으므로 일상에서 같은 식품 군 내에 있는 여러 가지 식품을 골고루 섭취해야 한다.

균형 잡힌 식사란 매끼에 모든 영양소가 적당하게 포함되어 있는 식사를 말한다. 균형 잡힌 식사의 실천을 위해서는 6가지 기초식품군(1인 1회 분량, 권장식사패턴)과 식품구성자전거를 활용하면 편리하다.

- **6가지 기초식품군**: 영양소의 조성이 비슷한 식품들을 묶어 곡류, 고기·생선·달 걀·콩류, 과일류, 채소류, 우유·유제품류, 유지·당류로 분류하고 있다. 또한 이 를 이용하여 식단계획을 쉽게 할 수 있도록 각 식품군에 속하는 식품의 1인 1회 분량(serving size)과 한국인 영양소 섭취기준을 바탕으로 각 식품군에 포함된 식품을 하루에 섭취해야 할 횟수로 나눈 **권장식사패턴**을 함께 제시하고 있다 (4장 참조).
- **식품구성자전거**: 일반인에게 균형식의 의미를 알리기 위해 각 식품군에 권장식

그림 3-1 **식품구성자전거**
자료: 보건복지부, 한국영양학회(2021).

사패턴의 섭취 횟수와 분량을 반영하여 식품들의 종류와 영양소 함유량이 비슷한 것끼리 묶어 자전거의 바퀴 면적을 배분한 것이다. 기존에 제시된 식품구성탑과 다른 점은 수분 섭취의 중요성과 비만 예방을 위한 규칙적인 운동 개념을 도입했다는 점이다. 2020년 개정된 한국인 영양소 섭취기준의 식품구성자전거에서는 기존에 제시되었던 5가지 식품군에서 총 6가지 식품군으로 다시 변경되었다(그림 3-1).

2) 다양한 종류의 식품 섭취

고기·생선·달걀·콩류 군의 쇠고기, 돼지고기, 닭고기는 같은 육류이지만 영양소 함량과 구성이 서로 다르며 완전식품이라고 알려진 달걀에도 비타민 C와 칼슘은 거의 없다. 곡류 중 쌀 역시 필수아미노산 중 라이신이 부족하므로, 콩과 잡곡을 넣어 찰밥이나 잡곡밥 등 혼합식이를 하면 영양소의 균형을 맞출 수 있다. 이렇듯 1가지 식품으로 모든 영양소의 필요량을 충족시킬 수는 없으므로 다양한 식품의 섭취를 통해 서로 부족한 영양소를 보완할 수 있도록 골고루 공급하여야 한다.

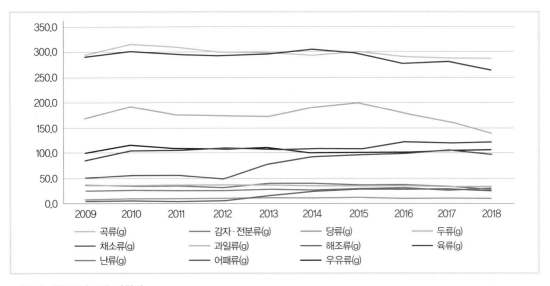

그림 3-2 **식품군별 1일 섭취량**

1969년 이후 식품군별 1일 섭취량 비교에서 곡류와 감자 전분류의 섭취는 50% 정도 감소하였고 두류, 채소류, 과일류, 해조류, 식물성유지류의 섭취는 현저히 증가하였다(그림 3-2).

3) 적당한 양의 식품 섭취

식품을 섭취하는 양이 부족하거나 과잉되면 질병에 대한 위험률이 높아진다. 따라서 모든 영양소를 너무 많거나 적지 않게 필요한 양만큼 섭취할 수 있도록 식품의 섭취량을 조절해야 한다. 적당한 양의 식품 섭취는 2020년에 개정된 한국인 영양소 섭취기준을 활용하면 쉽게 실천할 수 있다.

(1) 한국인 영양소 섭취기준

2015년에 발표된 한국인 영양소 섭취기준(Dietary Reference Intakes)은 국민의 영양소 섭취기준 및 건강에 대한 과학적인 근거를 토대로 건강에 해로울 확률이 낮을 것으로 추정되는 영양소 섭취기준을 성별·연령별로 제시한 것이다. 2005년에는 일부 영양소의 과다 섭취와 만성질환 위험률 등을 고려하여 **평균필요량**(EAR: Estimated Average Requirements), **권장섭취량**(RI: Recommended intake), **충분섭취량**(AI: Adequate Intake), **상한섭취량**(UL: Tolerable Upper Intake Level)의 4가지로 구성된 한국인 영양섭취기준이 처음으로 제정되었으며, 보건복지부에서 「국민영양관리법」에 근거하여 국가차원에서 2015년에 처음 제정되었다. 2020년 개정된 한국인 영양소 섭취기준에서는 만성질환의 증가 추세를 고려하여 만성질환 예방을 위하여 섭취해야 하는 적정 수준인 '만성질환위험감소를 위한 섭취량 CDRR : Chronic Disease Risk Reduction intake'을 제시하였다.

(2) 한국인 영양소 섭취기준의 활용

가족과 단체의 건강을 위한 영양량을 충족시키는 식사계획 시 한국인 영양소 섭취기준을 활용할 수 있다. 한국인 영양소 섭취기준에서 개인의 영양 섭취 목표로 평균필요량은 사용하지 않으며 개인의 영양계획 시에는 상한섭취량 미만으로 권장섭취량 또는 충분섭취량에 도달할 수 있도록 영양 목표를 설정한다. 단체급식소와 같이 집단을 대상으로 영양계획을 수립할 때는 권장섭취량을 집단의 식사목표로 활용하지 않으며, 섭취량의 중앙값이 충분섭취량이 되도록 하는 것이 좋다.

건강 유지와 성장에 필요한 영양소를 우선적으로 고려할 때는 평균필요량, 권장섭취량, 충분섭취량을 사용하고 영양소 섭취 과잉을 예방하기 위해 상한섭취량을 활용하면 좋다.

(3) 영양소 섭취 실태

2020년 국민건강영양조사 결과 우리나라 국민 1일 평균 영양소 섭취량은 에너지 1,897.7kcal, 탄수화물 275.6g, 지방 48.2g, 단백질 71.1g인 것으로 나타났으며, 2010년 이후로 지방 섭취량이 뚜렷이 증가하는 경향이 나타났다(그림 3-3). 3대 영양소 비율은 탄수화물 : 지방 : 단백질이 60.8 : 23.6 : 15.6로 탄수화물의 섭취비율은 감소하고 지방, 단백질 섭취비율은 증가한 것으로 나타났으며, 2009년 이후 지방의 섭취 비율은 계속 증가하는 경향을 보이고 있다. 이를 반영하여 2020년 개정된 한국인 영양소 섭취기준의 에너지 적정비율도 탄수화물 55~65%, 지방 15~30%, 단백질 7~20%로 제안되었다(표 3-1). 3대 열량영양소를 제외한 영양소 섭취비율에서는 남녀 모두 2005년 이후 칼슘, 인, 나트륨, 비타민 A, 비타민 C 등의 섭취비율이 낮아진 것으로 나타났다(표 3-2).

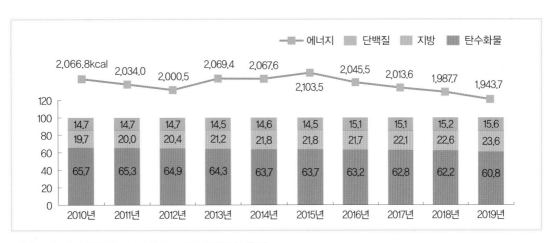

그림 3-3 **에너지 섭취량 및 에너지 급원별 섭취분율 추이**

표 3-1 에너지 적정비율

연령(세)	에너지적정비율(%)		지질		
	탄수화물	단백질	지방	포화지방산	트랜스지방산
1～2	55～65	7～20	20～35	–	–
3～18	55～65	7～20	15～30	8미만	1미만
19이상	55～65	7～20	15～30	7미만	1미만

자료: 보건복지부·한국영양학회(2020)

표 3-2 남녀의 3대 열량영양소를 제외한 영양소의 섭취비율

구분	영양소별(1)	2005 비율(%)	2010 비율(%)	2015 비율(%)	2016 비율(%)	2017 비율(%)	2018 비율(%)	2019 비율(%)
남자	칼슘	82.6	78.2	75.4	75.4	73.9	74.5	70.9
	인	188.2	191.9	174.8	172.1	168.7	166.8	163.0
	나트륨	309.6	297.9	241.6	205.8	202.6	201.5	201.7
	칼륨	66.3	98.0	95.7	91.4	89.5	85.6	86.1
	철	148.4	166.9	196.1	135.6	133.8	134.2	131.2
	비타민A(RE)	123.7	130.2	116.5	–	–	–	–
	비타민A(RAE)	–	–	–	61.3	57.3	57.9	56.5
	티아민	132.3	144.1	202.8	139.6	134.9	137.7	134.5
	리보플라빈	97.6	105.3	112.4	130.1	128.2	129.7	129.0
	나이아신	128.1	132.5	126.8	103.4	102.6	99.8	96.7
	엽산	–	–	–	92.4	91.2	88.7	88.2
	비타민C	112.1	118.3	100.4	68.8	70.3	71.2	72.4
여자	칼슘	69.0	68.3	64.1	61.9	65.2	61.4	61.5
	인	155.7	146.1	133.3	127.2	127.6	124.0	124.3
	나트륨	243.3	207.3	163.0	140.4	143.6	137.8	138.2
	칼륨	54.9	77.8	78.4	73.1	72.5	68.3	70.1
	철	106.6	118.9	140.3	100.6	101.3	97.5	96.1
	비타민A(RE)	119.6	114.6	106.8	–	–	–	–
	비타민A(RAE)	–	–	–	57.8	57.7	56.7	57.9
	티아민	113.3	111.0	163.7	108.1	107.3	103.9	104.5
	리보플라빈	96.1	96.7	105.8	117.7	119.0	120.2	122.8
	나이아신	113.0	105.3	103.0	83.5	83.7	81.1	78.3
	엽산	–	–	–	74.8	73.1	71.3	73.2
	비타민C	103.2	106.8	106.5	65.9	66.1	59.9	70.8

자료: 질병관리청(2021). 국민건강영양조사 영양소별 영양소 섭취기준에 대한 섭취비율

4) 국민 공통 식생활지침

국민 공통 식생활지침은 보건복지부 한국인을 위한 식생활지침, 농림축산식품부 한국인을 위한 녹색 식생활지침, 식품의약품안전처 당류 줄이기 실천가이드 등 정부 부처에 분산되어 있는 지침을 종합하여, 바람직한 식생활을 위한 기본적인 수칙을 제시한 것으로, 균형 있는 영양소 섭취와 올바른 식습관 및 한국형 식생활, 식생활 안전 등을 종합적으로 고려하여 가이드라인을 제정·발표했다.

식생활지침의 영역은 국민의 건강·영양문제와 식품안전, 식품소비 행태 및 환경 요인 등을 검토하여 도출된 것이며, 인구사회학적 영역에서는 인구고령화, 만성질환과 관련한 사회·경제적 부담 증가 등의 문제를 고려하였고, 식품 및 영양 섭취 변화에서는 쌀 등의 곡류 섭취 감소, 과일과 채소의 섭취 부족, 당류 섭취 증가, 음료 및 주류 섭취 증가, 영양소 부족 및 과잉 등 문제를 고려하였다. 또한 식습관 영역에서는 아침식사 결식률 증가, 가족 동반 식사율 감소 등의 문제를 반영하였고, 신체활동 영역에서는 신체활동 실천율 감소 등의 문제, 식품환경 영역에서는 음식물 쓰레기 등의 문제를 고려하여 제정하였다.

---

1. 쌀·잡곡, 채소, 과일, 우유·유제품, 육류, 생선, 달걀, 콩류 등 다양한 식품을 섭취하자.
2. 아침밥을 꼭 먹자.
3. 과식을 피하고 활동량을 늘리자.
4. 덜 짜게, 덜 달게, 덜 기름지게 먹자.
5. 단음료 대신 물을 충분히 마시자.
6. 술자리를 피하자.
7. 음식은 위생적으로, 필요한 만큼만 마련하자.
8. 우리 식재료를 활용한 식생활을 즐기자.
9. 가족과 함께 하는 식사 횟수를 늘리자.

자료: 보건복지부(2016).

> 국민 공통 식생활지침

---

2 / 경제면

가정과 단체급식에서 식재료비의 부담은 식사계획의 장애요인이 될 수 있으므로 경제면의 목표는 식품비에 맞게 식사를 계획하는 것이 된다. 저소득층의 식단과 낮은 식단가로 식사를 제공해야 하는 급식소의 식단에서는 다양한 식품 구성과 영양밀도가 높은 식품을 제공하기 어려워 건강상의 문제를 초래할 수 있다. 최근에는 주로 선진국에서 발생하던 비만과 같은 에너지 섭취 불균형에 의한 영양문제가 저소득층의 질병으로 전환되고 있다. 소득이 적을수록 적은 비용으로 구매가 가능한 패스트푸드 같은 고열량식품을 선택하게 되기 때문이다. 그러나 경제적 상황이 어렵더라도 현명한 식생활관리를 할 수 있는 기술과 정보를 활용하면 가족의 기호와 영양을 충족시키는 식생활을 계획할 수 있다.

1) 식품비 지출

가정과 단체의 식생활관리에서 가장 중요한 것은 가정의 식품비와 급식소의 예산에 맞는 식사계획이다. 특히 가정의 식품비 지출은 소득수준과 같은 경제상황과 라이프스타일 등에 따라 달라질 수 있다. 대부분의 가정은 수입에 한계가 있으며 수입의 규모에 따라 식생활비가 달라지기 때문에, 식품비 지출의 가능성을 고려하여 식사를 계획해야 하는데 이를 뒷받침하는 이론이 바로 엥겔지수(Engel's coefficient)이다.

엥겔지수 또는 엥겔계수는 가계의 소비 지출 중에서 식료품비가 차지하는 비율을 나타낸 지표로 가계의 생활수준을 측정할 때 사용한다. 1857년, 독일의 통계학자

표 3-3 **남녀 가구당 월평균 가계동향조사**

구분	2010	2011	2012	2013	2014	2015	2016	2017	2018	2019	2020	2021
소득(원)	3,670,142	3,893,666	4,126,769	4,203,326	4,334,989	4,404,865	4,426,753	4,445,156	4,606,125	4,606,125	5,160,954	5,198,173
가계지출(원)	2,998,887	3,139,374	3,259,326	3,299,351	3,379,423	3,401,566	3,394,762	3,316,100	3,326,800	3,982,801	3,892,091	4,019,559
소비지출(원)	2,312,540	2,404,259	2,485,245	2,507,009	2,566,896	2,577,379	2,572,560	2,556,800	2,537,600	2,942,132	2,906,560	3,009,291
식료품비(원)	319,704	341,077	351,257	350,528	351,932	354,246	348,834	360,300	366,700	402,107	476,820	459,183
엥겔지수	13.8	14.2	14.1	14.0	13.7	13.7	13.6	14.1	14.4	13.7	16.4	15.3

자료: 통계청(2021) 가계동향조사 엥겔지수 = 식료품비/가계 소비지출 × 100

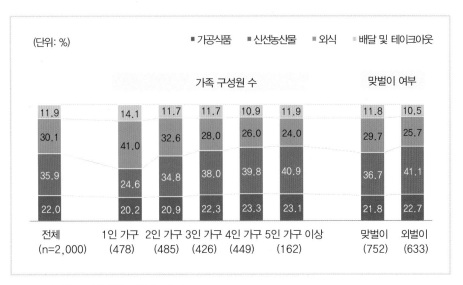

그림 3-4 음식 소비방법별 지출액 비중

인 엥겔이 저소득 가계일수록 식료품비가 차지하는 비율이 높고 고소득 가계일수록 식료품이 차지하는 비율이 낮음을 발견하였는데 이것을 바로 '엥겔의 법칙'이라고 부른다. 우리나라의 외식을 제외한 엥겔지수는 2010년 13.8%(외식 제외)에서 2021년 15.3%로 증가했는데, 고물가 속에서 식료품 물가의 상승률이 역대 최고 수준까지 상승하면서 엥겔지수도 증가한 것으로 추정하고 있다(표 3-3). 식료품에서 주식과 부식의 비율은 감소하고 있는 반면 외식의 비율은 점점 증가하고 있는데 이는 우리나라의 식생활 변화 패턴을 뚜렷하게 보여주고 있다(그림 3-4).

음식 소비방법별 지출액 비중에서 '외식'은 30.1%로 15만 3,477원, '배달 및 테이크아웃'은 11.9%인 6만 686원으로 전체의 42%를 차지하여 국내 가정의 식생활 관련 외부 의존도가 크게 높아진 것으로 나타났다. 가족 수가 많을수록 '신선농산물 구입'의 비중은 높은 것으로 나타났고, '외식과 배달 및 테이크아웃'의 비중은 낮은 것으로 나타났다. 맞벌이 부부의 경우 바쁜 생활로 인하여 '외식'의 비중이 외벌이 가구보다 높고, '신선농산물' 비중은 낮은 것으로 나타났다. 1인 가구의 경우 '외식'과 '배달 및 테이크아웃'의 비중이 각각 41%, 14.1%로 전체의 55.1%를 차지하며 2인 가구 이상에 비해 현저히 높은 것으로 나타났다(그림 3-4).

2) 식품계획

식품계획(food plan)은 가족 구성원의 영양소 섭취기준을 만족시키면서 각 가정의 소득수준에 따라 합리적인 식품 구입계획을 세우는 것을 말한다.

　식품계획은 소득수준 및 소비수준에 따라 절약가격계획(thrifty plan), 저가격계획 (low cost plan), 적정가격계획(moderate cost plan), 여유가격계획(liberal cost plan) 으로 나누어 계획할 수 있다. 절약가격계획은 저가격계획보다 식품비를 25~33% 낮게 책정한 것이며, 적정가격계획은 저가격계획보다 약 25% 높게 책정한 것이다. 여유가격계획은 저가격계획보다 약 50% 높게 계획하며 적정가격계획보다는 약 20% 높게 계획한다.

　최저식품비를 바탕으로 한 저가격계획을 식품계획에 활용할 때는 각 식품군 안에서 가장 저렴한 제품들을 선택하게 되며, 동물성단백질의 경우 육류보다는 생선류에 많은 비용을 할애한다. 적정가격계획은 저가격계획보다 곡류, 감자류, 유지류의 비용은 감소시키며 육류, 어류, 우유 및 유제품 구입비를 증가시키고, 저가격계획보다 25%를 추가하여 계획한다. 여유가격계획은 식품을 다양하게 선택하고, 식품의 질이 우수하며 식사대상자의 만족도를 높일 수 있도록 계획하고 저가격계획보다 50%를 추가하여 계획한다.

　절약가격계획은 영양소 섭취기준만을 만족하도록 하고, 저가격계획보다 25~33% 낮게 계획한다. 여유가격계획에서 절약가격계획으로 변경할 경우 우유, 치즈, 아이스크림, 육류, 가금류, 어류, 난류, 감귤류, 토마토, 과일과 채소, 당류의 비용을 감소시켜 계획해야 한다. 이때 각 식품군 내에서 질적인 면도 차이가 날 수 있는데 가장 현저한 차이는 육류의 양을 감소시켜 계획해야 된다는 점이다. 예를 들어 육류의 종류와 부위, 다양한 과일과 채소의 선택, 편이식품의 종류와 양이 같은 식품이라도

식품계획에서의 가격 차이 비교

- 적정가격계획은 저가격계획보다 약 25% 비싸다.
- 여유가격계획은 저가격계획보다 약 50% 비싸다.
- 절약가격계획은 저가격계획보다 25~33%보다 싸다.

질과 다양성에서 차이가 날 수 있다. 여유가격계획에서는 식품 선택과 구입의 다양성을 기대할 수 있으며 식품군 안에서 질이 좋은 종류와 부위를 사용할 수 있기 때문에 식사계획이 훨씬 쉽고 식사대상자에게 건강하고 즐거운 식사를 제공하기 쉬워진다.

3 / 기호면

식사로부터 얻는 즐거움으로는 공복감을 만족시키는 것 외에도 관능적(시각, 후각, 미각, 청각, 촉각)·사회적·심리적 즐거움이 있다. 식사계획을 할 때 영양면과 함께 꼭 고려해야 할 사항이 바로 기호면이다. 식사에서 나타나는 기호는 민족적인 배경, 가족의 식습관, 지역·사회·경제적 배경, 교육·종교·경험 등의 영향에 의해 형성된다. 또한 기호는 성별, 연령, 건강상태, 개인의 식습관에 따라 변할 수 있기 때문에 특정 식품에 편중될 수 있는 편식이 증가되고 균형적인 영양 섭취를 저해하는 문제를 야기할 수 있다. 식생활관리자는 영양적으로 충족되면서도 개인의 기호를 만족시킬 수 있는 식생활관리의 목표를 달성하는 것이 중요하므로, 식품을 선택하고 조리할 때 식사대상자가 음식을 맛있게 먹을 수 있도록 조화와 조리법에도 신경을 써야 한다.

음식의 기호도에 영향을 주는 요인은 유전보다는 어렸을 때의 식품 섭취 경험이 중요하며, 음식의 기호에 영향을 주는 관능적 요인으로는 음식의 색, 질감, 향미, 전체적인 맛이다.

- 여러 가지 맛을 경험할 기회를 제공한다.
- 식품재료를 다양하게 선택한다.
- 식품의 조리방법을 다양하게 한다.
- 식품의 종류에 따라 모양, 크기, 그릇, 담는 양 등을 변화시킨다.
- 서로 다른 색깔의 식품을 조화롭게 사용한다.

식품기호도를 높이기 위해 고려할 사항

1) 색

식품과 음식의 색은 향미, 맛 등과 식욕에 영향을 미치는 요인이며, 식품의 신선도와 품질을 평가하는 기준이 되기도 한다. 색은 인간의 식욕에 여러 가지 영향을 주는데 일반적으로 밝고 따뜻한 색은 달콤한 것을 연상시켜 음식을 더 맛있어 보이게 하고 탁하고 차가운 색은 쓰고 떫은맛을 연상시켜 음식의 맛을 감소시킨다(표 3-4).

표 3-4 **기호에 영향을 미치는 색**

밝고 따뜻한 색: 맛있어 보임	탁하고 차가운 색: 맛없어 보임

식사계획을 할 때 음식을 시각적으로 맛있어 보이게 하려면 각 식품의 색깔이 고르게 배합되도록 고려하여 전체적인 조화를 이루게 해야 한다. 또한 그릇의 색과 모양에 의해서도 음식의 맛이 달라질 수 있으므로 메뉴와 어울리는 용기를 사용하는 것도 기호도를 좋게 하는 방법이다.

일반적으로 다양한 색으로 구성된 식단은 영양적으로도 균형이 잡혀 있으므로, 다양한 색의 채소와 과일로 식단을 구성하면 식품의 기호도가 증가할 뿐만 아니라 영양소의 균형도 훨씬 좋아진다.

2) 질감

식품의 질감은 촉감과 관계된 것으로 식품의 물성 및 구조적 특성을 생리적으로 느낀 결과라고 할 수 있다. 어린이를 대상으로 한 식품기호도 조사에서 채소에 대한 기호도가 낮은 어린이들은 익숙하지 않은 질감의 식품을 싫어하는 것으로 나타났는데, 어린이들은 채소의 물컹함, 아삭함, 미끈함, 딱딱함 등을 채소의 질감을 싫어하는 이유로 꼽았다.

3) 향미

식품의 향미는 입으로 들어오는 물질에 의해 미각과 후각을 자극하고 입안에 주는 고통, 촉감, 온도감수기에 자극을 주어 일어나는 감각이다. 이는 개인의 식습관, 풍습, 편견, 생리적 상태 등에 따라 다르게 느껴질 수 있다. 음식의 맛을 보기 전에 청국장 냄새를 맡고 청국장을 먹고 싶다는 충동을 느끼거나, 이른 아침 베이커리 앞을 지나면서 맡은 빵 굽는 고소한 냄새 때문에 먹고 싶은 충동을 느끼는 것, 식사시간이 가까워질수록 음식 냄새에 의해 식욕을 더 자극받는 현상이 바로 향미에 의해 일어난다. 향미는 음식의 맛을 음미할 수 있게도 하지만, 때로는 생선 등의 식품에 신선도를 판단하는 기준이 되기도 한다. 따라서 식사계획을 할 때는 유사한 향미를 가진 식품, 양념, 조미료 등을 반복 사용하지 않도록 주의하는 것이 좋다.

4) 맛

식품의 맛은 식품이 입속 혀의 미뢰를 자극함으로써 나타나는 현상으로 식품은 각각 고유의 맛을 가지고 있다. 식품에 대한 기호와 밀접한 관련이 있는 맛은 단맛, 짠맛, 신맛, 쓴맛의 4가지로 여기에 매운맛과 떫은맛, 감칠맛 등을 더하기도 한다. 맛은 혀의 특정 부위에서 감지되는데 혀의 끝은 단맛에 민감하며, 혀의 양옆은 신맛과 짠맛에 민감하고, 혀의 안쪽은 쓴맛에 민감하다. 또한 맛은 온도에 많은 영향을 받기 때문에 음식의 간을 맞출 때도 적정온도에서 간을 보아야 실수하지 않는다. 맛의 예민도와 지속성은 쓴맛, 신맛, 짠맛, 단맛의 순서로 나타나게 되며, 짠맛은 신맛보다 빨리 적응된다. 맛의 상호작용에서도 짠맛은 쓴맛과 신맛을 감소시키고, 신맛은 짠맛과 쓴맛을 감소시키며 짠맛과 신맛은 단맛을 증가시킨다. 이러한 특징을 조리에 적절히 이용하면 식품의 기호도와 음식의 맛을 한층 높일 수 있다.

식단을 계획할 때는 밥과 빵 등의 곡류, 닭고기와 쇠고기 등의 육류, 호박·오이·감자 등의 채소와 같이 순한 맛을 가진 음식을 먼저 제공하고, 마늘·양파·훈연한 소시지·생선·향신료가 들어간 강한 맛의 음식을 나중에 제공하도록 한다. 모든 사람이 똑같이 맛을 느끼지 않으며, 맛의 상호작용을 고려하여 식사 대상자가 좋아하

는 맛은 강조하고 싫어하는 맛은 줄이기 위해 다른 재료와 향료를 적절히 배합하는
것이 좋다.

4 / 위생면

가정과 급식에서 안전한 식사를 제공하기 위해서는 식품을 위생적으로 취급해야 한
다. 식중독은 식품의 조리 및 저장 단계에서의 부적절한 시간 및 온도관리(T&T
Control: Time and Temperature Control)에 의해 일어난다. 또한 시간과 온도와 함
께 식품을 취급하는 식생활관리자의 개인 위생 불량이나 부주의에 의한 교차오염
(cross-contamination) 등이 원인이 되고 있다.

1) 식중독 발생 현황

식중독은 음식물 섭취에 따른 건강장해 중 하나로, 식품에 식중독을 일으키는 미생
물이 부착되고 증식하여 독성물질이 혼입되거나 잔류하여 나타나는 건강상의 장애
이며 2차 감염의 우려가 없는 경우를 말한다. 2차 감염의 우려가 없다는 이유로 법
정감염병으로 관리되는 세균성 이질, 콜레라, 장티푸스, 파라티푸스 등의 식품매개
감염병과는 구별된다.

　우리나라 식중독 발생 건수는 2007년에 최고로 증가하였다가 감소 추세를 보였
으며, 2014년에 다시 증가하는 경향을 보였다. 환자 수는 2006년에 최고로 높아졌다
가 2013년에는 235건으로 감소하였는데 2014년과 2016년의 경우 환자 수도 발생 건
수와 함께 증가하였다. 2018년의 경우, 환자수가 급격하게 증가하였는데, 이유는 학
교 급식으로 제공된 초코 케이크가 살모넬라균에 오염되어 일어난 식중독과 노로바
이러스 등이 원인으로 나타났다. 월별 식중독 발생도 과거에는 5~6월에 집중적이었
으나 최근에는 가을·겨울철에도 많이 발생되고 있다.

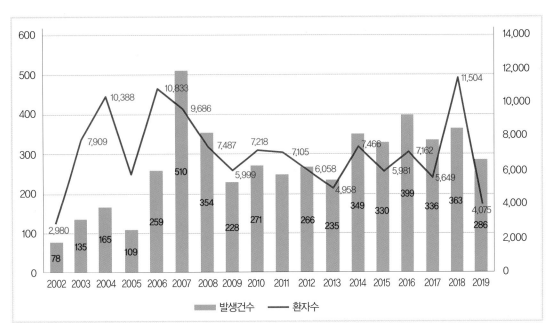

그림 3-5 **연도별 식중독 발생현황 및 환자 수**
자료: 식품의약품안전처, 식품안전나라

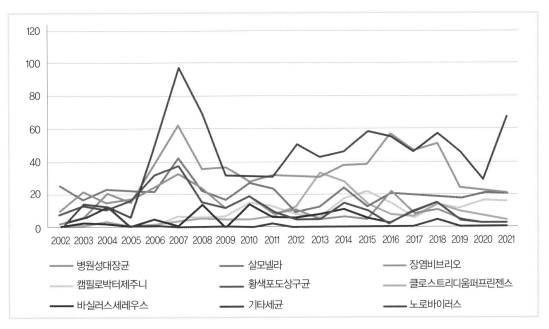

그림 3-6 **연도별 식중독 원인물질**
자료: 식품의약품안전처, 식품안전나라

2) 식중독 발생 원인물질

우리나라에서 발생하는 식중독은 주로 살모넬라균, 황색포도상구균, 장염비브리오 균에 의한 세균성 식중독이나 최근에는 세균성 식중독보다 바이러스성 식중독의 발 생이 증가하고 있다. 식중독을 일으키는 주요 원인균은 병원성 대장균과 노로바이 러스인 것으로 보고되고 있으며, 최근 노로바이러스에 의한 식중독이 급증함에 따 라 겨울철에도 식중독이 지속적으로 발생하고 있다. 병원성 대장균에 의한 식중독 은 육류와 생선 등에 있는 대장균이 칼, 도마를 함께 오염시켜 발생한 교차오염이 원인이 되고 있다. 교차오염이란 식재료 및 기구, 용수 등에 오염되어 있던 미생물이 오염되지 않은 식재료, 기구, 종사원과의 접촉 또는 조리 작업과정에서 혼입되어 오 염을 일으키는 것을 말한다. 노로바이러스에 의한 식중독의 경우 오염된 지하수로 처리된 식재료와 어패류인 굴이 원인이 되고 있다. 따라서 식단에 우유 및 유제품, 쇠고기, 돼지고기, 가금육, 양고기, 생선, 어패류, 달걀 등의 잠재적 위험식품(PHF: Potentially Hazardous Foods)이 포함되어 있을 경우에는 시간 및 온도관리에 주의 를 기울여 식중독이 일어나지 않도록 해야 한다.

3) 식중독 예방

식품의약품안전처에서는 식중독 예방을 위해 다음과 같은 식중독 예방수칙을 발표 했다.

- 첫 번째, 조리한 식품은 가능한 신속히 섭취한다.
- 두 번째, 식사 후 남은 음식은 5℃ 이하의 냉장온도에서 보관한다.

잠재적 위험식품	• 병원성 미생물의 성장이나 독소 생성을 일으킬 수 있으므로 시간과 온도를 통제할 필요가 있는 식품 • 단백질 함량과 수분 함량(Aw: 0.85 이상)이 높으며 중성 또는 약산성(pH: 4.6~7.5)인 식품 • 우유 및 유제품, 쇠고기, 돼지고기, 가금육, 양고기, 생선, 어패류, 달걀, 날 콩나물, 조리한 감자, 두부, 얇게 썬 멜론 등의 식품

- 세 번째, 보관했던 음식은 75℃에서 1분 이상 재가열한 후 섭취한다.
- 네 번째, 조리에 사용된 칼이나 도마 등의 기구는 세척·소독하여 2차오염을 방지한다.

또한 세계보건기구(WHO: World Health Organization)에서도 식중독을 예방하는 '안전한 식품조리를 위한 10대 원칙'을 발표하고 전 세계 식중독 발생을 줄이기 위해 노력하고 있다. 10대 원칙의 내용은 다음과 같다.

- 안전하게 처리된 식품을 선택한다: 생채소와 과채류의 경우 위해미생물 등에 오염될 수 있으므로 적절한 방법으로 살균하거나 청결하게 세척한 제품을 선택해야 한다.
- 적절한 방법으로 가열·조리한다: 식중독을 유발하는 위해미생물을 사멸시키기 위해 중심부까지 철저히 가열하여야 한다. 육류의 경우 중심온도 75℃ 이상에서 익히고 뼈에 붙은 고기도 잘 익혀서 섭취한다. 해동한 고기는 즉시 조리한다.
- 조리한 식품은 신속하게 섭취한다: 조리한 식품을 실온에서 방치하면 위해미생물이 증식할 수 있으므로 조리한 음식은 가능한 신속히 섭취한다.
- 조리식품을 저장·보관할 때는 주의를 기울인다: 조리한 식품은 60℃ 이상 또는 5℃ 이하에서 저장·보관한다. 먹다 남은 유아식은 보관하지 말고 버리고 조리식품을 냉각할 때는 온도를 빨리 내려야 위해미생물의 증식을 막을 수 있다. 또한 많은 양의 음식은 냉장고에 보관하지 않는다.
- 저장했던 조리식품을 섭취할 때는 완전히 재가열한다: 냉장보관 중에도 위해미생물이 증식될 수 있으므로 섭취할 경우에는 75℃ 이상에서 1분 이상 재가열하여 섭취한다.
- 조리한 식품과 조리하지 않은 식품이 서로 접촉하여 오염되지 않도록 한다: 조리한 식품과 조리하지 않은 날음식을 접촉하면 교차오염이 될 수 있으므로 섞이지 않도록 한다.
- 손은 철저히 씻는다: 손을 통해 오염이 많이 되므로 조리 전과 다른 용무를 하기 전에는 반드시 손을 씻는다.

- 조리대, 싱크대, 행주, 도마 등은 항상 청결히 유지한다: 주방의 조리대 및 작업대는 항상 청결하게 유지하여 위해미생물에 오염되지 않도록 하며, 행주나 도마 등의 조리기구는 매일 살균·소독·건조하여 사용한다.
- 쥐나 곤충 등이 접촉하지 않도록 음식 보관에 유의한다: 쥐, 곤충, 위해동물 등을 통해 위해미생물이 식품을 오염시킬 수 있으므로 동물의 접근을 막을 수 있도록 주의하여 보관한다.
- 깨끗한 물로 조리한다: 조리수 사용이 의심될 경우 물을 꼭 끓여 사용하고 유아식을 만들 때 특히 주의하여 조리한다.

5 / 시간과 에너지

식사에 사용되는 시간과 에너지에 영향을 주는 요인으로는 가족의 규모, 식사의 수준, 식품의 기호, 부엌과 기구의 효율성, 식생활관리에 관한 지식, 기술, 능력, 예산 등이 있다. 식생활관리에 사용되는 시간과 에너지는 메뉴 작성, 식품 구매계획, 식품 구매, 식품 조리, 식품 보관 및 저장, 식사 준비, 상 차리기, 식사 시중, 식사 후 뒷정리, 부엌 설비 등의 관리에 사용한다. 시간과 에너지의 절약을 방해하는 요인은 가족의 식품기호도, 식생활 관리자의 지식과 기술의 부족, 돈의 부족 등이다. 젊은 층의 경우 인스턴트식품이나 편의식품에 높은 기호도를 보일 수 있으나, 나이 든 세대

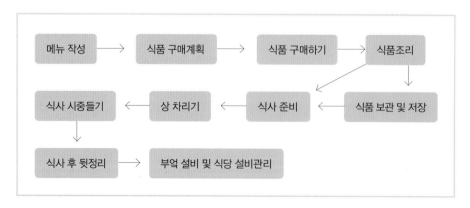

그림 3-7 **식생활관리자가 사용하는 시간과 에너지**

표 3-5 **가공식품 구입 이유**   (단위: %)

구분		음식을 만드는 데 드는 시간을 절약하기 위해서	간편해서/쉽게 한끼를 해결할 수 있어서	가공식품을 구입하는 것이 식재료를 구입하여 음식을 만드는 것보다 저렴해서
식품 구매자 (n=2,000)	1순위	39.3	26.8	14.1
	1+2순위	60.9	55.5	31.2
가족 구성원 (n=2,128)	1순위	31.4	28.6	14.5
	1+2순위	49.1	57.3	30.2

의 경우에는 집에서 만드는 음식을 선호하게 된다. 또한 초보자는 음식을 조리하는 데 필요한 지식과 능력이 부족하기 때문에 시간을 절약하기 어렵고, 돈이 부족하면 주방의 설비 및 기기의 구입이나 편의식품을 구매하기 어렵다.

식생활관리자가 식사를 준비하는 시간을 단축하려고 할 때는 가공식품이나 시판 조리식품을 이용하면 좋다. 농림축산식품부의 식품 소비량 및 소비행태조사(2015)를 보면 가공식품을 구입하는 이유로 '음식을 만드는 데 걸리는 시간을 절약하기 위해서'라고 응답한 식품 구매자가 39.3%로 가장 높게 나타났으며, 가족 구성원 역시 '음식을 만드는 데 걸리는 시간을 절약하기 위해서'가 31.4%로 가장 높게 나타나 시간과 에너지를 절약하기 위해 가공식품을 많이 이용하는 것으로 나타났다(표 3-5).

같은 연구에서 가공식품 구입 시 장보는 시간은 '30분 이상~1시간 미만'이 47.4%로 가장 높았고, 다음으로 '30분 미만'이 31.6%로 나타났다. 가구소득별로는 200만 원 미만 소득구간에서 가공식품을 구입하는 데 30분 미만의 시간을 사용하는 소비자가 많았고, 200만 원 이상의 소득구간에서는 30분 이상~1시간 미만의 시간을 사용하는 소비자가 많았다(표 3-6).

식생활관리자가 시간과 에너지를 절약하기 위해 식사계획 및 실행을 하는 방법을 정리하면 ① 비용이 소요되는 방법으로 돈과 시간을 활용하는 방법과 ② 비용이 소요되지 않는 식생활관리자의 지식, 기술, 능력 등의 인적자원을 활용하는 방법이 있다. 시간과 에너지를 절약하기 위해서는 1가지 자원뿐만 아니라 모든 자원을 적절하게 활용하는 것이 좋다.

돈과 시간을 활용할 때는 전처리 식품 또는 반조리 식품을 구입하거나 식생활관

표 3-6 **가구소득별 가공식품 구입 시 장보는 시간** (단위: %)

구분		사례 수	30분 미만	30분 이상 ~ 1시간 미만	1시간 이상 ~ 2시간 미만	2시간 이상 ~ 3시간 미만	3시간 이상
가구소득 (만 원)	200 미만	315	47.9	41.5	9.4	1.2	0.0
	200~299	398	34.7	47.7	13.7	3.4	0.5
	300~399	479	26.5	50.7	18.9	3.7	0.2
	400~499	382	27.2	48.5	21.5	2.6	0.2
	500 이상	426	26.3	46.8	22.6	4.3	0.0
전 체		2,000	31.6	47.4	17.6	3.2	0.2

자료: 한국농수산물유통공사(2015. 11). 2015년 가공식품 소비량 및 소비행태 조사-가공식품 소비행태 조사 보고서편.

리자가 일하기 편하도록 부엌의 동선효율화를 위해 주방설비를 개조, 새로운 주방기기를 구입하여 시간과 에너지를 절약할 수 있다(그림 3-8). 가사도우미를 고용하여 시간을 살 수도 있다.

식생활관리자의 지식, 조리 및 관리기술, 능력을 효율적으로 활용할 때는 가족의 기호도를 파악한 식단을 계획하거나 간편한 재료를 활용하여 조리과정을 단순화, 표준화, 전문화, 자동화, 기계화하여 시간을 단축하고 계획 구매를 하면 시간을 효율적으로 활용할 수 있다. 식생활관리자의 현재 시간과 에너지 사용 패턴을 연구·분석하여 능률을 높일 수 있는 시간 사용방법에 대한 연구도 필요하다.

식생활관리자는 경제적인 제약을 받을 수 있으므로 비용이 소요되는 방법보다는 식생활관리자의 경험과 노력을 통하여 얻을 수 있는 지식, 기술, 능력과 같은 인적 자원을 합리적으로 활용하여 식생활관리를 하는 것이 현명하다.

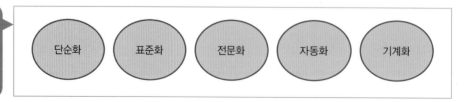

전기압력밥솥

전자레인지

핸드블렌더

식기세척기

전기찜기

에어프라이어

그림 3-8 **시간과 에너지를 절약해주는 기기**

PART

2

식생활관리의 실

식단의 계획

1/ 식단계획의 개요

1) 식단계획의 개념

식단은 메뉴와 혼용되어 사용되는 경우가 많다. 일반적으로 메뉴는 개별적으로 제공되는 음식의 목록을 의미하고 식단은 밥, 국·찌개, 주반찬, 부반찬, 김치 등이 조합되어 제공되는 음식의 목록을 의미한다.

식생활관리의 목표를 달성하기 위해서는 구성원에게 적합한 식단계획이 우선적으로 진행되어야 한다. 식단계획은 '끼니별로 제공할 음식의 조합을 결정하는 일련의 활동'으로 식생활관리의 목표를 달성할 수 있는 음식의 종류와 적절한 양이 제공될 수 있도록 이루어져야 한다. 영양적인 측면뿐 아니라 경제면, 기호면, 시간과 에너지 등 식생활관리의 목표를 달성할 수 있도록 여러 가지 측면을 고려해야 한다.

과거에는 집단에게 음식을 제공하는 급식소에서 식단계획이 주로 이루어졌으나, 건강과 먹거리에 대한 관심이 증가하면서 개인을 대상으로 하는 가정에서도 이를 중요시하게 되었다. 가정에서 식단을 계획하면 가족 구성원에게 적절한 영양 공급이 가능하고 경제적인 식생활을 할 수 있을 뿐 아니라 가족 구성원이 바람직한 식습관을 형성할 수 있도록 도와줄 수 있다.

2) 식단계획의 기본원칙

식단계획 시에는 식생활관리의 영양면, 기호면, 경제면, 안전·위생면, 효율면의 목표가 만족되도록 다음의 기본원칙을 준수한다.

- 대상자의 특성 및 영양필요량 파악: 먼저 대상자의 특성 및 필요한 영양필요량을 파악한다. 한국인 영양소 섭취기준을 토대로 하여 연령, 성별, 활동 강도 등 대상자의 특성을 고려하여 하루에 필요한 영양량을 산출하고 이를 각 끼니에 배분한다.
- 대상자의 기호도 고려: 대상자의 기호도를 반영하지 않고 식단을 계획하면 음식이 남을 수 있으므로 식생활관리의 목표를 달성하기 어렵다. 성별, 연령 등에 따라 기호도에 차이가 나기 때문에 식단계획 시 기호도를 고려해야 한다.
- 식재료비 고려: 지출 가능한 식재료비의 범위 안에서 식단을 계획해야 한다. 식재료비는 급식소 유형에 따라 차이가 나는데 일반적으로 산업체 급식소는 전체 예산의 60% 이하, 학교급식은 70% 이상을 식재료비로 사용한다. 식재료비를 절감하기 위해 계절식품 등을 사용하기도 한다.
- 위험 식재료 사용 제한: 잠재적 위험 식재료나 기간별 위험 식재료를 사용하지 않도록 한다.
- 조리기술 고려: 식사하고자 하는 시간에 조리가 완료될 수 있도록 조리를 담당하는 사람의 조리기술을 고려하여 적절한 식단을 계획한다. 조리기술을 고려하지 않고 식단을 계획하면 음식의 질이 저하될 뿐 아니라 식사 시간이 지연될 수 있다.
- 시설 조건 고려: 현재 갖추고 있는 조리기구 및 시설을 고려하여 식단을 계획한다. 정해진 시간 안에 음식이 완성될 수 있도록 주방시설 및 설비를 파악한 후에 식단을 계획하는 것이다.

2/ **식단계획 관련 지식**

1) 영양소 섭취기준: 한국인 영양소 섭취기준

건강한 식생활을 영위할 수 있도록 식단을 계획하기 위해서는 어떤 영양소를 어느 정도 먹어야 하는지에 관한 기준이 필요하다. 일반적으로 **한국인 영양소 섭취기준**을 토대로 필요한 영양소 섭취기준을 결정한다. 한국인 영양소 섭취기준은 한국인의 건강 증진 및 질병 예방을 목적으로 에너지 및 영양소의 적정 섭취수준을 나타낸 것으로 1962년 처음 제정 시에는 영양 섭취 부족에 중점을 두고 영양소 단일값으로 기준을 제정하였다. 2005년에 만성질환이나 영양 과잉 등을 고려하여 평균필요량, 권장섭취량, 충분섭취량, 상한섭취량의 4가지로 구성된 섭취기준을 제정하였다. 이후 2010년에 개정하고 2015년에 한국인 영양소 섭취기준을 국가차원에서 처음으로 제정한 후 2020년에 개정작업을 진행하였다.

2020 한국인 영양소 섭취기준에서는 만성질환의 증가 추세를 고려하여 '만성질환 위험감소를 위한 섭취량(CDRR: Chronic Disease Risk Reduction intake)'을 처음으로 제시하였다. 또한, 탄수화물의 평균필요량과 권장섭취량, 지방산(리놀레산, 알파-리놀렌산, DHA+EPA)의 충분섭취량이 처음으로 제정되었으며, 단백질의 평균필요량과 권장섭취량이 개정되었다. 만성질환 위험감소를 위한 섭취량은 비만이나 당뇨·심혈관계 질환 등 만성질환의 위험을 감소시킬 수 있는 최저 수준의 섭취량으로 해당 기준치 이하로 목표 섭취량을 감소하라는 의미가 아니라 기준치보다 높게 섭취할 경우, 섭취량을 줄이면 만성질환에 대한 위험을 감소시킬 수 있다는 근거를 토대로 하여 도출된 섭취기준이며, 성인(19~64세)의 나트륨 만성질환 위험감소를 위한 섭취량은 2,300mg/일이다.

2020 한국인 영양소 섭취기준에는 에너지 및 다량영양소 12종, 비타민 13종, 무기질 15종, 총 40종의 영양소에 대한 기준이 제시되어 있으며, 이전에 사용했던 평균필요량, 권장섭취량, 충분섭취량, 상한섭취량 등으로 제시되어 있다(그림 4-1).

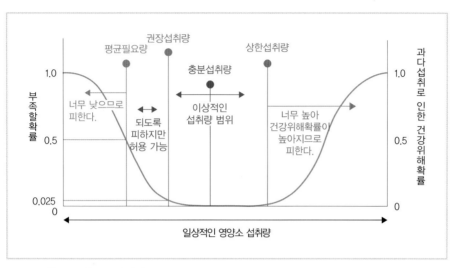

그림 4-1 한국인 영양소 섭취기준
자료: 보건복지부, 한국영양학회(2021).

- 평균필요량(Estimated Average Requirement): 건강한 사람이 필요로 하는 하루 필요량의 중앙값으로 과학적인 근거가 충분한 경우에 설정된다.

- 권장섭취량(Recommended Nutrient Intake): 평균필요량에 표준편차 또는 변이계수의 2배를 더하여 계산된 값으로 97~98%의 건강한 사람들의 영양소 필요량을 충족시킬 수 있는 수준이다.

- 충분섭취량(Adequate Intake): 실험연구 또는 관찰연구에서 확인된 건강한 사람들의 영양소 섭취량의 중앙값으로 산출하며, 영양소 필요량을 추정하기 위한 과학적인 근거가 부족할 경우에 설정된다.

- 상한섭취량(Tolerable Upper Intake Level): 사람에게 위해한 영향을 나타내지 않는 최대의 영양소 섭취수준으로 인체 위해에 대한 과학적인 근거가 충분할 경우 설정된다.

- 만성질환위험감소섭취량(CDRR: Chronic Disease Risk Reduction intake): 건강한 인구집단에서 만성질환의 위험을 감소시킬 수 있는 최저 수준의 섭취량으로 만성질환과 영양소 섭취 간의 연관성과 만성질환의 위험을 감소시킬 수 있는 섭취수준을 고려하여 설정된다.

에너지필요 추정량 산출 공식

최종 에너지필요추정량(EER)은 기본식으로부터 계산된 총에너지소비량값(TEE)에 생애주기별 부가량을 더하여 계산한다. 성인은 에너지필요추정량을 총에너지소비량으로 규정하고 영·유아, 아동 및 청소년은 에너지소비량에 성장에 필요한 에너지를 추가하여 더한다.

$$에너지필요추정량(EER) = \alpha + \beta \times 연령(세) + PA[\gamma \times 체중(kg) + \delta \times 신장(m)]$$
$$PA: 신체활동단계별 계수$$

에너지필요추정량 계산 공식에 적용되는 상수 및 계수값

구분		아동 및 청소년(3~18세)		성인(19세 이상)	
		남자	여자	남자	여자
α	상수	88.5	135.3	662.0	354.0
β	연령 계수	-61.9	-30.8	-9.53	-6.91
γ	체중 계수	26.7	10.0	15.91	9.36
δ	신장 계수	903.0	934.0	539.6	726.0

생애주기별 에너지필요추정량 산출식

구분	연령	총에너지소비량(TEE) 산출공식	생애단계별 추가필요량
영아	0~5개월	[89×체중(kg)-100]	+115.5
	6~11개월		+22
유아	1~2세		+20
	3~5세	**남**: 88.5-61.9×연령(세)+PA×[26.7×체중(kg)+ 903×신장(m)]	+20
아동	6~8세	[PA=1.0(비활동적), 1.13(저활동적), 1.26(활동적), 1.42(매우 활동적)]	
	9~11세		
청소년	12~14세	**여**: 135.3-30.8×연령(세)+PA×[10.0×체중(kg)+ 934×신장(m)]	+25
	15-19세	[PA=1.0(비활동적), 1.16(저활동적), 1.31(활동적), 1.56(매우 활동적)]	
성인	20세 이상	**남**: 662-9.53×연령(세)+PA×[15.91×체중(kg)+ 539.6×신장(m)] [PA=1.0(비활동적), 1.11(저활동적), 1.25(활동적), 1.48(매우 활동적)]	-
	임신부	**여**: 354-6.91×연령(세)+PA×[9.36×체중(kg)+ 726×신장(m)]	초기+0 중기+340 말기+450
	수유부	[PA=1.0(비활동적), 1.12(저활동적), 1.27(활동적), 1.45(매우 활동적)]	+340

자료: 보건복지부, 한국영양학회(2020).

에너지필요추정량은 2015년도와 동일하게 2020년에도 미국의 영양소 섭취기준에서 제시한 공식을 토대로 하여 연령, 신장, 체중 및 신체활동 수준을 고려하여 산출하였다. 2015년과 2020년의 한국인 영양소 섭취기준의 에너지필요추정량을 비교하

표 4-1 **연령별 일일 평균 에너지섭취량과 조정된 2020 에너지 필요추정량(EER) 비교**

연령(세)	대상자수	에너지섭취량(A) (Kcal/일)		2015(EER)	2020(EER) (B)	% EER [(A/B)×100] (평균에너지 섭취량 대비 2020EER)	EER 변동량 (2020-2015)
		평균	중위값				
0~5개월	–	–	–	550	500	–	-50
6~11개월	–	–	–	700	600	–	-100
1~2(세)	312	1,133.3	1,052.9	1,000	900	125.9	-100
3~5	534	1,435.0	1,330.5	1,400	1,400	102.5	0
남자							
6-8(세)	250	1,798.2	1,718.9	1,700	1,700	105.8	0
9-11	211	2,094.2	1,987.9	2,100	2,000	104.7	-100
12-14	219	2,438.6	2,263.6	2,500	2,500	97.5	0
15-18	230	2,559.8	2,355.5	2,700	2,700	94.8	0
19-29	446	2,398.6	2,243.2	2,600	2,600	92.3	0
30-49	1,311	2,478.7	2,310.3	2,400	2,500	99.1	100
50-64	817	2,325.5	2,201.9	2,200	2,200	105.7	0
65-74	334	2,029.5	1,883.2	2,000	2,000	101.5	0
75 이상	190	1,808.9	1,717.0	2,000	1,900	95.2	-100
여자							
6-8(세)	260	1,551.3	1,488.9	1,500	1,500	103.4	0
9-11	219	1,871.0	1,786.6	1,800	1,800	103.9	0
12-14	190	1,858.2	1,772.6	2,000	2,000	92.9	0
15-18	204	1,823.2	1,730.0	2,000	2,000	91.2	0
19-29	475	1,794.6	1,645.9	2,100	2,000	89.7	-100
30-49	1,818	1,749.7	1,647.1	1,900	1,900	92.1	0
50-64	848	1,696.5	1,631.4	1,800	1,700	99.8	-100
65-74	197	1,609.7	1,557.3	1,600	1,600	100.6	0
75 이상	184	1,305.4	1,218.2	1,600	1,500	87.0	-100

자료: 보건복지부, 한국영양학회(2020).

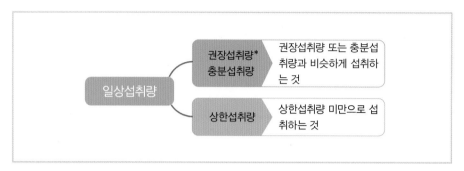

* 에너지필요추정량 포함

그림 4-2 개인의 식단계획 시 영양소 섭취기준의 활용
자료: 보건복지부, 한국영양학회(2020).

여 표 4-1에 제시하였다. 남자의 경우, 9~11세는 2,100kcal에서 2,000kcal로, 30~49세는 2,400kcal에서 2,500kcal로, 75세 이상은 2,000kcal에서 1,900kcal로 변경되었다. 여자의 경우, 19~29세는 2,100kcal에서 2,000kcal로, 50~64세는 1,800kcal에서 1,700kcal로, 75세 이상은 1,600kcal에서 1,500kcal로 변경되었다.

가정에서 식단계획 시에는 가족 구성원에게 적정한 영양소를 제공하여 영양소가 부족하거나 과잉되지 않도록 하는 것이 중요하다. 가족 구성원의 연령, 건강상태, 활동 강도 등을 고려하여 영양소 섭취기준을 토대로 구성원에게 적합한 음식을 계획하도록 한다. 개인을 대상으로는 영양소 섭취기준의 권장섭취량이나 충분섭취량을 제공할 수 있도록 식단을 계획한다(그림 4-2). 개인의 식사계획 시에는 평균필요량을 영양 섭취 목표로 삼지 않으며, 만약 일상섭취량이 평균필요량 이하라면 권장섭취량 수준이 되도록 권장해야 한다. 집단에서 식사계획을 할 경우에는 영양 부족이나 과잉의 위험을 최소화하고자 일상섭취량을 평균필요량 미만과 상한섭취량 이상으로 섭취하는 사람의 비율을 최소화하도록 한다. 원칙적으로 집단에서 식사계획을 할 때 권장섭취량을 사용하지 않아야 하지만, 집단의 성장상태나 건강상태를 고려하여 권장섭취량과 충분섭취량을 식사계획 시 기준으로 활용 가능하다. 2020 한국인 영양소 섭취기준 제·개정 대상 영양소를 표 4-2에 제시하였다.

표 4-2 **2020 한국인 영양소 섭취기준 제·개정 대상 영양소**

영양소		영양소 섭취기준				만성질환 위험감소를 고려한 섭취량	
		평균필요량	권장섭취량	충분섭취량	상한섭취량	에너지적정비율	만성질환위험감소섭취량
에너지	에너지	○[1]					
다량 영양소	탄수화물	○	○			○	
	당류						○[3]
	식이섬유			○			
	단백질	○	○			○	
	아미노산	○	○				
	지방			○		○	
	리놀레산			○			
	알파-리놀렌산			○			
	EPA+DHA			○[2]			
	콜레스테롤						○[3]
	수분			○			
지용성 비타민	비타민 A	○	○		○		
	비타민 D			○	○		
	비타민 E			○	○		
	비타민 K			○			
수용성 비타민	비타민 C	○	○		○		
	티아민	○	○				
	리보플라빈	○	○				
	니아신	○	○		○		
	비타민 B$_6$	○	○		○		
	엽산	○	○		○		
	비타민 B$_{12}$	○	○				
	판토텐산			○			
	비오틴			○			
다량 무기질	칼슘	○	○		○		
	인	○	○		○		
	나트륨			○			○
	염소			○			
	칼륨			○			
	마그네슘	○	○		○		
미량 무기질	철	○	○		○		
	아연	○	○		○		
	구리	○	○		○		
	불소			○	○		
	망간			○	○		
	요오드	○	○		○		
	셀레늄	○	○		○		
	몰리브덴	○	○		○		
	크롬			○			

[1] 에너지필요추정량
[2] 0-5개월과 6-11개월 영아의 경우 DHA 단일성분으로 충분섭취량 설정
[3] 권고치
자료: 보건복지부, 한국영양학회(2020).

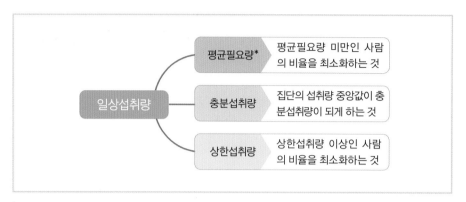

* 에너지필요추정량 포함

그림 4-3 **집단의 식단계획 시 영양소 섭취기준의 활용**

자료: 보건복지부, 한국영양학회(2020).

2) 식품구성기준: 식사구성안

구성원이 건강을 유지하고 원활한 생활을 할 수 있도록 필요한 영양소의 양을 영양소 섭취기준으로 제시하고 있지만, 일반인이 영양소를 기준으로 하는 영양소 섭취기준을 적용하여 식단을 계획하기에는 한계가 있다. 사람들은 식품의 형태로 음식을 먹으면서 영양소를 섭취하므로 식품을 토대로 한 기준이 필요하다.

식사구성안은 건강인의 건강 증진을 위하여 영양소 섭취기준에 충족할 수 있는 식사를 쉽게 제공할 수 있도록 영양소 단위를 식품 단위로 변경하여 제안한 것이다. 함유된 영양소의 특성에 따라 식품을 곡류, 고기·생선·달걀·콩류, 채소류, 과일류, 우유·유제품류, 유지·당류, 총 6가지 식품군으로 구분하고 각 식품군에 속하는 대표식품의 1인 1회 분량을 정하였다. 또한 각 식품군별로 하루에 섭취해야 하는 횟수를 권장식사패턴으로 제시하고 있다. 식사구성안의 영양소별 영양목표는 영양소 섭취기준을 토대로 설정되었다. 에너지의 경우, 필요추정량의 100%를 충족시키고 단백질은 총 에너지의 7~20% 정도를 충족할 수 있도록 구성되었다(표 4-3).

표 4-3 **식사구성안 영양목표와 일반적 개념의 목표**

섭취 허용		섭취 주의	
에너지	100% 에너지필요추정량	지방	1~2세 총 에너지의 20~35%
단백질	총 에너지의 약 7~20%		3세 이상 총 에너지의 15~30%
비타민 무기질	100% 권장섭취량 또는 충분섭취량 상한섭취량 미만	당류	설탕, 물엿 등의 첨가당을 최소한으로 섭취
식이섬유	100% 충분섭취량		

자료: 보건복지부, 한국영양학회(2021).

(1) 대표식품의 1인 1회 분량

식품군별 대표식품의 1인 1회 분량은 일반인이 통상적으로 한 번에 섭취하는 분량을 고려하여 설정된 것이다. 식품군별 대표식품은 우리나라 사람들이 많이 먹고 영양소 함량이 비슷한 식품으로 구성되었다. 1인 1회 분량의 섭취횟수는 기본적으로 식품군별 에너지 함유량을 기준으로 설정하였다. 그러나 통상적으로 1회 섭취하는 분량이 기준 에너지 함유량의 1/3 정도일 경우에는 0.3회라고 별도로 표시하였다. 예를 들어, 식빵은 대개 한 번에 1쪽씩 먹으므로 식빵 1쪽 분량인 35g을 1인 1회 분량으로 설정하였다. 즉, 식빵 3쪽을 먹어야 곡류의 기준 에너지 함유량인 300kcal를 섭취할 수 있는 것이다. 곡류의 경우, 에너지는 평균 300kcal 내외의 주식으로 이용할 수 있는 식품들이 주로 분류되어 있다. 쌀밥의 1인 1회 분량은 210g, 백미는 90g으로 제시하였다. 고기·생선·달걀·콩류의 1인 1회 분량은 평균적으로 100kcal, 단백질은 10g으로, 고기류는 60g, 생선류는 70g, 오징어는 80g, 패류는 80g, 달걀은 60g으로 1인 1회 분량을 정했다. 채소류의 1인 1회 분량은 평균적으로 15kcal의 생채소류 약 70g정도이다. 김치류는 염분 섭취를 고려하여 배추김치는 40g을 기준으로 하였다. 과일류는 평균 50kcal에 해당하며 귤, 사과 등은 100g을 기준으로 하였다. 우유·유제품류는 우유 1컵인 200mL를 1인 1회 분량으로 정했다(표 4-4).

표 4-4 식품군별 대표식품 1인 1회 분량

식품군	1인 1회 분량			
곡류 (300kcal)	쌀밥(210g)	백미(90g)	보리(90g)	찹쌀(90g)
	현미(90g)	조(90g)	수수(90g)	기장(90g)
	팥(90g)	귀리(90g)	율무(90g)	옥수수(70g)*
	국수 말린 것(90g)	메밀국수 말린 것(90g)	냉면국수 말린 것(90g)	우동 생면(200g)
	칼국수 생면(200g)	당면(30g)*	라면사리(120g)	
	가래떡(150g)	백설기(150g)	식빵(35g)*	시리얼(30g)*
	감자(140g)*	고구마(70g)*	묵(200g)*	밤(60g)*
	밀가루(30g)*	과자 스낵(30g)*	과자 비스킷/쿠키(30g)*	

*표시는 0.3회

전분, 빵가루, 부침가루, 튀김가루(혼합)은 밀가루와 1인 1회 분량 동일

(계속)

식품군	1인 1회 분량			
고기 · 생선 · 달걀 · 콩류 (100kcal)	돼지고기(60g)	쇠고기(60g)	닭고기(60g)	오리고기(60g)
	소시지(30g)	고등어(70g)	명태(70g)	조기(70g)
	꽁치(70g)	갈치(70g)	참치(70g)	대구(70g)
	가자미(70g)	광어(70g)	연어(70g)	게(80g)
	바지락(80g)	굴(80g)	홍합(80g)	
	전복(80g)	소라(80g)	오징어(80g)	새우(80g)
	낙지(80g)	문어(80g)	쭈꾸미(80g)	
	멸치자건품(15g)	오징어 말린 것(15g)	새우자건품(15g)	뱅어포(15g)

(계속)

식품군	1인 1회 분량			
	명태 말린 것(15g)			
	참치통조림(60g)	어묵(30g)	게맛살(30g)	어류젓(40g)
고기· 생선· 달걀· 콩류 (100kcal)	달걀(60g)	메추리알(60g)	두부(80g)	두유(200mL)
	대두(20g)	완두콩(20g)	강낭콩(20g)	렌틸콩(20g)
	녹두(20g)	아몬드(10g)*	호두(10g)*	잣(10g)*
	땅콩(10g)*	해바라기씨(10g)*	호박씨(10g)*	은행(10g)*
	캐슈넛(10g)*			

*표시는 0.3회

(계속)

식품군	1인 1회 분량			
채소류 (15kcal)	양파(70g)	파(70g)	당근(70g)	무(70g)
	애호박(70g)	오이(70g)	콩나물(70g)	시금치(70g)
	상추(70g)	배추(70g)	양배추(70g)	깻잎(70g)
	피망(70g)	부추(70g)	토마토(70g)	쑥갓(70g)
	무청(70g)	붉은고추(70g)	숙주나물(70g)	고사리(70g)
	미나리(70g)	파프리카(70g)	양상추(70g)	치커리(70g)
	샐러리(70g)	브로콜리(70g)	가지(70g)	아욱(70g)
	취나물(70g)	고춧잎(70g)	단호박(70g)	늙은호박(70g)

(계속)

식품군	1인 1회 분량			
	고구마줄기(70g)	마늘종(70g)		
	배추김치(40g)	깍두기(40g)	단무지(40g)	열무김치(40g)
	총각김치(40g)	오이소박이(40g)	우엉(40g)	연근(40g)
채소류 (15kcal)	도라지(40g)	토란대(40g)	마늘(10g)	생강(10g)
	미역 마른 것(10g)	다시마 마른 것(10g)	김(2g)	
	느타리버섯(30g)	표고버섯(30g)	양송이버섯(30g)	팽이버섯(30g)
	새송이버섯(30g)			

풋마늘은 파와 1인 1회 분량 동일

(계속)

식품군	1인 1회 분량			
과일류 (50kcal)	수박(150g)	참외(150g)	딸기(150g)	사과(100g)
	귤(100g)	배(100g)	바나나(100g)	감(100g)
	포도(100g)	복숭아(100g)	오렌지(100g)	키위(100g)
	파인애플(100g)	블루베리(100g)	자두(100g)	대추 말린 것(15g)

*표시는 0.3회

식품군	1인 1회 분량			
우유 · 유제품류 (125kcal)	우유(200 mL)	호상요구르트(100g)	액상요구르트(150mL)	아이스크림/셔벗(100g)
	치즈 (20g)*			

*표시는 0.5회

(계속)

식품군	1인 1회 분량			
유지· 당류 (45kcal)	깨(5g)	콩기름(5g)	올리브유(5g)	해바라기유(5g)
	참기름(5g)	들기름(5g)	들깨(5g)	커피크림(5g)
	버터(5g)	마가린(5g)		
	설탕(10g)	물엿(10g)	꿀(10g)	커피믹스(12g)

자료: 보건복지부, 한국영양학회(2021).

(2) 권장식사패턴

권장식사패턴은 식품을 기준으로 하여 일반인이 쉽게 식단계획을 할 수 있도록 연령
에 따라 하루에 섭취해야 하는 식품군별 권장섭취 횟수를 제안한 것이다(표 4-5).
권장식사패턴에 따라 식단계획을 하면 영양소 섭취기준을 충족할 수 있다. 어린이와
성인의 경우, 우유·유제품에 대한 기호도와 필요량에 차이가 있어서 이를 고려하여
A타입은 어린이와 청소년용으로 우유·유제품을 2회 제공하고 B타입은 성인용으로
우유·유제품을 1회 제공하도록 구성되어 있다. 패턴 A는 900kcal부터 2,800kcal까
지 구성되어 있으며, 패턴 B는 1,000kcal부터 2,700kcal까지 구성되어 있다.

3) 계절식품

식단계획 시 식품 관련 지식이 풍부하면 식단을 다양하게 계획할 수 있다. 계절식품
은 해당 계절에 많이 나오는 식품으로 값이 저렴할 뿐 아니라 맛과 영양이 풍부하다.

표 4-5 **권장식사패턴**

열량(kcal)	곡류	고기 · 생선 · 달걀 · 콩류	채소류	과일류	우유 · 유제품	유지 · 당류
A타입						
900	1	1.5	4	1	2	2
1,000	1	1.5	4	1	2	3
1,100	1.5	1.5	4	1	2	3
1,200	1.5	2	5	1	2	3
1,300	1.5	2	6	1	2	4
1,400	2	2	6	1	2	4
1,500	2	2.5	6	1	2	5
1,600	2.5	2.5	6	1	2	5
1,700	2.5	3	6	1	2	5
1,800	3	3	6	1	2	5
1,900	3	3.5	7	1	2	5
2,000	3	3.5	7	2	2	6
2,100	3	4	8	2	2	6
2,200	3.5	4	8	2	2	6
2,300	3.5	5	8	2	2	6
2,400	3.5	5	8	3	2	6
2,500	3.5	5.5	8	3	2	7
2,600	3.5	5.5	8	4	2	8
2,700	4	5.5	8	4	2	8
2,800	4	6	8	4	2	8

열량(kcal)	곡류	고기 · 생선 · 달걀 · 콩류	채소류	과일류	우유 · 유제품	유지 · 당류
B타입						
1,000	1.5	1.5	5	1	1	2
1,100	1.5	2	5	1	1	3
1,200	2	2	5	1	1	3
1,300	2	2	6	1	1	4
1,400	2.5	2	6	1	1	4
1,500	2.5	2.5	6	1	1	4
1,600	3	2.5	6	1	1	4
1,700	3	3.5	6	1	1	4
1,800	3	3.5	7	2	1	4
1,900	3	4	8	2	1	4
2,000	3.5	4	8	2	1	4
2,100	3.5	4.5	8	2	1	5
2,200	3.5	5	8	2	1	6
2,300	4	5	8	2	1	6
2,400	4	5	8	3	1	6
2,500	4	5	8	4	1	7
2,600	4	6	9	4	1	7
2,700	4	6.5	9	4	1	8

자료: 보건복지부, 한국영양학회(2021).

표 4-6 **계절식품의 종류**

구분	채소류	어패류	과일류
봄	냉이, 달래, 더덕, 두릅, 미나리, 씀바귀, 시금치, 쑥, 고사리	가자미, 가오리, 임연수, 꼬막, 아귀, 낙지, 주꾸미	딸기, 방울토마토
여름	가지, 근대, 단호박, 아욱, 호박, 상추, 열무, 오이	꽁치, 전갱어, 청어, 홍합, 꽃새우	수박, 참외, 포도, 매실, 복숭아
가을	감자, 고구마줄기, 당근, 고사리, 배추	고등어, 대구, 병어, 삼치, 꽃게, 오징어	배, 아오리, 홍로, 포도
겨울	당근, 무, 배추, 토란, 우엉, 고구마	가자미, 낙지, 대구, 동태, 아귀	귤, 부사

요즘에는 하우스재배로 인하여 제철식품의 경계가 뚜렷하지는 않지만, 봄에 나는 채소류인 냉이, 달래, 두릅이나 과일인 딸기 등이 대표적인 계절식품이다(표 4-6).

4) 대체식품

대체식품이란 준비하고자 하는 식품이 없거나 적절하지 않을 때 대신 이용할 수 있는 식품을 말한다. 대체식품은 함유된 영양성분이 유사한 것으로 한다. 대체식품을 적절히 활용하면, 정해진 예산 안에서 구성원의 기호도 및 영양요구량을 맞춘 식단을 효율적으로 계획할 수 있다. 쇠고기 대신에 돼지고기, 닭고기, 달걀 등을 활용하면 유사한 영양소를 섭취할 수 있으면서도 저렴하게 식단을 계획할 수 있다(표

표 4-7 **대체식품표**

종류		대체식품
곡류	원곡 가공	백미, 찹쌀, 쌀보리, 밀, 옥수수, 수수, 조 빵, 떡, 소면, 메밀국수, 마카로니, 소맥분, 라면
감자류	원품 가공품	감자, 고구마, 토란 녹말, 말린 고구마, 당면, 포도당
두류	두류 두류제품	대두, 대두분, 팥, 녹두, 완두, 강낭콩, 땅콩, 동부콩 두부, 튀김두부, 콩조림, 된장, 고추장, 간장, 청국장, 콩비지

(계속)

종류		대체식품
채소류	일반 채소류 건조채소 김치류 과실 해조류	시금치, 배추, 미나리, 상추, 당근, 가지, 무, 콩나물, 호박 호박고지, 무말랭이, 무청, 고춧잎 통김치, 열무김치, 오이김치, 오이지, 단무지, 알타리김치, 무청김치 감, 곶감, 귤, 사과, 수박, 포도, 토마토, 밤, 딸기, 자두, 복숭아 김, 미역, 다시마, 파래
어패류	신선 어패류 기타 어패류 가공 난류	가자미, 꽁치, 조기, 연어, 갈치, 오징어, 대구, 청어, 조개, 새우, 동태 염갈치, 염고등어, 염꽁치, 염청어, 말린 조기, 북어 어류 통조림, 생선튀김, 새우젓, 굴젓 명란젓, 대구알젓, 기타 어란
수조육류	수육 조육 난류 우유	쇠고기, 돼지고기, 토끼고기, 양고기 닭, 꿩, 칠면조 달걀, 오리알, 메추리알 우유, 분유, 연유, 농축유
유지류	식유 지류	참기름, 콩기름, 샐러드유, 면실유 버터, 강화 마가린, 라드
조미료 및 향신료	조미료 향신료	식염, 깨소금, 간장, 파, 마늘, 설탕 말린 고추, 고춧가루, 생강, 겨자, 후춧가루, 카레가루, 계핏가루
기호품	당류 기타	설탕, 캐러멜, 엿류, 얼음사탕, 사탕 인삼차, 생강차, 커피, 홍차, 주류(정종, 맥주, 소주, 양주, 위스키)

자료: 서정숙 외(2010).

4-7). 또한 우리나라는 계절에 따라 사용할 수 있는 식품의 종류가 달라지므로 다양한 대체식품을 알고 있으면 식단계획에 도움이 된다.

3/ 식단계획의 절차

가정에서 식단계획 시에는 구성원의 연령, 건강상태, 활동 강도 등을 고려하여 한국인 영양소 섭취기준에 따라 영양제공량을 산출한다. 산출한 후에는 권장식사패턴을 참고하여 영양소 섭취기준을 충족할 수 있도록 식품군별 섭취 횟수를 결정하고 이를 식사 횟수에 따라 배분한다. 다음으로는 배분된 횟수에 따라 음식의 종류와 분량을 결정한다. 분량 결정 시에는 대표식품 1인 1회 분량을 활용하도록 하고 음식

그림 4-4 **식단계획의 절차**

의 종류와 분량이 결정된 후 식단에 대한 사전평가를 실시하여 수정 및 보완하여 식단표를 작성한다. 식사를 제공한 후에는 구성원들의 식단에 대한 만족도 조사 등 식단 사후 평가를 한 후 다음 식단계획 시 참고하도록 한다(그림 4-4).

1) 자료 수집

식단계획 시에는 계절식품(표 4-6), 대체식품(표 4-7), 참고 가능한 홈페이지 등에서 필요한 자료를 수집한다. 식단을 계획할 때 어린이급식관리지원센터, 재치영양사, 영양사도우미, 식품영양성분데이터베이스 등의 홈페이지를 활용하면 비교적 수월하게 식단계획을 할 수 있다.

어린이급식관리지원센터

어린이급식관리지원센터(http://ccfsm.foodnara.go.kr)는 식품의약품안전처에서 영양사가 배치되어 있지 않는 어린이 급식소의 위생 및 영양관리를 지원하기 위하여 설립되었다. 해당 홈페이지는 식단마당, 교육마당, 자료마당 등으로 구성되어 있으며, 식단마당에는 이유식식단, 유아식단, 지역아동센터 식단에 대한 자료 및 레시피가 탑재되어 있다. 또한 각 지역센터에 개별적으로 어린이식단 및 레시피를 작성하여 탑재하고 있다.

재치영양사

재치영양사(http://www.yori.co.kr)에서는 식단 자료, 레시피 자료, 식품 정보, 가격 정보 등에 대한 정보를 제공하고 있다. 별도의 비용을 지불하면 급식관리시스템을 활용하여 식단 작성, 레시피 작성 및 급식통계, 결산일지관리 등을 할 수 있다.

영양사도우미

영양사도우미(http://www.kdclub.com)에서는 식단 및 레시피, 영양가 산출 등에 대한 정보를 제공하고 학교급식, 산업체급식, 병원급식, 복지시설급식에 대한 식단을 영양사들이 공유하고 있다.

식품영양성분데이터베이스

식품영양성분데이터베이스(http://www.foodnara.go.kr/kisna/index.do)에서는 식단 작성과 영양 평가, 영양성분표 산출프로그램을 제공하고 있다. 회원 가입 후 이용하면 식단 작성 및 영양성분표 산출표의 작성 내역을 개별적으로 관리할 수 있다.

2) 영양제공량 산출

구성원이 건강을 유지하고 일상생활을 할 수 있도록 필요한 영양제공량을 산출하도록 한다. 한국인 영양소 섭취기준을 참고하여 성별 및 연령에 따른 구성원의 일일 에너지필요량을 산출한다(표 4-8). 예를 들어, 30세 남자의 하루 에너지필요량은

표 4-8 **에너지필요량 및 권장식사패턴**

| 연령 | 에너지필요추정량 | | | | 기준에너지 | | | |
| | 2015 한국인 영양소섭취기준 | | 2020 한국인 영양소섭취기준 | | 2015 한국인 영양소섭취기준 | | 2020 한국인 영양소섭취기준 | |
	남자	여자	남자	여자	남자	여자	남자	여자
1-2세	1,000	1,000	900	900	1,000A	1,000A	900A	900A
3-5세	1,400	1,400	1,400	1,400	1,400A	1,400A	1,400A	1,400A
6-8세	1,700	1,500	1,700	1,500	1,900A	1,700A	1,900A	1,700A
9-11세	2,100	1,800	2,000	1,800				
12-14세	2,500	2,000	2,500	2,000	2,600A	2,000A	2,600A	2,000A
15-18세	2,700	2,000	2,700	2,000				
19-29세	2,600	2,100	2,600	2,000	2,400B	1,900B	2,400B	1,900B
30-49세	2,400	1,900	2,500	1,900				
50-64세	2,200	1,800	2,200	1,700				
65세 이상 (65-74세)	2,000	1,600	2,000	1,600	2,000B	1,600B	2,000B	1,600B
75세 이상			1,900	1,500			1,900B	1,500B

자료: 보건복지부, 한국영양학회(2021).

2,500kcal이다.

3) 권장식사패턴 결정 및 권장섭취 횟수 배분

구성원의 에너지필요량에 따른 권장식사패턴을 결정하고 식품군별 권장섭취 횟수
를 각 끼니로 배분하도록 한다. 구성원의 일일 에너지필요량에 따른 권장식사패턴은
표 4-8에 제시하였다. 30세 남자의 하루 에너지필요량을 충족시키기 위해서는 권
장식사패턴의 2,400 B타입으로 식사계획을 실시하도록 한다.

구성원의 권장식사패턴이 결정되면 식품군별 권장섭취 횟수(표 4-5)를 하루 끼니
와 간식으로 적절하게 배분하도록 한다. 권장섭취 횟수를 배분할 때는 개인의 특성
을 고려해야 한다. 일반적으로 아침과 점심, 저녁을 1 : 1 : 1의 같은 비율로 배분하
고 있으나, 활동패턴이나 일의 강도 등에 따라 1 : 1.5 : 1.5이나 1 : 1.5 : 1.2로 점심

표 4-9 **성인 남자(30세) 권장섭취 횟수의 하루 끼니 배분의 예**

식품군	섭취 수 (2400 B타입)	아침	점심	간식	저녁
곡류	4	1	1	1	1
고기 · 생선 · 달걀 · 콩류	5	1.5	1.5	0	2
채소류	8	2	3	0	3
과일류	3	1	0	2	0
우유 · 유제품류	1	0	0	1	0
유지 · 당류	6	2	2	0	2

자료: 보건복지부, 한국영양학회(2021).

이나 저녁의 비율을 높이거나 간식의 비율을 조정할 수 있다. 식품군 중 일반적으로 곡류는 주식으로 제공하고, 고기·생선·달걀·콩류는 주반찬으로, 채소류는 부반찬으로 제공하며, 과일류과 우유·유제품류는 간식으로 제공한다.

30세 남성에게 제공해야 되는 권장섭취 횟수에 따른 끼니별 예시를 표 4-9에 제시하였다. 간식으로는 식사로 충족하기 어려운 과일류나 우유·유제품류를 제공하도록 배분할 수 있다.

4) 음식의 종류 및 분량 결정

끼니별로 권장섭취 횟수를 배분한 후에는 배분된 권장섭취 횟수에 따라 적합한 음식의 종류와 분량을 결정하도록 한다. 음식의 종류를 결정할 때 우리나라 사람들이 즐겨 먹는 대표 음식(표 4-10)을 참고하면 다양한 음식으로 식단을 계획할 수 있다. 가장 먼저 주식류를 결정하고 국 및 찌개류, 주반찬류, 부반찬류, 김치류 등의 순서로 결정하도록 한다. 음식 종류를 결정할 때는 식단계획의 기본원칙인 대상자의 기호도, 식재료비, 위험 식재료 사용 제한, 조리기술 및 시설 조건 등을 고려하도록 한다.

- 주식류 결정: 밥류, 면류 등에서 결정한다. 주말이나 주중에 따라 음식의 종류가 달라질 수 있다. 국수류, 덮밥 등 일품류를 적절히 활용하면 일반식의 단조

표 4-10 **종류별 대표음식**

주식류	국·찌개류		주 반찬류		부 반찬류		김치류
검은콩밥	갈비탕	돼지고기감자탕	닭찜	동그랑땡	건취나물	(건)고추잎무침	깍두기
기장밥	달걀파국	돼지고기김치찌개	돼지갈비찜	동태전	고구마줄기	가지나물무침	배추겉절이
수수밥	근대된장국	두부된장찌개	매운돼지갈비찜	두부전	나물	고구마샐러드	배추김치
완두콩밥	김치국	부대찌개	보쌈	채소달걀말이	고사리나물	근대된장무침	열무김치
조밥	닭개장	순두부찌개	새우젓달걀찜	참치채소전	깻잎나물	김무침	오이소박이
현미밥	두부김치국	어묵매운탕	갈치구이	해물파전	느타리버섯볶음	깻잎나물무침	깻잎장아찌
흑미밥	두부된장국	오징어찌개	고등어구이	햄달걀말이	도라지나물	단무지무침	단무지
김치볶음밥	모시조개탕	참치김치찌개	김구이	갈치무조림	무나물	단호박샐러드	오이피클
닭고기덮밥	미역국	콩비지찌개	꽁치구이	감자조림	미나리나물	도라지무침	
닭죽(찹쌀)	미역냉국	호박고추장찌개	뱅어포구이	달걀장조림	미나리	도라지오이생채	
비빔밥	배추된장국	호박젓국찌개	삼치구이	고등어무조림	숙주나물	무생채	
새싹비빔밥	버섯맑은국		임연수구이	닭갈비	시금치나물	비름나물무침	
오므라이스	설렁탕		조기구이	닭볶음탕	시래기나물	상추쌈	
짜장밥	쇠고기당면국		닭살채소볶음	돼지고기장조림	쑥갓나물	양배추샐러드	
참치김치볶음밥	쇠고기무국		돼지고기볶음	두부조림	취나물	양상추샐러드	
카레라이스	쇠고기미역국		돼지고기불고기	마파두부	호박고지	오이부추무침	
콩나물밥	시금치된장국		명엽포볶음	메추리알	나물	오이상추무침	
햄채소볶음밥	아욱된장국		삼겹살김치볶음	장조림	호박전	오이생채	
떡국	어묵감자국		새우케찹볶음	미트볼케찹조림	감자당근채볶음	오이지무침	
떡만둣국	얼갈이된장국		소세지채소볶음	우엉쇠고기조림	건새우채소볶음	참나물된장무침	
미트소스스파게티	연두부명란젓국		쇠고기버섯볶음	코다리엿장조림	마늘쫑볶음	참나물무침	
바지락칼국수	연두부배추젓국		불고기	진미채오이	멸치볶음	콩나물무침	
열무비빔국수	오이냉국		어묵양파볶음	초무침	미역줄기볶음	양배추숙쌈	
잔치국수	유부된장국		오징어채소볶음	닭강정	부추잡채	브로콜리	
	육개장		쥐포채볶음	돈가스&소스	새송이피망볶음	다시마튀각	
	조갯살미역국		진미채볶음	오징어튀김	오이볶음	단호박찜	
	참치김치국			치킨가스	잡채	마늘바게트	
	콩나물국			탕수육	호박볶음	고구마맛탕	
	팽이버섯된장국			연두부	연근조림		
	호박된장국			군만두			
	홍합미역국			찐만두			
	황태두부국						
	황태무국						
	황태콩나물국						

자료: 윤지현(2011).

표 4-11 **건제품의 팽창률과 불리는 방법**

건제품	팽창률	불리는 방법
건미역	10배	물에 10분 정도 담근다.
건표고버섯	5배	따뜻한 물에 40분 정도 담근다.
목이버섯	7배	찬물에서 30분 정도 담근다.
당면	3배	따뜻한 물에 3~4분 담근다.
소면	3배	끓는 물에 1~2분 넣어 삶는다.
마카로니	2배	끓는 물에 12분 삶는다.

로움을 보완할 수 있다.

- 국 및 찌개류 결정: 맑은 국, 매운 국, 된장국, 찌개, 탕, 전골 등에서 국 및 찌개류의 종류를 결정한다.
- 주반찬류 결정: 고기·생선·달걀·콩류 중에서 예산의 범위에 맞추어 주반찬을 1~2가지 정한다.
- 부반찬류 결정: 채소류, 해조류, 버섯류 등에서 부반찬을 1~3가지 정한다. 여러 가지 부반찬을 제공할 때는 숙채, 생채 등 다양한 조리법을 활용하도록 한다.
- 김치류 결정: 배추김치뿐 아니라 제공되는 다른 음식을 고려하여 깍두기, 열무김치 등 다양한 김치류를 제공한다.
- 후식류 결정: 예산이 충분하면 과일이나 음료류 등으로 후식을 제공한다.

음식의 종류를 결정했다면 대표식품 1인 1회 분량(표 4-4)을 참고하여 각 음식에 포함된 식재료의 분량을 결정하도록 한다. 식재료의 분량을 결정할 때, 건제품의 경우에는 팽창률을 고려해야 한다(표 4-11). 식사구성안을 활용한 30세 성인 남자의 식단 작성 예는 표 4-12에 제시하였다.

표 4-12 **식사구성안을 활용한 성인 남자(30세, 2,400B타입) 식단 작성의 예**   (단위: 1회 분량)

메뉴	분량	아침 쌀밥 아욱된장국 조기구이 도토리묵&양념장 풋마늘무침 배추김치	점심 바지락칼국수 미니주먹밥 감자채소전 깍두기 사과	저녁 잡곡밥 육개장 달걀말이 도라지나물 배추김치	간식 파인애플 키위 두유 호상요구르트
곡류	4회	쌀밥 210g(1) 도토리묵 70g(0.1)	칼국수 200g(1) 쌀밥 147g(0.7) 감자 93g(0.2)	잡곡밥 210g(1)	
고기 · 생선 · 달걀 · 콩류	5회	조기 60g(1)	바지락 80g(1)	소고기 60g(1) 달걀 60g(1)	두유 200mL(1)
채소류	8회	아욱 35g(0.5) 풋마늘 35g(0.5) 배추김치 40g(1)	당근 28g(0.4) 애호박 28g(0.4) 부추 28g(0.4) 김 2g(1) 양파 35g(0.5) 깍두기 40g(1)	무 7g(0.1) 고사리 7g(0.1) 숙주나물 7g(0.1) 도라지 70g(1) 배추김치 40g(1)	
과일류	3회		사과 100g(1)		파인애플 100g(1) 키위 100g(1)
우유 · 유제품류	1회				요구르트(호상) 100g(1)
유지 · 당류	6회	유지 및 당류는 조리 시 가급적 적게 사용할 것을 권장			

총 에너지(kcal): 2384.4kcal; 탄수화물, 단백질, 지방 섭취비율(%): 탄수화물(60.5%), 단백질(14.6%), 지방(25.0%)
자료: 보건복지부, 한국영양학회(2021)

5) 식단 사전 평가 및 식단표 작성

음식의 종류와 분량이 결정되면 대상자의 기호도, 식재료비, 위험 식재료 사용 제한, 조리기술 및 시설 조건 등을 고려하였는지 검토한다. 또한 중복되는 식재료나 조리 방법 등이 없는지 확인하는 등 식단 사전 평가를 실시한 후 수정 및 보완하여 식단 표를 작성하도록 한다. 식단표에는 음식명만을 간단하게 적거나 음식별로 들어가는 식재료의 분량까지 자세히 적기도 한다.

6) 식단 사후 평가 및 피드백 활용

식단을 토대로 식품을 구매하고 조리하여 음식을 제공한 이후에도 식단에 대한 평가를 실시한다. 이때, 영양적인 측면뿐 아니라 기호적인 측면, 경제적인 측면 등에 대하여 평가한 후 다음 식단계획 시 참고하도록 한다. 식단 평가에 대한 내용은 5장 식단 실행 및 평가에서 다루도록 한다.

식단의 실행 및 평가

1/ 식단 실행 및 평가의 개요

식단을 계획한 후에는 식생활관리의 목표를 달성할 수 있도록 적절한 방법으로 식품을 구매하고, 구매한 식품을 이용하여 조리하는 과정이 이루어진다. 특히 조리를 할 때는 구성원의 기호도나 영양을 고려해야 할 뿐만 아니라, 식중독 사고 등이 발생하지 않도록 위생관리에 신경 써야 한다. 식생활관리자는 식단을 계획하고 이에 맞게 음식을 준비하는 과정뿐 아니라 식사 준비 시 발생하는 음식물 쓰레기 및 구성원의 식단 만족도 등도 함께 관리해야 한다.

2/ 식품 구매관리

1) 식품 구매관리의 개념

식단을 계획한 이후에는 식단에 맞춰서 식품을 구매하도록 한다. 식품 구매관리란 '음식을 만드는 데 필요한 식품을 얻기 위한 일련의 활동'으로 식품을 언제, 얼마나, 어디서, 얼마에 사고 어떻게 보관할 것인가를 결정하는 과정이 포함된다. 바람직한 식생활을 영위하기 위해서는 계획적인 식품 구매관리가 중요하며 식생활관리자는 정해진 예산 안에서 양질의 식품을 구매하고 구매한 식품이 최적의 품질을 유지할 수 있도록 적절한 방법으로 보관해야 한다.

식품의 종류가 다양해지고 식품을 구매할 수 있는 채널이 많아짐에 따라 식품에 대한 올바른 지식을 습득하고 현명하게 식품을 구매할 수 있는 능력이 요구되고 있다. 급식소에서는 일반적으로 식재료 전문업체를 통하여 식품을 구매하는 경우가 대부분이기 때문에 본 교재에서는 식생활관리자가 가정에서 실시하는 식품 구매관리를 중점적으로 다루도록 한다.

2) 식품 구매관리의 기초 지식

(1) 계량단위

식품의 무게 또는 부피를 측정할 때는 저울이나 계량스푼, 계량컵을 사용한다. 소스류와 같은 액체를 구매할 때 계량단위를 알면 식품을 효율적으로 구매할 수 있다. 1Ts는 3ts에

- 1Ts= 3ts = 15cc
- 1Cup = 200cc(우리나라 표준 도량형)
- 1Cup = 240cc(국제 표준 용량)
- 1근 = 600g(육류), 400g(채소, 과일)

해당하며, 1근은 육류의 경우 600g, 채소의 경우 400g에 해당한다.

(2) 목측량

목측량은 눈 대중량을 의미한다. 주요 식품별 목측량은 표 5-1에 제시하였다. 쌀밥 1공기는 210g이며 양파 1개는 250g, 당근은 100g 정도이다.

(3) 폐기율

식품 구매 시에는 폐기율을 고려하여 구입하는 양을 결정해야 한다. 어패류의 경우, 폐기율이 높아 먹을 수 있는 양이 적으므로 이를 고려하여 구매해야 한다(표 5-2). 폐기율은 식품의 총 중량 대비 버려지는 양으로 구한다.

폐기율(%) = 폐기량 ÷ 총 중량 × 100

표 5-1 **주요 식품의 목측량**

식품군		식품명 및 목측량	중량		식품명 및 목측량	중량
곡류		밥 1공기	210g		식빵 1장	50g
		소면 2덩이(건면)	100g		생 칼국수 1인분	100g
		감자 1개	150g		고구마 1개	300g
육류		다진 고기 1덩이	50g		닭가슴살 1장	60g
		닭다리 1개	50g		베이컨 1장	18g
		햄 1장	10g		소시지 1개	8g
어패류		자반고등어 1마리(중)	500g		갈치 1마리(중)	500g
		오징어 1마리	360g		새우 1마리	8g
달걀류		달걀 1개	60g		메추리알 1개	12g
콩류		두부 1모	500g		유부 1장	17g
채소류		양파 1개	250g		오이 1개	100g
		당근 1개	100g		무 1개	800g
		대파 1대	90g		가지 1개	130g
		양상추 1장	15g		피망 1개	60g
버섯류		생표고버섯 1개	30g		팽이버섯 1봉	100g
과일류		사과 1개	300g		포도 1송이	300g
		바나나 1개	150g		귤 1개	100g

자료: 최지유 외(2013). 발췌 재구성.

3) 식품 구매 절차

가정에서는 급식소처럼 식품을 대량으로 구매하는 것은 아니지만 효율적으로 식품을 구매하기 위하여 다음과 같은 절차를 따르도록 한다(그림 5-1). 먼저 식품 구매 시 참고할 수 있는 목측량, 폐기율 및 시장 정보에 대한 자료를 수집한다. 이후 계획한 식단표에 따라 구매해야 하는 식품의 종류, 분량, 품질 등을 결정하고 그 다음으로 구매하고자 하는 식품의 분량을 시장에서 판매하는 단위로 환산하며 식품을 구매할 장소를 결정한 후 식품을 구매한다. 마지막으로는 구매한 식품이 최상의 품질을 유지할 수 있도록 올바른 방법으로 저장 및 보관하도록 한다.

(1) 자료 수집
식품을 구매하는 데 도움이 되는 정보를 수집한다. 목측량, 폐기율뿐 아니라 주변

그림 5-1 **식품 구매의 절차**

시장에 대한 정보를 수집한다. 시장이나 대형마트 등의 세일 기간이나 식품의 가격 정보를 조사하면 양질의 식품을 합리적인 가격으로 구매할 수 있다.

(2) 식품의 종류 및 분량, 품질 결정

완성된 식단표를 참고하여 구매해야 하는 식품의 종류, 분량, 품질을 결정한다. 구입 분량은 식단표의 1인 분량에 예상 식수를 곱하고 폐기율(표 5-2)을 고려하여 결정 하도록 한다. 식품은 보관창고나 냉장고 크기 등을 고려하여 적절한 시기에 구매하 는데 가정에서는 1주일에 1~2회 정도 식품을 구매하지만, 식품의 종류에 따라 구매 하는 주기에 차이를 두어야 한다. 우유나 두부, 상하기 쉬운 채소류의 경우에는 매 일 구매해야 하지만 장기간 보관이 가능한 건버섯류, 고추장, 된장 등은 한꺼번에 대 량으로 구매한다(표 5-3).

(3) 판매 단위로 환산

필요한 양을 정확하게 구매하기 위해서는 시장에서 판매하는 단위로 환산해야 한 다. 양파 1개, 무 1개, 파 1단, 오징어 1마리 등의 무게를 알아야 수월하게 구매할 수 있다. 예를 들어 식단표에서 산출된 가족 구성원에서 필요한 양파의 총량이 330g일 경우, 몇 개의 양파를 구매해야 하는지 시장에서 판매하는 단위로 환산한다. 일반적 인 양파 1개의 무게는 250g(표 5-1)이므로 양파 2개를 구매하도록 계획한다.

(4) 식품 구매 장소 결정

식품은 주변 전통시장이나 슈퍼마켓, 대형마트 등을 이용하여 구매하는데 요즘에는 온라인 쇼핑몰이나 홈쇼핑을 이용하여 식품을 구매하는 비율도 증가하고 있다. 모 든 식품을 한곳에서 구매할 수도 있지만, 식품의 종류에 따라 장소를 달리하여 구 매할 수도 있다. 식품을 판매하는 곳이 식품을 보관 및 판매하기에 적절한 시설을 갖추고 있는지 확인하도록 하며, 특히 생선이나 해산물의 경우에는 식중독 발생의 위험이 높으므로 위생적으로 식품을 관리하는지 확인하고 안전한 장소에서 구매하 도록 한다.

표 5-2 **주요 식품의 폐기율**

식품명	식재료명	폐기율(%)	식품명	식재료명	폐기율(%)
곡류	쌀, 잡곡	0	채소류	부추	5
육류	쇠고기	0			
	돼지고기	0			
	닭고기	39			
어패류	굴	75		토마토	3
	대게	70		오이	2
	새우(중)	65		양상추	
	꽃게	65		쑥갓	1
	바지락	60	버섯류	표고버섯(생)	25(5)
	홍합	60		팽이버섯	15
	전복	55		새송이버섯	8
	가자미	50		양송이	5
	고등어	40	과일류	파인애플	45
	꽁치	30		멜론	
	오징어	25		수박	40
달걀류	달걀	13		바나나	
채소류	브로콜리	50		망고	35
				아보카도	30
	셀러리	35		자몽	
	당근	10		살구	
	무			키위	15
	우엉			배	
	고추			복숭아	
	가지			포도	
	파			사과	
	배추			단감	10
	피망			체리	
	마늘	8		딸기	2
	양파	6			

자료: 최지유 외(2013). 발췌 재구성.

표 5-3 **식품별 구매주기**

구매주기	식품의 종류
매일	우유 및 유제품, 두부, 상하기 쉬운 채소류(잎채소, 버섯류 등)
1~3일	채소류 및 과일류, 육류, 생선류, 해산물
1주일	달걀, 저장 가능한 채소류(뿌리 채소인 당근, 양파, 감자 등)
1개월	건조식품(건버섯류 등), 조미류, 고추장, 된장, 곡류 및 잡곡류

(5) 식품 구매 완료

품질이 좋지 않은 식품을 구매하면 음식의 질 저하뿐 아니라 식중독 발생의 우려가
있으므로 신선한 식품을 구매한다. 우유 및 유제품 등의 가공식품을 구매할 때는 유
통기한을 반드시 확인하고 식품의 구입 순서를 고려한다. 식품을 구입할 때는 냉장
이 필요하지 않은 식품을 먼저 구매하고 과일, 채소류, 냉장이 필요한 가공식품, 육류,
어패류 순으로 구매하도록 한다. 또한 인증마크나 영양성분표시를 확인하거나 식품
이력추적을 통하여 안전하고 가족 구성원에게 맞는 적절한 식품을 선택하도록 한다.

(6) 구매 식품의 저장

가정에 도착한 즉시 구매한 식품을 적절한 방법으로 보관 및 저장하도록 한다. 구매
할 때의 순서와 반대로 어패류, 육류를 먼저 저장하고 냉장이 필요하지 않은 식품
을 마지막에 저장하도록 한다.

**식품이력추적
관리제도**

식품이력추적관리제도는 소비자가 안전한
식품을 선택할 수 있도록 식품을 제조·가
공부터 판매까지 각 단계별로 식품에 대한
이력추적정보를 소비자에게 제공하는 것
이다.
식품이력추적관리 홈페이지(http://new.
tfood.go.kr)에 식품 제조 기업명, 제품명,
식품이력조회번호 등을 입력하면 제품의 제
조공장, 유통기한, 제조일자 및 원재료 정보
등을 확인할 수 있다.

자료: 식품의약품안전처(2021).

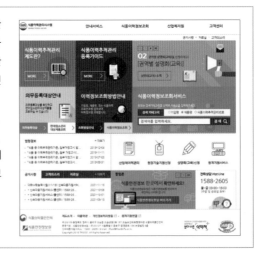

식품구매 시
참고 가능한
인증마크

인증제도명	마크	내용
친환경농산물 (유기농)	유기농 (ORGANIC) 농림축산식품부	합성농약과 화학비료를 사용하지 않고 재배한 농산물과 항생제와 항균제를 첨가하지 않은 유기사료를 먹여 사육한 축산물
친환경농산물 (무농약)	무농약 (NON PESTICIDE) 농림축산식품부	합성농약은 사용하지 않고 화학비료는 최소화하여 생산한 농산물
농산물우수관리 (GAP : Good Agricultural Practices)	GAP (우수관리인증) 농림축산식품부	농산물의 안전성을 확보하고 농업환경을 보전하기 위하여 농산물과 농업환경에 잔류할 수 있는 각종 위해요소(농약, 중금속, 미생물 등)를 사전 예방적으로 안전하게 관리하는 과학적인 위생안전관리 체계
친환경축산물 (무항생제)	무항생제 (NON ANTIBIOTIC) 농림축산식품부	항생제, 항균제 등이 첨가되지 않은 사료를 먹이고, 생산성 촉진을 위한 성장촉진제나 호르몬제를 사용하지 않으며, 축사와 사육 조건, 질병관리 등의 엄격한 인증기준을 지켜 생산한 축산물
동물복지 축산농장	동물복지 (ANIMAL WELFARE) 농림축산식품부	쾌적한 환경에서 동물의 고통과 스트레스를 최소화하는 등 높은 수준의 동물복지 기준에 따라 인도적으로 동물을 사육하는 농장
HACCP (안전관리인증기준)	안전관리인증 HACCP 농림축산식품부	가축의 사육부터 축산물의 원료관리, 처리, 가공, 포장, 유통, 판매까지 축산물을 최종소비자가 섭취하기 전까지의 전 단계에서 발생할 우려가 있는 위해 요소를 규명하여 중점 관리함으로써 식품의 안전성을 확보하기 위한 과학적인 위생관리체계
유기가공식품	유기가공식품 (ORGANIC) 농림축산식품부	합성농약, 화학비료를 사용하지 않고 재배한 유기원료(유기농산물, 유기축산물)를 제조·가공한 식품
지리적표시	지리적표시 (PGI) 농림축산식품부	명성, 품질 등이 특정지역의 지리적 특성에 기인하였음을 등록하고 표시

자료: 농식품정보누리 홈페이지(2021)

4) 식품별 품질 감별

좋은 품질의 식품을 구매하기 위해서는 식품에 대한 품질 감별능력이 필요하다. 각 식품별 품질 감별법은 표 5-4와 같다. 쌀은 쌀알이 손상되지 않고 이취가 나지 않는 것으로 구매해야 한다.

표 5-4 **식품별 품질 감별법**

식품군	식품	품질 감별 사항
곡류	쌀	• 쌀알이 손상되고 이취가 나는 것은 피함 • 낱알이 윤기가 나며 반투명하고 싸라기나 금이 간 것이 적은 것
육류	쇠고기	• 육색이 밝은 선홍색을 띠고 광택이 좋은 것 • 지방색은 유백색이고 지방의 질이 좋은 것 • 부패한 냄새가 나지 않는 것
	돼지고기	• 육색이 밝은 분홍색을 띠고 광택이 좋은 것 • 육질이 탄력적인 것 • 골절, 오염, 이물질 등이 없는 것
	닭고기	• 날개, 등뼈, 가슴뼈 등이 굽지 않으며 외관에 상처가 없는 것 • 육색이 좋으며 광택이 있고 육질이 탄력적인 것 • 닭 비린내가 심하지 않은 것
어패류	새우	• 색이 붉지 않고 고유 색깔을 나타내는 것 • 육질이 단단하고 이취가 나지 않는 것
	꽃게	• 크기와 모양이 고른 것 • 이취가 나지 않고 고유 색깔을 띠는 것
	홍합	• 살이 붉은 빛을 띠는 것 • 살이 윤기가 있고 통통하며 비린내가 나지 않는 것 • 패각이 부서져 있는 등의 손상이 없는 것
	가자미	• 비늘이 심하게 벗겨진 것은 좋지 않음 • 뱃살이 희고 비린내가 심하지 않은 것 • 살이 단단하고 탄력성이 있으며 표면이 끈적거리지 않는 것
	고등어	• 눈동자가 맑고 아가미가 선홍색인 것 • 배가 단단하고 윤택이 있는 것 • 등에 푸른색의 짙은 줄무늬가 있고 비린내가 강하지 않은 것
	꽁치	• 밝은 빛을 띠는 것 • 탄력성이 있고 등쪽은 짙은 청색, 배쪽은 은백색을 띠는 것
달걀류	달걀	• 껍질이 깨지거나 금이 가지 않은 것 • 표면이 거칠거칠 하며 이취가 없는 것
	메추리알	• 껍질이 깨지거나 금이 가지 않은 것 • 메추리알 특유의 냄새가 나는 것
채소류	양파 (깐 것)	• 단단하고 짓무르거나 썩은 부위가 없는 것 • 껍질 제거가 잘되어 있어 표면이 깨끗한 것
	당근	• 싹이 나지 않은 것 • 표면이 짓무르지 않은 것 • 크기와 모양이 균일하며 밝은 선홍색을 띠는 것
	감자	• 상처가 없고 싹이 나지 않은 것 • 모양과 크기가 고르며 외피가 적당히 건조되어 물기가 없는 것 • 단단하고 짓무르지 않은 것

(계속)

식품군	식품	품질 감별 사항
채소류	애호박	• 긁힘이 없고 꼭지가 부서지지 않은 것 • 처음과 끝의 굵기가 일정하고 표면이 매끄러운 것 • 육질이 치밀하고 탱탱한 것
	무	• 껍질이 매끈하며 갈라짐이나 깨짐이 없는 것 • 연한 아이보리색이며 머리 부분의 연녹색이 선명한 것 • 짓무르거나 바람이 들지 않은 것
	가지	• 꼭지가 싱싱하고 크기가 균일한 것 • 육질이 치밀하며 탱탱한 것 • 색이 선명하고 광택이 있는 것
버섯류	양송이버섯	• 버섯 갓과 자루 사이의 피막이 떨어지지 않은 것 • 이물질이 묻어 있지 않는 것 • 흰색이며 버섯 특유의 향이 있는 것
	표고버섯	• 크기가 일정한 것 • 고유의 색을 유지하며 변색이 없는 것
과일류	사과	• 과육 표면에 멍든 것이 없는 것 • 모양이 고르며 윤기가 나며 껍질이 쭈글쭈글하지 않은 것 • 껍질의 색깔이 고르고 사과 특유의 향기가 나는 것
	수박	• 모양이 고르고 검은 줄무늬가 뚜렷한 것 • 꼭지가 마르지 않은 것
	귤	• 크기가 고르며 상처가 없는 것 • 껍질이 주황색을 띠고 맑고 윤기가 있는 것 • 과육이 밀착되어 있고 탄력이 있는 것

자료: 식품의약품안전처(2015). 발췌 재구성.

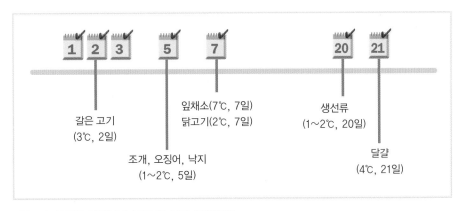

그림 5-2 **식품별 최적보관 온도 및 최대 저장기간**
자료: 식품의약품안전처(2009). 발췌 재구성.

5) 식품별 보관

식품의 성분이나 품질이 최적의 상태를 유지할 수 있도록 각 식품에 적합한 방법으로 보관해야 하며, 먼저 구매한 것을 먼저 사용하도록 한다(선입선출, first-in first-out). 가공식품의 경우, 제조회사에 따라 보관방법이 다를 수 있으므로 식품 표시사항을 확인한 후 보관하도록 한다. 소스류나 장류의 경우, 개봉 전과 후의 보관방법이 다를 수 있으므로 주의한다. 식품별 최적보관 온도 및 최대 저장기간은 그림 5-2에 제시하였다. 채소류는 서늘한 곳이나 냉장고에 보관하며 최대 1주일을 넘기지 않도록 한다. 식품을 장기간 저장하면 품질이 저하되고 미생물이 증식하여 식중독 발생 위험이 높아질 수 있으므로 구매 후 되도록 빠른 시간 안에 먹도록 한다.

식품저장 온도 규정

- 상온온도(Room Temperature): 평상시 온도, 15~20℃
- 실온온도(Room Temperature): 실내의 온도, 계절이나 날씨에 따라 변할 수 있음, 1~35℃
- 냉동온도(Freezing Temperature): −18℃ 이하
- 냉장온도(Refrigerating Temperature): 0~5℃

3 / 조리 및 위생관리

구성원에게 제공되는 음식은 맛있고 영양적으로 우수함과 동시에 위생적으로도 안전해야 한다. 식생활관리자는 식중독 사고가 발생하지 않도록 조리 전부터 조리가 끝날 때까지 주의를 기울여야 한다.

1) 조리 전 위생관리

위생관리는 손을 씻는 것에서부터 시작된다. 식품을 취급하는 사람에 의하여 미생물이 식품으로 이동하여 식품이 오염될 수 있으므로 조리 전에는 반드시 손을 씻는다. 손을 씻을 때는 비누를 이용하여 충분한 거품을 내어 구석구석 씻도록 한다. 또

농산물을 재배하는 동안 농약을 뿌리면 농약은 대부분 잎, 줄기, 과실의 표면에 묻으며 농산물을 씻을 때 쉽게 제거할 수 있다. 채소나 과일은 흐르는 물에 씻기보다는 물에 담가두었다가 손으로 저으며 씻은 후 흐르는 물에 씻는 것이 효과적이다.

과일과 채소의 잔류 농약 세척방법

과일 및 채소	세척방법
딸기	딸기는 무르기 쉽고 잿빛 곰팡이가 끼는 경우가 많아 곰팡이 방지제를 뿌리게 된다. 물에 1분 동안 담근 후 흐르는 물에 30초 정도 씻어준다. 꼭지 부분은 농약 잔류 가능성이 있으므로 먹지 않고 남기도록 한다.
포도	포도알 사이까지 깨끗이 씻기 어려워 일일이 떼어내서 씻는 경우도 많지만 송이째 물에 1분 동안 담갔다가 흐르는 물에 잘 헹궈서 먹으면 괜찮다.
사과	물에 씻거나 헝겊 등으로 잘 닦아서 껍질째 먹으면 좋다. 단 꼭지 근처 움푹 들어간 부분에 상대적으로 농약이 잔류하므로, 이 부분을 제외하고 먹도록 한다.
깻잎 · 상추	잔털이나 주름이 많은 깻잎이나 상추는 농약이 잔류할 수 있으므로 다른 채소보다 충분히 씻는 게 좋다. 물에 5분 정도 담갔다가 30초 정도 흐르는 물에 씻으면 잔류농약이 대부분 제거된다.
파	하단 부분에 농약이 많다며 떼어버리는 경우가 많은데, 실제로는 뿌리보다 잎에 농약이 더 많이 잔류할 수 있으므로, 시든 잎과 함께 외피 1장을 떼어내고 물로 씻는 게 좋다.
(양)배추	겉잎에 농약이 잔류할 수 있으므로, 겉잎을 2~3장 떼어내고 흐르는 물에 잘 씻으면 안심하고 먹을 수 있다.
오이	흐르는 물에서 표면을 스펀지 등으로 문질러 씻은 다음 굵은 소금을 뿌려서 문지르고 다시 흐르는 물에 씻는다.
고추	끝 부분에 농약이 남는다고 알려졌으나 실제로는 그렇지 않다. 물에 일정 시간 담갔다가 흐르는 물에 잘 씻어서 먹는다.

자료: 식품의약품안전처(2012).

한 조리 시에는 반지, 팔찌 등 장신구를 하지 않는다. 식품은 오염물질이 남지 않도록 깨끗이 씻는다. 채소나 과일의 경우, 흐르는 물에 씻기보다는 담가두었다가 손으로 저어 씻은 후 흐르는 물에 씻으면 잔류농약이나 오염물질 제거에 효과적이다.

2) 조리 중 위생관리

구매한 식품을 씻고 다듬을 때는 식품이 서로 오염되지 않도록 주의해야 한다. 특히 육류나 생선류를 손질한 도마나 칼은 교차오염이 발생하지 않도록 구분해서 사용하도록 한다. 만약 별도의 도마나 칼이 없을 경우에는 채소나 과일을 먼저 손질한 후 육류나 생선류를 손질하도록 한다.

냉동식품을 해동할 때는 냉장고 안에서 냉장해동하거나 전자레인지를 이용하여 해동한다. 또는 흐르는 물에서 해동하며 한 번 해동한 식품은 재냉동하지 않는다. 음식을 조리할 때는 온도가 균일하도록 자주 저어주고 식중독균이 사멸될 수 있도록 충분히 가열한다. 급식소에서는 가열조리 시에는 음식의 안전성을 위하여 음식의 중심온도가 74℃에서 1분 이상 유지되도록 완전히 가열하도록 하고 있다.

3) 조리 후 위생관리

조리가 완료된 음식은 되도록 빨리 먹는다. 조리 직후 음식을 먹을 수 없는 경우에는 찬 음식은 차게(5℃ 이하), 더운 음식은 따뜻하게(60℃ 이상) 보관하며 보관 시 덮개를 덮어둔다.

조리된 음식을 먹은 후에는 사용한 기기 및 도구를 세척·소독하고 주방을 정리한다. 세척은 음식물 찌꺼기를 제거하는 과정으로 올바르게 세척한 후에 소독해야 소독효과를 볼 수 있다. 세척제는 용기에 표시되어 있는 사용기준에 따라 희석한 후 스펀지에 묻혀 세척한다. 소독은 기기나 도구 표면에 묻어 있는 미생물을 안전한 수치로 감소시키는 과정으로 열탕소독(자비소독), 건열소독, 자외선소독, 화학소독 등의 방법이 있다.

4) 식품별 조리방법

식생활관리자는 구성원이 음식을 맛있게 먹을 수 있도록 다양한 조리법을 활용하여 조리하도록 한다. 영양적으로 계획된 식단이라도 조리방법이 적절하지 못하면 음식을 남기게 되므로 영양필요량을 충족할 수 없게 된다. 식생활관리자는 다양한 조리방법을 익히고 조리기술을 향상시키도록 노력할 필요가 있다. 식품별 조리방법에 대한 내용은 표 5-5에 제시하였다.

　　고기는 종류와 부위에 따라서 조직 구성이 다르므로 부위에 따라 적절한 방법으로 조리해야 한다. 쇠고기의 경우, 목심, 앞다리, 사태 부위는 조직이 질기고 지방이 적으므로 탕이나 조림, 편육 등으로 조리하는 것이 적당하다(그림 5-3). 돼지고기는

표 5-5 **식품별 조리방법**

식품	조리방법
육류	• 육수용: 찬물에 고기를 넣고 끓인다. 육류의 맛 성분이 최대로 국물로 우러나오도록 소금이나 간장을 소량 넣고 3~4시간 끓이도록 한다. • 수육용: 육류의 맛이 빠져나오지 않도록 뜨거운 물에 고기를 넣고 끓인다. • 고기가 질기면 파인애플, 키위 등과 같은 연육효과가 있는 과일을 함께 넣어 조리하도록 한다.
생선류	• 육수용: 멸치로 육수를 낼 때 멸치를 한 번 볶아주면 비린내가 덜 난다. • 생선류는 조리 시간이 짧으므로 처음부터 양념을 넣는다.
콩류	• 두부는 소금물에 담갔다가 찌개 등에 넣으면 부서지는 것을 막을 수 있다. • 콩이나 팥 등을 먼저 삶은 후 잡곡밥을 지으면 압력솥을 이용하지 않아도 맛 좋은 잡곡밥을 지을 수 있다.
채소류	• 푸른잎 채소는 물이 팔팔 끓을 때 뚜껑을 열고 소금을 조금 넣고 데치도록 한다. • 콩나물이나 숙주나물은 데칠 때 뚜껑을 열면 비린내가 나므로 완전히 익기 전까지 뚜껑을 열지 않는다.

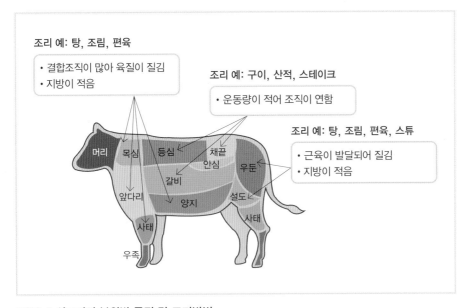

그림 5-3 **쇠고기의 부위별 특징 및 조리방법**

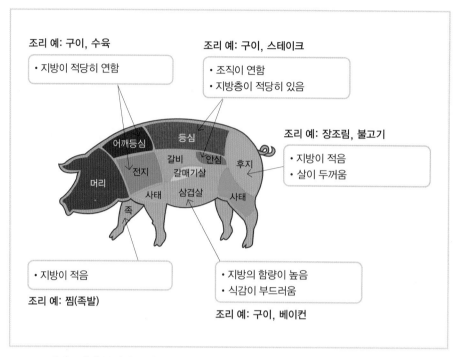

조리 예: 구이, 수육
- 지방이 적당히 연함

조리 예: 구이, 스테이크
- 조직이 연함
- 지방층이 적당히 있음

조리 예: 장조림, 불고기
- 지방이 적음
- 살이 두꺼움

어깨등심 등심
전지 갈비 안심 후지
머리 갈매기살
사태 삼겹살 사태
족

- 지방이 적음

조리 예: 찜(족발)

- 지방의 함량이 높음
- 식감이 부드러움

조리 예: 구이, 베이컨

그림 5-4 **돼지고기의 부위별 특징 및 조리방법**

쇠고기에 비하여 육질이 부드러우며 구이용으로 많이 사용된다(그림 5-4).

5) 음식물 쓰레기관리

음식물 쓰레기는 식품이 생산되어 가공 및 조리되는 과정에서 발생하는 쓰레기와 먹고 남은 음식 찌꺼기를 말한다. 환경부가 발표한 '전국 폐기물 발생 및 처리현황' 통계에 따르면, 우리나라에서 하루 발생하는 음식물류 폐기물은 2017년 14,400톤, 2018년 14,477톤, 2019년 14,314톤이었다. 대부분의 음식물 쓰레기는 유통 및 조리과정(57%)이나 먹고 남긴 음식물(30%)에서 발생하는 것으로 보고되고 있으며(그림 5-5), 매년 20조원 정도가 음식물 쓰레기를 처리하기 위한 비용으로 사용되고 있다. 일부 지자체에서는 음식물 쓰레기 감량을 위해 기존에 무상으로 수거하던 음식물 쓰레기를 유상으로 수거하는 음식물 종량제를 실시하고 있다. 음식물 쓰레기는

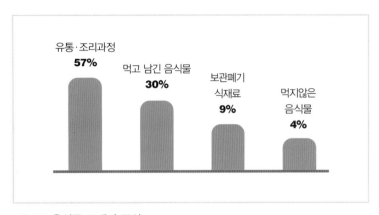

그림 5-5 **음식물 쓰레기 구성**
자료: 자료: 환경부 환경통계포털 홈페이지(2021)

경제적 낭비 뿐 아니라 처리 시 악취 발생, 온실가스 배출, 수질오염 등 환경을 훼손시키므로 가정에서 음식물 쓰레기를 감량하도록 노력해야 한다.

가정에서는 음식물 쓰레기를 감량하기 위해 다음과 같은 노력을 할 수 있다.

- 식단을 계획하여 불필요한 식품 구매를 줄이도록 한다.
- 계획적으로 식품을 구매하도록 한다.
- 조리할 때는 계량도구를 이용하여 필요한 양만 사용하도록 한다.
- 폐기량을 줄이도록 노력한다.
- 음식을 남기지 않도록 적정량을 배식하도록 한다.

급식소에서는 음식물 쓰레기를 감량하기 위해 다음과 같은 노력을 할 수 있다.

- 표준 레시피를 토대로 필요한 양을 정확히 파악한 후 식품을 발주한다.
- 전처리과정에서 버려지는 부분을 최소화한다.
- 조리법 개선 및 다양한 조리방법 활용, 적정량 배식 등으로 잔반 및 잔식을 줄인다.
- 급식대상자가 음식물 쓰레기를 스스로 감량할 수 있도록 지속적으로 교육하거나 홍보한다.

4 / 식단 평가

식단 평가를 할 때는 식단을 계획하고 실행하는 일련의 과정을 전반적으로 평가한
다. 식품 구매 및 조리 후, 음식 제공 후에도 식단에 대한 평가를 실시하여 과정별
장단점을 파악한 후 다음 식단계획 시 반영하도록 한다. 식단 평가는 영양적 평가,
위생적 평가, 기호도 평가, 경제적 평가 등으로 진행할 수 있다.

1) 영양적 평가

식단을 계획한 후 곡류, 고기·생선·달걀·콩류, 채소류, 과일류, 우유·유제품류, 유
지·당류의 6가지 식품군이 모두 포함되어 있는지 평가한다(표 5-6). 또한 가족 구
성원에게 제공해야 할 식품군별 권장섭취 횟수와 분량이 식사구성안의 기준과 동일
한지 확인하여 식단의 영양적 측면을 평가한다. 이외에도 동일 식재료 사용 여부,
동일 조리법 사용 여부 등을 평가하도록 한다.

2) 위생적 평가

위생은 가족의 건강과 직결되므로 세심한 주의가 필요하다. 위험 식재료 사용 여부,
신선한 식재료 사용 여부, 유통기한 준수 여부, 개인 위생관리, 조리과정 시 위생관
리 등에 대하여 확인하도록 한다.

3) 기호도 평가

식단이 영양적으로 계획되었더라도 구성원이 제공된 음식을 다 먹지 않고 남긴다면
영양필요량을 충족할 수 없기 때문에 구성원의 기호가 고려되었는지 평가한다. 연
령, 성별 등에 따라 기호도에 차이가 있으므로 식단계획 시 이를 고려한다. 음식의
기호도는 설문으로 평가할 수도 있지만, 구성원이 남긴 잔반량을 통해 평가할 수도
있다.

표 5-6 **식품군에 따른 식단 평가**

끼니	식단명	재료명	곡류	고기·생선·달걀·콩류	채소류	과일류	우유·유제품류	유지·당류
아침	잡곡밥	잡곡밥	○					
	시래깃국	시래기			○			
	순살치킨	닭고기		○				
		밀가루	○					
		식용유						○
	양상추사과샐러드	양상추			○			
		사과				○		
		마요네즈						○
	깍두기	깍두기(무)			○			
점심	흑미밥	흑미밥	○					
	순두부국	순두부		○				
	불고기	쇠고기		○				
		양파			○			
		당근			○			
		식용유						○
	취나물무침	취나물			○			
	배추김치	배추김치			○			
간식	식빵	식빵	○					
	과일믹스	딸기				○		
		바나나				○		
		키위				○		
저녁	조밥	조밥	○					
	버섯뭇국	버섯			○			
		무			○			
	오징어삼겹살볶음	오징어		○				
		돼지고기		○				
		식용유						○
	부추오이무침	부추			○			
		오이			○			
		참기름						○
	배추김치	배추김치			○			
총평			○	○	○	○		○

식단 평가

6가지 식품군 중에서 우유 및 유제품류가 부족하다. 간식으로 우유나 호상요구르트를 제공하여 균형 잡힌 식사를 할 수 있게 계획한다.

4) 경제적 평가

예산의 범위 안에서 지출이 이루어졌는지 평가한다. 예산을 초과했을 경우에는 어느 단계에서 비용이 초과되었는지 그 원인을 파악하도록 한다. 비싼 식품을 구매한 것인지, 보관을 잘못해서 식품을 사용하지 못하고 폐기한 것인지 등을 파악하여, 다음 식단계획 시에는 대체식품이나 계절식품 등을 활용하도록 한다.

생애주기별 식생활관리

1/ 유아 식생활

1) 유아 식생활 문제

- 유아기에는 식욕과 식품의 기호가 불안정하여 소식, 식욕 부진, 편식으로 인한 영양 결핍과 과식으로 인한 영양 과잉 또는 비만 문제가 양분되어 나타날 수 있다.
- 급속한 성장과 혈액량의 증가로 철 요구량이 급증하면서 체내 저장량이 고갈되고 식사를 통한 철 공급이 충분하지 않을 경우 철결핍성 빈혈이 나타날 수 있다.
- 소화기관과 면역기능이 성숙하지 못하여 특정 음식물에 대한 면역학적 반응인 식품알레르기가 나타나기도 한다. 특히 식품알레르기를 유발하는 식품들은 급성장 중인 유아에게 기본적으로 공급되는 우유, 달걀, 두유이기 때문에 성장에 악영향을 미칠 수 있다.

2) 유아 식생활관리

- 성장과 발육이 왕성하고 운동량이 많은 시기이므로 모든 영양소가 골고루 함유된 균형 잡힌 식사를 제공하여야 한다. 특히 양질의 단백질과 무기질, 비타민의 충분한 섭취가 중요하다.

<table>
<tr><td>

**간식 제공 시
유의사항**

</td><td>

- 간식은 필요한 영양소를 공급해주면서도 정규 식사에 영향이 적도록 포만감이 높지 않은 유제품, 과일, 미니 샌드위치 등이 권장되며 탄산음료는 제공하지 않는다.
- 유아기 전반기인 2~3세 때는 간식을 오전과 오후 2회, 유아기 후반기에는 오후 1회 제공하도록 한다. 만약 오전과 오후, 총 2회 간식 제공 시에는 간식 종류가 중복되지 않게 계획한다.
- 간식 선택 시에는 영양표시를 반드시 확인하여 고열량 저영양 식품 등은 배제하고 단순당이 적은 식품을 제공한다.

자료: 식품의약품안전처(2016). 발췌 재구성.

</td><td>

</td></tr>
</table>

- 유아기에는 음식과 식생활에 대한 태도가 형성되고 이것이 성인기까지 지속되므로 전통음식에 익숙해지도록 한식 위주의 다양한 건강식을 제공하되 유아의 기호에 맞도록 조리하여 제공한다.
- 유아는 동일한 음식에 쉽게 싫증을 느끼므로 식단 작성 시 10일 또는 15일 정도의 주기로 구성하며, 두뇌 발달에 도움을 주는 ω-3 지방산 섭취를 위해 등푸른 생선을 식단에 자주 포함시킨다.
- 비만 예방을 위해 과식, 폭식, 패스트푸드와 가공식품의 다량 섭취, 지나친 간식 섭취, 짠 음식 섭취를 제한한다.
- 철결핍성 빈혈을 예방하기 위해 철 함유량이 높은 육류, 생선, 녹색 채소 등을 식단에 포함하고, 철 흡수를 촉진하는 비타민 C가 풍부한 채소와 과일도 함께 섭취하게 한다.
- 식단 계획 시 식품알레르기 원인 식품을 제한하고(표 6-1), 동일한 영양소를 공급 받을 수 있는 다른 식품으로 대체하며, 식품을 위생적으로 다루고 신선한 재료를 사용한다.
- 유아는 필요한 영양소량이 많은 데 비해 소화능력은 부족하기 때문에 한 번에 많은 음식을 섭취할 수 없으므로 하루 세끼의 식사 외에 영양 공급을 위한 보충식으로 오전과 오후에 각각 1일 총 필요 열량의 10% 정도의 간식을 제공한다.

  (영)유아를 위한 식생활지침과 식사구성안을 활용한 유아 식단 작성의 예, 유치원 급식 식단의 실제는 표 6-2~4와 같다.

표 6-1 **식품알레르기 유발식품**

식품	예
곡류	메밀, 밀(빵, 과자, 국수)
두류	대두(두유, 두부)
과일	복숭아, 귤, 오렌지
채소	토마토
육류, 난류	돼지고기, 닭고기, 달걀(어묵, 마요네즈, 튀김, 케이크)
우유류	우유(요구르트, 아이스크림, 치즈, 분유)
어류, 갑각류, 패류	등푸른 생선(고등어), 게, 조개, 새우
견과류	땅콩, 호두

자료: 이상일 등(2002).

표 6-2 **(영)유아를 위한 식생활지침**

지침	내용
생후 6개월까지는 반드시 모유를 먹이자	• 초유는 꼭 먹이도록 합니다. • 생후 2년까지 모유를 먹이면 더욱 좋습니다. • 모유를 먹일 수 없는 경우에만 조제유를 먹입니다. • 조제유는 정해진 양대로 물에 타서 먹입니다. • 수유 시에는 아기를 안고 먹이며 수유 후에는 꼭 트림을 시킵니다. • 자는 동안에는 젖병을 물리지 않습니다.
이유식은 성장단계에 맞추어 먹이자	• 이유 보충식은 생후 만 4개월 이후 6개월 사이에 시작합니다. • 이유 보충식은 여러 식품을 섞지 말고 한 가지씩 시작합니다. • 이유 보충식은 신선한 재료를 사용하여 간을 하지 않고 조리해서 먹입니다. • 이유 보충식은 숟가락으로 떠먹입니다. • 과일주스를 먹일 때는 컵에 담아 먹입니다.
육아의 성장과 식욕에 따라 알맞게 먹이자	• 일정한 장소에서 먹입니다. • 쫓아다니며 억지로 먹이지 않습니다. • 한꺼번에 많이 먹이지 않습니다.
곡류, 과일, 채소, 생선, 고기 등 다양한 식품을 먹이자	• 과일, 채소, 우유 및 유제품 등의 간식을 매일 2~3회 규칙적으로 먹입니다. • 유아 음식은 싱겁고 담백하게 조리합니다. • 유아 음식은 씹을 수 있는 크기와 형태로 조리합니다.

자료: 보건복지부(2010)

표 6-3 **식사구성안을 활용한 유아(3~5세, 1400kcal, A타입) 식단 작성의 예**   (단위: 1회 분량)

메뉴	분량	아침 감자달걀샌드위치 브로콜리스프 과일채소샐러드 우유	점심 쌀밥 무채된장국 돼지고기버섯카레 오이나물 배추김치	저녁 현미밥 배추국 메추리알장조림 콩나물무침 깍두기	간식 구운밤 키위 호상요구르트
곡류	2회	식빵 35g(0.3) 감자 140g(0.3)	쌀밥 126g(0.6)	현미밥 105g(0.5)	밤 60g(0.3)
고기 · 생선 · 달걀 · 콩류	2회	달걀 60g(1)	돼지고기 30g(0.5)	메추리알 30g(0.5)	
채소류	6회	브로콜리 70g(1) 양상추 35g(0.5) 토마토 35g(0.5)	무 28g(0.4) 양송이버섯 24g(0.8) 당근 21g(0.3) 양파 21g(0.3) 오이 35g(0.5) 배추김치 20g(0.5)	배추 21g(0.3) 콩나물 28g(0.4) 깍두기 20g(0.5)	방울토마토 35g(0.5)
과일류	1회	사과 30g(0.3) 바나나 20g(0.2)			키위 50g(0.5)
우유 · 유제품류	2회	우유 200mL(1)			요구르트(호상) 100g(1)
유지 · 당류	4회	유지 및 당류는 조리 시 가급적 적게 사용할 것을 권장			

총 에너지(kcal): 1355.2kcal; 탄수화물, 단백질, 지방 섭취비율(%): 탄수화물(57.9%), 단백질(15.3%), 지방(26.8%)
자료: 보건복지부, 한국영양학회(2021).

표 6-4 **유치원 급식 식단의 실제**

	월	화	수	목	금
간식	치즈호떡구이 사과/생과	자장면 무농약감귤주스	바람떡 요구르트	찐 고구마 사과주스	갈비찐만두 골드키위/생과
점심	친환경잡곡밥 오징어뭇국 순살간장닭볶음 두부쑥갓나물 포기김치	친환경잡곡밥 닭개장 코다리표고강정 비엔나감자조림 깍두기	곤드레콩나물밥 두부된장국 고구마채소튀김 귤/생과 유기농김/ 포기김치	친환경잡곡밥 쇠고기미역국 쭈꾸미볶음 잡채 오이지무침/ 깍두기	친환경잡곡밥 해물탕 돈갈비김치찜 물파래콘전 양배추찜/ 포기김치
	419kcal	502kcal	482.1kcal	501kcal	468kcal
사진					

2/ 어린이 식생활

1) 어린이 식생활 문제

- 과자, 탄산음료, 인스턴트식품, 패스트푸드 등과 같이 고당·고지방·고나트륨 식품의 과잉 섭취로 인해 어린이의 영양불균형 문제가 심각하며 소아 비만이 점점 증가하고 있다. 소아 비만의 증가는 성인병을 조기 유발할 뿐만 아니라 성인 비만으로 이어질 수 있어 더욱 문제시되고 있다.
- 편식과 식품알레르기도 증가하고 있다.

2) 어린이 식생활관리

- 소아비만을 예방하기 위하여 열량, 포화지방, 당분 및 염분 함량이 높은 고열량·저영양 식품을 배제하고, 성장에 필요한 영양소를 골고루 함유한 음식을 알

표 6-5 **소아비만 예방을 위한 신호등 식사법**

식품군	초록군 (자유롭게 먹어도 좋음)	노랑군 (과식은 삼가)	빨강군 (되도록 삼가)
채소군	오이, 당근, 배추, 무, 김, 미역, 다시마, 버섯 등		샐러드(마요네즈 사용)
과일군	레몬	사과, 귤, 배, 수박, 감, 과일주스, 토마토	과일통조림
어육류군 (콩류 포함)	기름기를 걷어낸 맑은 육수	기름기를 제거한 육류 껍질을 제거한 닭고기, 생선구이나 생선찜, 달걀, 두부	튀긴 육류(치킨, 돈가스)
우유군		흰우유, 두유, 분유, 치즈	가당 우유(초코, 딸기 우유)
곡류군		밥, 빵, 국수, 떡, 감자, 고구마	고구마튀김, 도넛, 감자튀김, 맛탕
지방군			마가린, 버터, 마요네즈
기타	녹차	잡채	아이스크림, 설탕, 사탕, 꿀, 콜라, 과자류, 파이, 케이크, 초콜릿, 양갱, 젤리, 유자차, 꿀떡, 약과, 피자, 핫도그, 햄버거

자료: 보건복지부, 대한의학회(2010).

맞게, 제때 제공하도록 한다. 식단 작성 시 신호등 식사법을 참조하도록 하며(표 6-5), 너무 기름지거나 달지 않으며, 싱거운 맛에 익숙해지도록 조리한다.

어린이 기호식품 품질제도

어린이 기호식품 품질제도
어린이 기호식품 중 안전하고 영양을 고루 갖춘 식품에 대해 식품의약품안전처가 인증해주는 제도

품질인증 기준
품질인증제품은 안전 기준, 영양 기준 및 식품첨가물 사용 기준에 적합하여야 한다. 품질인증 기준은 또다시 안전 기준, 영양 기준, 식품첨가물 사용 기준으로 나누어진다.

- 안전 기준: HACCP(식품안전관리인증기준)에 적합한 가공식품, 모범업소에서 만든 조리식품
- 영양 기준(1회 제공량 기준): 단백질과 식이섬유, 비타민, 무기질(칼슘, 철분)이 강화된 식품으로 고열량이나 저영양식품은 제외한다. 과채 주스는 당류를 첨가하지 않은 것을 써야 한다.
- 식품첨가물 사용 기준: 식용타르색소나 합성보존료, 기타 화학적 합성품 일부는 사용할 수 없다.

자료: 식품의약품안전처(2016). 발췌 재구성.

표 6-6 **어린이를 위한 식생활지침**

지침	내용
음식을 다양하게 골고루	• 편식하지 않고 골고루 먹는다. • 끼니마다 다양한 채소 반찬을 먹는다. • 생선, 살코기, 콩제품, 달걀 등 단백질 식품을 매일 한 번 이상 먹는다. • 우유를 매일 2컵 정도 마신다.
많이 움직이고 먹는 양은 알맞게	• 매일 1시간 이상 적극적으로 신체활동을 한다. • 연령에 맞는 키와 몸무게를 알아서 표준체형을 유지한다. • TV 시청과 컴퓨터 게임을 모두 합해서 하루에 2시간 이내로 제한한다. • 식사와 간식은 적당한 양을 규칙적으로 먹는다.
식사는 제때에, 싱겁게	• 아침은 꼭 먹는다. • 음식은 천천히 꼭꼭 씹어 먹는다. • 짠 음식, 단 음식, 기름진 음식을 적게 먹는다.
간식은 안전하고, 슬기롭게	• 간식으로는 신선한 과일과 우유 등을 먹는다. • 과자나 탄산음료, 패스트푸드를 자주 먹지 않는다. • 불량식품을 구별할 줄 알고 먹지 않으려고 노력한다. • 식품의 영양표시와 유통기한을 확인하고 선택한다.
식사는 가족과 함께 예의바르게	• 가족과 함께 식사하도록 노력한다. • 음식을 먹기 전에 반드시 손을 씻는다. • 음식은 바른 자세로 앉아서 감사한 마음으로 먹는다. • 음식은 먹을 만큼 담아서 먹고 남기지 않는다.

자료: 보건복지부(2010).

- 바람직한 식습관이 형성되도록 다양한 식품과 조리법으로 식단을 구성한다.
- 균형 잡힌 영양소 보충을 위해 간식으로 칼슘과 무기질이 풍부한 유제품과 과일, 채소류를 제공한다. 또한 간식 선택 시에는 제품 포장지에 어린이 기호식품 품질인증마크가 있는지 확인한다.

어린이를 위한 식생활지침과 식사구성안을 활용한 어린이 식단 작성의 예, 초등학교 급식 식단의 실제는 표 6-6~8과 같다.

표 6-7 **식사구성안을 활용한 어린이(6~11세 남자, 1,900kcal, A타입) 식단 작성의 예** (단위: 1회 분량)

메뉴	분량	아침	점심	저녁	간식
		쌀밥 감자국 소불고기 버섯파프리카볶음 치커리새콤무침 깍두기	채소볶음밥 두부된장국 달걀후라이 브로콜리데침 배추김치 액상요구르트	현미밥 콩나물국 닭조림 시금치나물 무생채 백김치	바나나 우유
곡류	3회	쌀밥 189g(0.9) 감자 140g(0.3)	쌀밥 189g(0.9)	현미밥 189g(0.9)	
고기 · 생선 · 달걀 · 콩류	3.5회	소고기 60g(1)	두부 40g(0.5) 달걀 60g(1)	닭고기 60g(1)	
채소류	7회	표고버섯 15g(0.5) 파프리카 28g(0.4) 치커리 35g(0.5) 깍두기 40g(1)	당근 21g(0.3) 양파 21g(0.3) 브로콜리 35g(0.5) 배추김치 40g(1)	콩나물 35g(0.5) 시금치 35g(0.5) 무 35g(0.5) 백김치 40g(1)	
과일류	1회				바나나 100g(1)
우유 · 유제품류	2회		요구르트(액상) 150g(1)		우유 200mL(1)
유지 · 당류	5회	유지 및 당류는 조리 시 가급적 적게 사용할 것을 권장			

총 에너지(kcal): 1869.9kcal; 탄수화물, 단백질, 지방 섭취비율(%): 탄수화물(55.3%), 단백질(15.4%), 지방(29.2%)
자료: 보건복지부, 한국영양학회(2021).

표 6-8 **초등학교 급식 식단의 실제**

	월	화	수	목	금
점심	친환경보리밥 떡만둣국 미트볼케찹조림(수제) 닭고기샐러드 &오리엔탈드레싱 포기김치 우유	친환경차조밥 근대된장국 오리훈제채소볶음 장떡 깍두기 우유	카레라이스 오이도라지무침 호떡 포기김치 우유 요구르트	친환경차수수밥 감자옹심이 도토리묵무침 코다리양념강정 포기김치 우유	친환경보리밥 갈비탕 채소달걀찜 쫄면 깍두기 우유
	759.5kcal	702.4kcal	776.6kcal	768.6kcal	692.4kcal
사진					

3 / 청소년 식생활

1) 청소년 식생활 문제

- 아침 결식으로 인해 혈액 내 포도당이 낮아져 집중력이 떨어지고 빈혈이 생기기도 한다. 또한 아침을 대신해 간식을 먹는 습관이 생기며 결식 후에는 음식을 폭식하게 되어 소화 불량이 생길 수 있다.
- 간식으로 건강에 해로운 짜고 단 음식과 기름진 음식, 패스트푸드를 자주 먹거나 과식을 하여 비만 발생률이 높으며 이는 성인 비만으로 이어지고 있다.
- 청소년기에는 성장이 빠른 만큼 필요한 혈액량도 늘어나는데 특히 여학생의 경우 혈액 생성에 필요한 철분이 부족하면 혈액에 헤모글로빈 양이 낮고 적혈구 크기가 작아 빈혈이 생기게 된다.
- 체중 조절에 대한 지나친 관심으로 무리하게 다이어트를 할 경우 영양 부족, 체력저하, 빈혈, 골다공증 등이 발생하며 심할 경우 거식증, 폭식증 등의 식사장애가 생길 수 있다.

- 최근 카페인 함량이 높은 에너지 드링크를 과잉 섭취하는 청소년들이 증가하고 있는데 이는 체내에서 철분과 칼슘 흡수를 방해하여 빈혈과 성장 저하를 초래할 수 있다.

2) 청소년 식생활관리

- 신체적으로 급격히 성장하는 시기로 충분한 영양소가 공급되도록 하며, 특히 양질의 단백질, 칼슘 및 철분이 풍부한 식사가 제공되도록 식단을 구성한다.
- 학습능력 향상을 위해 세끼를 골고루, 균형 있게 섭취하도록 한다. 특히 입맛이 없는 아침에는 결식 방지를 위해 죽이나 국밥 등과 같이 부드럽고 위에 부담이 덜 하며 포만감을 줄 수 있는 음식을 제공한다.

표 6-9 **청소년 위한 식생활지침**

지침	내용
각 식품군을 매일 골고루 먹자	• 밥과 다양한 채소, 생선, 육류를 포함하는 반찬을 골고루 매일 먹는다. • 간식으로 신선한 과일을 주로 먹는다. • 우유를 매일 2컵 이상 마신다.
짠 음식과 기름진 음식을 적게 먹자	• 짠 음식, 짠 국물을 적게 먹는다. • 인스턴트 음식을 적게 먹는다. • 튀긴 음식과 패스트푸드를 적게 먹는다.
건강 체중을 바로 알고 알맞게 먹자	• 내 키에 따른 건강 체중을 알아본다. • 매일 1시간 이상의 신체활동을 적극적으로 한다. • 무리한 다이어트를 하지 않는다. • TV 시청과 컴퓨터게임 등을 모두 합해서 하루에 2시간 이내로 제한한다.
물이 아닌 음료를 적게 마시자	• 물을 자주, 충분히 마신다. • 탄산음료, 가당음료를 적게 마신다. • 술을 절대 마시지 않는다.
식사를 거르거나 과식하지 말자	• 아침 식사를 거르지 않는다. • 식사는 제 시간에 천천히 먹는다. • 배가 고프더라도 한꺼번에 많이 먹지 않는다.
위생적인 음식을 선택하자	• 불량식품을 먹지 않는다. • 식품의 영양표시와 유통기한을 확인하고 선택한다.

자료: 보건복지부(2010).

표 6-10 **식사구성안을 활용한 청소년(12~18세 여자, 2,000kcal, A타입) 식단 작성의 예**   (단위: 1회 분량)

메뉴	분량	아침 쌀밥 호박된장국 갈치조림 새송이버섯구이 콩나물무침 배추김치	점심 현미밥 미역국 소불고기 부추치커리무침 배추김치	저녁 잡곡밥 순두부국 달걀장조림 마늘종볶음 오이소박이	간식 블루베리 사과 호상요구르트 우유
곡류	3회	쌀밥 210g(1)	현미밥 210g(1)	잡곡밥 210g(1)	
고기·생선· 달걀·콩류	3.5회	갈치 70g(1)	소고기 60g(1)	순두부 100g(0.5) 달걀 60g(1)	
채소류	7회	애호박 210g(0.3) 새송이버섯 30g(1) 콩나물 35g(0.5) 배추김치 40g(1)	미역(마른 것)5g(0.5) 부추 28g(0.4) 치커리 35g(0.5) 배추김치 40g(1)	양파 21g(0.3) 마늘종 35g(0.5) 오이소박이 40g(1)	
과일류	2회				블루베리 100g(1) 사과 100g(1)
우유· 유제품류	2회				요구르트(호상) 100g(1) 우유 200mL(1)
유지·당류	6회	유지 및 당류는 조리 시 가급적 적게 사용할 것을 권장			

총 에너지(kcal): 1921.0kcal; 탄수화물, 단백질, 지방 섭취비율(%): 탄수화물(54.1%), 단백질(16.6%), 지방(29.2%)
자료: 보건복지부, 한국영양학회(2021).

표 6-11 **중학교 급식 식단의 실제**

	월	화	수	목	금
점심	흑미밥 무채국 뼈 없는 닭갈비 치즈스틱 포기김치	칼슘쌈밥 육개장 브로콜리햄볶음 연두부&양념장 깍두기	기장밥 유부맑은국 바비큐떡삼겹 콩나물무침 포기김치	현미밥 쇠고기미역국 파닭 호박버섯볶음 포기김치	보리밥 사골우거지국 달걀장조림 느타리버섯볶음 깍두기
	883kcal	841kcal	889kcal	886kcal	779kcal
사진					

표 6-12 **고등학교 급식 식단의 실제**

	월	화	수	목	금
점심	차조밥 크림감자수프 치즈돈가스 떡볶이 코울슬로 깍두기	흑미밥 파송송김칫국 사태찜 순살조기구이 비타민오렌지샐러드 총각김치	햄김치덮밥 무채콩나물국 새우튀김 양상추샐러드 단무지무침 바나나우유	보리밥 오징어뭇국 후라이드치킨 비엔나소시지볶음 부추오이생채 포기김치	잡곡밥 영양닭죽 함박스테이크 마카로니샐러드 잔멸치볶음 깍두기
	805.6kcal	797.9kcal	708.4kcal	807.7kcal	785.1kcal
사진					

- 두뇌활동에 도움을 주는 ω-3 지방산이 다량 포함된 등푸른 생선을 자주 제공한다.
- 간식으로는 열량이 적으면서 청소년들에게 부족하기 쉬운 영양소인 비타민과 무기질, 섬유소가 풍부한 음식을 섭취하도록 한다.
- 피로 회복을 위해 카페인 음료 대신 물을 많이 마시고 비타민 B와 비타민 C를 섭취하며 토마토, 당근 등의 채소와 사과 등의 과일을 충분히 섭취하도록 한다.

청소년을 위한 식생활지침과 식사구성안을 활용한 청소년 식단 작성의 예, 중학교 급식 식단의 실제, 고등학교 급식 식단의 실제는 표 6-9~12와 같다.

4/ 성인 식생활

1) 성인 식생활 문제

- 성인기에는 나이가 들면서 섭취 열량에 비해 대사율 저하와 신체활동 감소로 소비 열량이 적기 때문에 남은 열량이 지방으로 전환되어 지방조직에 축적된

다. 이로 인해 당뇨병, 고혈압, 고지혈증 등 만성질환의 원인이 되는 비만율이 증가하고 있다.

- 육류 위주의 식단은 고단백, 고지방, 저식이섬유식으로 혈청 콜레스테롤을 높여 심혈관계질환 발생의 위험을 높이고 있다.
- 외식의 증가로 에너지, 특히 지방 섭취는 과잉인 반면 단위 에너지당 비타민 및 무기질의 영양 밀도가 감소되고 있으며 나트륨 섭취량도 증가하고 있다.
- 지나친 음주로 알코올에 의한 열량 섭취는 증가하고, 소장 점막이 손상되어 비타민 B_1, B_{12}, 엽산 등의 영양소 흡수는 저하되고 있다.
- 과도한 카페인 섭취로 불면증, 불안감, 심박수 증기, 위산 과다 등의 건강상 문제가 발생하고 있다.

2) 성인 식생활관리

- 만성질환 예방을 위해 식단 작성 시 단순당과 포화지방, 콜레스테롤, 나트륨 섭취를 제한하며 전곡류, 채소류, 해조류 등 식이섬유가 풍부한 식단을 구성한다.
- 외식 시 메뉴를 선택할 때는 '외식 메뉴 선택 시 주의사항'을 고려하여 선택한다.
- 특히 성인 여성의 경우에는 골다공증 예방을 위해 칼슘이 풍부한 우유 및 유제품 등을 충분히 섭취하며, 칼슘의 흡수를 방해하는 커피나 탄산음료의 섭취는

외식 메뉴 선택 시 주의사항

- 일품요리보다는 정식을 먹는다.
- 과식하지 않는다.
- 양질의 단백질이 풍부한 메뉴를 선택한다.
- 채소가 주재료인 메뉴를 선택하여 비타민과 식이섬유를 보충한다.
- 가능한 한식 메뉴를 선택한다.
- 메뉴판에 음식의 재료와 양이 기재되어 있지 않은 메뉴는 선택하지 않는다.
- 양식, 중식 등의 기름진 메뉴는 가능하면 섭취 양과 횟수를 제한한다.
- 면류를 먹을 때는 국물보다 건더기를 먹고, 첨가하는 수프는 남기도록 한다.
- 외식 시 메뉴를 선택할 때 다음 사항을 고려하여 선택한다.
- 외식 때마다 메뉴를 변경하여 다양한 음식을 먹도록 한다.

자료: 식품의약품안전처(2016). 발췌 재구성.

가능한 줄이도록 한다. 또한 변비 예방을 위해 아침 식사를 거르지 않고, 식사를 규칙적으로 하며 섬유질이 풍부한 잡곡밥, 고구마, 해조류, 채소류, 과일류 등과 수분 섭취를 늘린다.

- 음주, 흡연, 스트레스로 인해 부족해지기 쉬운 비타민 A, 비타민 C, 비타민 E의 섭취를 위하여 녹황색 채소와 과일을 충분히 먹는다.

성인을 위한 식생활지침과 식사구성안을 활용한 성인 식단작성의 예, 오피스 급식 식단의 실제는 표 6-13~15와 같다.

표 6-13 **성인을 위한 식생활지침**

지침	내용
각 식품군을 매일 골고루 먹자	• 곡류는 다양하게 먹고 전곡을 많이 먹는다. • 여러 가지 색깔의 채소를 매일 먹는다. • 다양한 제철과일을 매일 먹는다. • 간식으로 우유, 요구르트, 치즈와 같은 유제품을 먹는다. • 가임기 여성은 기름이 적은 붉은 살코기를 적절히 먹는다.
활동량을 늘리고 건강 체중을 유지하자	• 일상생활에서 많이 움직인다. • 일주일에 150분(주 5일, 하루 30분) 이상 운동을 한다. • 건강 체중을 유지한다. • 활동량에 맞추어 에너지 섭취량을 조절한다.
청결한 음식을 알맞게 먹자	• 식품을 구매하거나 외식을 할 때 청결한 것으로 선택한다. • 음식을 먹을 만큼만 만들고, 먹을 만큼만 주문한다. • 음식을 만들 때는 식품을 위생적으로 다룬다. • 매일 세 끼 식사를 규칙적으로 한다. • 밥과 다양한 반찬으로 균형 잡힌 식생활을 한다.
짠 음식을 피하고 싱겁게 먹자	• 음식을 만들 때는 소금, 간장 등을 보다 적게 사용한다. • 국물을 짜지 않게 만들고 적게 먹는다. • 음식을 먹을 때 소금, 간장을 더 넣지 않는다. • 김치는 덜 짜게 만들어 먹는다.
지방이 많은 고기나 튀긴 음식을 적게 먹자	• 고기는 기름을 떼어 내고 먹는다. • 튀긴 음식을 적게 먹는다. • 음식을 만들 때 기름을 적게 사용한다.
술을 마실 때는 양을 제한하자	• 남자는 하루 2잔, 여자는 1잔 이상 마시지 않는다. • 임신부는 절대로 술을 마시지 않는다.

자료: 보건복지부(2010).

표 6-14 **식사구성안을 활용한 성인(19-64세 여, 1,900kcal, B타입) 식단 작성의 예**   (단위: 1회 분량)

메뉴	분량	아침 쌀밥 닭곰탕 돼지고기브로콜리볶음 미역줄기나물 깍두기	점심 열무비빔국수 삶은달걀 채소튀김 동치미 오렌지	저녁 잡곡밥 대구탕 두부조림 숙주나물 배추김치	간식 방울토마토 키위 우유
곡류	3회	쌀밥 210g(1)	소면 90g(1)	잡곡밥 210g(1)	
고기 · 생선 · 달걀 · 콩류	4회	닭고기 60g(1) 돼지고기 30g(0.5)	달걀 60g(1)	대구 70g(1) 두부 40g(0.5)	
채소류	8회	파 35g(0.5) 브로콜리 35g(0.5) 미역줄기 35g(0.5) 깍두기 40g(1)	열무김치 20g(0.5) 당근 35g(0.5) 양파 35g(0.5) 동치미 40g(1)	무 35g(0.5) 숙주나물 35g(0.5) 배추김치 40g(1)	방울토마토 70g(1)
과일류	2회		오렌지 100g(1)		키위 100g(1)
우유 · 유제품류	1회				우유 200mL(1)
유지 · 당류	4회	유지 및 당류는 조리 시 가급적 적게 사용할 것을 권장			

총 에너지(kcal): 1882.3kcal; 탄수화물, 단백질, 지방 섭취비율(%): 탄수화물(55.3%), 단백질(19.2%), 지방(25.5%)
자료: 보건복지부, 한국영양학회(2021).

표 6-15 **오피스 급식 식단의 실제**

		월	화	수	목	금
아침	Korean	시금치된장국 잡곡밥, 숭늉 꽁치김치조림 숯불바비큐바 파래김구이 마늘쫑무침/깍두기	북어해장국 잡곡밥, 숭늉 오징어볶음 오이생채 콩자반 그린샐러드/깍두기	김치찌개 잡곡밥, 숭늉 돼지고기모둠장조림 얼갈이겉절이 깻잎지 달걀프라이/깍두기	감잣국 잡곡밥, 숭늉 닭갈비 비엔나채소볶음 무짠지채무침 그린샐러드/포기김치	속음배추된장국 잡곡밥, 숭늉 돼지고기버섯불고기 우엉조림 무생채 달걀프라이/포기김치
		849kcal	842kcal	851kcal	859kcal	863kcal
점심	Korean	어묵국 흑미밥 삼겹살양파볶음 달걀말이 미역줄기볶음 무짠지채무침 포기김치	우거지해장국 흑미밥 비엔나케첩볶음 스크램블에그 오이맛고추쌈장무침 깐마늘지 깍두기	미역국 흑미밥 돼지고기볶음 청포묵무침 브로콜리숙회&초장 오이지 포기김치	호박고추장찌개 흑미밥 쇠고기버섯볶음 물오묵볶음 콩나물무침 김구이 깍두기	부대찌개 흑미밥 자반고등어구이 감자조림 허브생채 마늘쫑무침 깍두기
		867kcal	883kcal	859kcal	861kcal	884kcal
	Inter-national	왕새우카레라이스 일식장국 핫바 락교 깍두기 사과푸딩	불고기채소비빔밥 우동국 불갈비꼬치 마카로니콘샐러드 단무지 포기김치	돈가스&토마토미트 스파게티 쌀밥 옥수수수프 그린샐러드&드레싱 피클&할라피뇨 깍두기	마파두부덮밥 달걀팟국 채소춘권 고구마샐러드 짜사이 포기김치	국물떡볶이&라면사리 어묵국 김가루양념밥 순대찜 김말이튀김 단무지
		894kcal	899kcal	946kcal	834kcal	925kcal
	Noodle	비빔만두쫄면 김가루양념밥 일식장국 단호박샐러드 깍두기 요구르트	김치잔치국수 우엉양념밥 생선가스 포기김치 마카로니과일샐러드	비빔밀면 흑미양념밥 온육수 너비아니 단무지 포기김치	바지락칼국수 보리밥&열무김치 손만두찜 얼갈이겉절이 황도	중국식 우동 쌀밥 과일샐러드 짜사이 포기김치
		927kcal	917kcal	903kcal	926kcal	911kcal
저녁		콩나물국 쌀밥 안동찜닭&당면 모둠버섯볶음 명엽채조림 유채나물/깍두기	뚝배기순두부찌개 쌀밥 완자조림 감자채볶음 다시마튀각 고추지/깍두기	된장찌개 콩나물밥& 달래양념장 조기구이 무나물 쑥갓겉절이 포기김치/바나나	아욱된장국 쌀밥 돼지고기김치볶음 두부찜/고구마순볶음 오징어젓갈무무침 백김치	두부찌개 쌀밥 오징어굴소스볶음 맛살조림 열무나물/건파래볶음 깍두기
		857kcal	868kcal	842kcal	858kcal	839kcal

5/ 임신부 식생활

1) 임신부 식생활 문제

- 임신 초기 입덧으로 음식 섭취량이 너무 적거나 다이어트를 할 경우에는 영양 결핍으로 인해 태아의 건강에 악영향을 미치게 된다.
- 임신 중기 이후 식욕이 왕성해지면서 몸이 무거워지고 활동량이 줄게 되어 체중이 급격히 증가하게 된다. 이러한 임신 중 비만은 고혈압이나 임신중독증 등의 원인이 된다.
- 임신 중 태아의 뼈와 치아 등을 구성하는 주요 성분인 칼슘이 탯줄을 통해 태아에게 전달되기 때문에 칼슘 섭취가 부족할 경우 모체의 골밀도가 감소해 출산 후 골다공증 발생 위험이 높아진다.
- 임신 초기에 엽산 섭취가 부족하면 선천성 태아 기형과 유산의 위험성이 높아진다.
- 임신 중기 태아가 성장하면서 모체는 태아에게 영양분을 공급하기 위해 혈액량이 급격히 증가한다. 이때 혈액의 원료로 철분이 사용되기 때문에 철 공급이 충분하지 못하면 철분 결핍으로 빈혈이 생길 수 있다.

2) 임신부 식생활관리

- 임신 초기 입덧으로 저하된 체력을 보충하고 중기 이후 왕성해진 식욕으로 인한 비만과 임신중독증을 예방하기 위하여 저칼로리 고단백 위주로 식단을 구성한다.
- 임신중독증 예방을 위해 단백질 및 비타민을 충분히 공급하고 나트륨, 당질, 지방의 과량 섭취를 금한다. 특히 콩이나 등푸른 생선, 살코기 등 질 높은 단백질을 섭취하며, 염분 섭취를 줄이기 위해 김치 섭취량도 평소의 반으로 줄이고 염장식품이나 가공식품 섭취도 줄인다.
- 칼슘이 풍부한 우유(3~4컵/1일), 치즈, 요구르트 등을 섭취하도록 한다. 그러나

인이 함유된 소시지, 햄 등의 가공식품과 탄산음료를 함께 섭취하면 칼슘의 체내 흡수를 방해하므로 피하도록 한다. 임신 후반기에는 식사에서 칼슘 필요량을 충족시키기 어려우므로 칼슘보충제를 섭취하는 것이 바람직하다.

- 엽산이 풍부한 시금치, 브로콜리, 쑥, 토란, 양상추, 아스파라거스 등 녹색 채소와 과일을 섭취하도록 한다. 엽산은 수용성 비타민으로 열에 약하고 물에 잘 녹기 때문에 가능한 조리하지 않은 상태에서 먹거나 살짝 데쳐서 섭취하여야 흡수를 높일 수 있다.

- 철이 풍부하면서도 지방이 적은 붉은 살코기, 닭고기 등 가금류, 생선 등을 충분히 섭취하도록 한다.

- 임신기에는 면역력이 저하되기 쉬우므로 비타민을 충분히 섭취하여야 한다. 특히 비타민 C는 면역 호르몬을 증가시키고 엽산과 철분의 체내 흡수를 도와 임

표 6-16 **임신부를 위한 식생활지침**

지침	내용
우유 제품을 매일 3회 이상 먹자	• 우유를 매일 3컵 이상 마신다. • 요구르트, 치즈, 뼈째 먹는 생선 등을 자주 먹는다.
고기나 생선, 채소, 과일을 매일 먹자	• 다양한 채소와 과일을 매일 먹는다. • 생선, 살코기, 콩 제품, 달걀 등 단백질 식품을 매일 1회 이상 먹는다.
청결한 음식을 알맞은 양으로 먹자	• 끼니를 거르지 않고 식사를 규칙적으로 한다. • 음식을 만들 때는 식품을 위생적으로 다루고 먹을 만큼만 준비한다. • 살코기, 생선 등은 충분히 익혀 먹는다. • 보관했던 음식은 충분히 가열한 후 먹는다. • 식품을 구매하거나 외식할 때 청결한 것을 선택한다.
짠 음식을 피하고 싱겁게 먹자	• 음식을 만들거나 먹을 때는 소금, 간장, 된장 등의 양념을 보다 적게 사용한다. • 나트륨 권장량을 줄이기 위해 국물은 싱겁게 만들어 먹는다. • 김치는 싱겁게 만들어 먹는다.
술은 절대 마시지 말자	• 술은 절대로 마시지 않는다. • 커피, 콜라, 녹차, 홍차, 초콜릿 등 카페인 함유식품을 적게 먹는다. • 물을 충분히 마신다.
활발한 신체활동을 유지하자	• 임신부는 적절한 체중 증가를 위해 알맞게 먹고, 활발한 신체활동을 규칙적으로 한다. • 산후 체중조절을 위해 가벼운 운동으로 시작하여 점차 운동량을 늘려간다. • 모유 수유는 산후 체중 조절에 도움이 된다.

자료: 보건복지부(2010).

표 6-17 **임신 중기 식단의 실제**

구분	아침	점심	저녁	간식
일	현미밥 미역오이냉국 연두부달걀찜 쇠고기가지볶음 취나물된장무침 배추김치	흑미밥 근대된장국 고등어카레구이 단호박조림 양배추대추채무침 브로콜리김치	보리밥 쇠고기표고버섯전골 비름나물 밤콩조림 오렌지상추샐러드 깍두기	저지방우유 2컵 멜론요거트스무디 포도
월	보리밥 시금치된장국 완자조림 홍합오이무침 깍두기	기장밥 어묵탕 사과소스 닭가슴살채소샐러드 오이시실파무침 배추김치	쌀밥 쇠고기뭇국 뱅어포양념구이 고구마줄기볶음 깍두기	파래두부과자 저지방우유 2컵 딸기 호상요구르트
화	전복죽 다슬기부추전 배추김치 토마토주스	발아현미밥 느타리버섯국 연근고기전 콩나물잡채 열무김치	보리밥 육개장 근대유부무침 과일감자샐러드 열무김치	메조매실티 저지방우유 2컵 요구르트
수	기장밥 조개맑은국 전어살레몬탕수 노각생채무침 배추김치	새싹비빔밥 콩나물국 미역오이무침 가자미구이 배추김치	보리밥 버섯된장국 돼지고기생강구이 사과샐러드 배추김치	호박양갱 저지방우유 2컵 오렌지요거트스무디
목	차조멸치주먹밥 육개장 새싹과일샐러드 배추김치 토마토주스	차수수밥 미역들깻국 고등어카레튀김 시금치나물 배추김치	기장밥 시금치조갯국 전복초무침 애호박버섯찜 무김치	율무장떡 저지방우유 2컵 키위 플레인요구르트
금	흑미밥 쇠고기팽이버섯국 새우살채소볶음 무청무침 김치	검정콩밥 김치찌개 갈치카레구이 건파래무침 알타리김치	보리밥 굴국 견과류땅콩조림 돼지고기편육 배추속대쌈 과일연근샐러드 무김치	귤 사과 저지방우유 2컵 호상요구르트
토	보리밥 쇠고기양배추국 연두부달걀찜 가지나물 배추김치	주꾸미칼국수 비름나물무침 해물완자전 양상추치즈샐러드 배추김치	검정콩밥 아욱된장국 돼지고기보쌈 미나리해파리냉채 호박나물 백김치	과일떡볶이 토마토 저지방우유 2컵 요구르트

자료: 식품의약품안전청(2012).

신 중 발생하는 각종 질병을 예방할 수 있으므로 매끼 섭취하도록 한다.
- 임신 전기(+340kcal), 임신 중기(+430kcal), 임신 후기(+340kcal)별로 식품군별 권장 열량이 다르므로 이를 고려하여 식단을 작성하도록 한다.

임신부를 위한 식생활지침과 임신 중기 식단의 예는 표 6-16~17과 같다.

6 / 노인 식생활

1) 노인 식생활 문제

- 노화에 의한 치아 손실 및 약화, 장기의 흡수능력 저하, 감각기관 기능 감퇴, 만성질환으로 인한 기능장애, 약물복용 등으로 식욕 감퇴와 소화기능 장애가 발생하고 있다. 이로 인해 밥과 1~2가지 반찬 혹은 김치만으로 식사를 하고 있거나, 아침을 자주 거르는 등 제때 식사하지 않고 몰아서 과식을 하는 등 영양 불량이 나타나고 있다.
- 영양 섭취가 부족한 경우 신진대사가 원활하지 못하고, 면역체계가 약화되어 각종 질환에 걸리기 쉽다.
- 미각 둔화로 오래 묵은 장아찌류, 장류와 밥을 먹는 등 짜게 먹는 경향이 있다.
- 오래된 음식을 섭취하거나, 음식을 안전하게 보관하지 않는다.
- 물을 적게 마신다.

2) 노인 식생활관리

- 노년기에는 기초대사량이 감소하고 신체활동량이 줄어 에너지요구량은 감소하지만 단백질 필요량은 크게 변하지 않으므로 생선, 두부 등 소화가 잘되면서 단백질이 풍부한 음식으로 식단을 구성한다. 단백질 공급을 위해 육류를 섭취할 경우에는 붉은 살코기를 삶아서 수육과 편육으로 먹는 것이 바람직하다.

- 소화액 분비가 저하되어 한 번에 충분한 양의 음식을 소화하기 어려우므로 식사량을 줄이고 조금씩 자주 먹는다. 음식 조리 시에는 기름에 볶거나 튀긴 음식은 소화가 어려우므로 삶거나 찜 등 부드러운 질감으로 조리하여 섭취하도록 한다(표 6-18).
- 식욕이 저하되지 않도록 식단 구성 시 다양한 향신료를 이용하여 입맛을 돋우고 같은 끼니에서 주재료, 조리법, 양념이 중복되지 않도록 다양하게 구성한다.
- 짠 음식은 나트륨 함량이 높아 고혈압을 유발하므로 저염식 위주로 식단을 구성하며, 조리 시 소금 함량이 적은 식초나 발사믹소스, 요거트소스 등의 양념류를 첨가하여 섭취한다.
- 노년기에는 뼈가 약해지기 쉬우므로 골다공증 예방을 위해 칼슘이 풍부한 우유 및 유제품을 섭취한다. 유당을 분해하는 효소가 부족하여 우유만 먹으면 설사하는 노인의 경우에는 유당 성분이 제거된 유제품을 섭취하게 하거나 칼슘

표 6-18 **노인의 기능 변화를 고려한 조리방법**

기능 변화	조리방법
치아 불량	식재료를 삶거나 칼집을 내어 부드럽게 조리
침 분비량 감소	국물을 걸쭉하게 만들고 식사 횟수를 늘림(국물에 녹말가루를 넣어 걸쭉하게 조리)
미각 퇴화	소금 대신 다양한 향신료(식초, 레몬, 겨자 등)를 이용해서 입맛을 돋움
변비	감자, 현미밥, 잡곡밥의 섭취를 늘리고 다양한 채소를 부드럽게 조리
식욕 저하	음식의 색, 향, 모양, 온도, 질감 등을 다양하게 조리
연하 곤란	삼키기 쉬운 식품이나 조리법을 선택(예: 연두부, 달걀찜)

자료: 한정순 등(2012).

다양한 색깔 식품 섭취의 중요성

- 검은색: 안토사이아닌(항산화, 면역력 증가, 노화 억제)
- 노란색·주황색: 카로테노이드(항암효과, 항산화효과, 노화 예방)
- 초록색: 엽록소(신진대사 활발, 피로 회복, 세포 재생을 도와 노화 예방)
- 흰색: 플라보노이드(항암효과, 체내 산화작용 억제, 유해물질 체외 배출, 세균과 바이러스에 대한 저항력 강화)
- 빨간색: 리코펜, 안토사이아닌(항암효과, 면역력 증가, 혈관 건강, 항산화)

자료: 식품의약품안전처(2015).

이 풍부한 멸치나 뱅어포, 해조류 등을 섭취하도록 한다.

- 변비 예방을 위해 식이섬유가 풍부한 현미 등 잡곡이나 채소 및 과일류 등을 반드시 섭취한다.
- 다양한 색깔의 채소와 과일은 비타민과 무기질이 들어 있을 뿐만 아니라 노화를 촉진하고 각종 질병을 일으키는 유해 활성산소를 제거하는 항산화물질인 피토케미컬(phytochemical)이 풍부하여 면역력 증가와 노화 방지에 도움이 되므로 자주 섭취한다.

노인을 위한 식생활지침과 식사구성안을 활용한 노인 식단 작성의 예 노인케어센터 식단의 실제는 표 6-19~21과 같다.

표 6-19 **노인을 위한 식생활지침**

지침	내용
각 식품군을 골고루 먹자	• 고기, 생선, 달걀, 콩 등의 반찬을 매일 먹는다. • 다양한 채소 반찬을 매끼 먹는다. • 다양한 우유제품이나 두유를 매일 먹는다. • 신선한 제철과일을 매일 먹는다.
짠 음식을 피하고 싱겁게 먹자	• 음식을 싱겁게 먹는다. • 국과 찌개의 국물을 적게 먹는다. • 식사할 때 소금이나 간장을 더 넣지 않는다.
식사는 규칙적이고 안전하게 하자	• 세끼 식사를 꼭 한다. • 외식할 때는 영양과 위생을 고려하여 선택한다. • 오래된 음식은 먹지 않고 신선하고 청결한 음식을 먹는다. • 식사로 건강을 지키고 식이보충제가 필요한 경우에는 신중히 선택한다.
물은 많이 마시고 술은 적게 마시자	• 목이 마르지 않더라도 물을 자주 충분히 마신다. • 술은 하루 1잔을 넘기지 않는다. • 술을 마실 때에는 반드시 다른 음식과 같이 먹는다.
활동량을 늘리고 건강한 체중을 갖자	• 앉아 있는 시간을 줄이고 가능한 많이 움직인다. • 나를 위한 건강체중을 알고 이를 갖도록 노력한다. • 매일 최소 30분 이상 숨이 찰 정도로 유산소운동을 한다. • 일주일에 최소 2회 20분 이상 힘이 들 정도로 근육운동을 한다.

자료: 보건복지부(2010).

표 6-20 **식사구성안을 활용한 노인(65~74세 남자, 2,000kcal, B타입) 식단 작성의 예**   (단위: 1회 분량)

메뉴	분량	아침 잡곡밥 소고기무국 달걀말이 고구마줄기무침 배추김치	점심 참치김치덮밥 콩나물국 느타리버섯볶음 나박김치 파인애플	저녁 쌀밥 두부된장국 닭갈비 시금치나물 도라지생채 배추김치	간식 시루떡 찐감자 바나나 우유
곡류	3.5회	잡곡밥 210g(1)	쌀밥 105g(0.5)	쌀밥 210g(1)	시루떡 105g(0.7) 감자 140g(0.3)
고기 · 생선 · 달걀 · 콩류	4회	소고기 30g(0.5) 달걀 60g(1)	참치 70g(1)	두부 40g(0.5) 닭고기 60g(1)	
채소류	8회	무 28g(0.4) 고구마줄기 35g(0.5) 배추김치 40g(1)	배추김치 20g(0.5) 콩나물 35g(0.5) 느타리버섯 15g(0.5) 나박김치 40g(1)	호박 21g(0.3) 양파 21g(0.3) 시금치 70g(1) 도라지 40g(1) 배추김치 40g(1)	
과일류	2회		파인애플 100g(1)		바나나 100g(1)
우유 · 유제품류	1회				우유 200mL(1)
유지 · 당류	4회	유지 및 당류는 조리 시 가급적 적게 사용할 것을 권장			

총 에너지(kcal): 2019.3kcal; 탄수화물, 단백질, 지방 섭취비율(%): 탄수화물(58.1%), 단백질(16.9%), 지방(25.0%)
자료: 보건복지부, 한국영양학회(2021).

표 6-21 **노인케어센터 식단의 실제**

	월	화	수	목	금
점심	잡곡밥 건새우아욱국 생선가스&소스 오징어무조림 양상추샐러드	잡곡밥 순두부찌개 갈치무조림 고구마순볶음 물미역&초장	잡곡밥 쇠고기뭇국 삼치카레구이 호박볶음 치커리사과무침	잡곡밥 우렁된장찌개 삼겹살숙주볶음 양배추찜&쌈장 시금치나물	잡곡밥 근대국 오리부추볶음 도토리묵김치무침 유채나물 포기김치
	680kcal	670kcal	679kcal	675kcal	665kcal
간식	단호박찜, 두유	귤, 요구르트	부꾸미, 우유	찜고구마, 두유	빵, 우유
저녁	잡곡밥 미역국 가자미구이 가지나물 오이부추무침 포기김치	잡곡밥 팽이두부된장국 닭조림 감자채볶음 취나물무침 포기김치	잡곡밥 동태찌개 달걀말이 고사리들깨나물 파래무침 포기김치	잡곡밥 배추된장국 고등어구이 감자곤약조림 콩나물무침 포기김치	잡곡밥 콩나물국 조기찜 어묵볶음 쑥갓두부무침 포기김치
	669kcal	668kcal	660kcal	667kcal	665kcal

특별식 식단관리

1/ 저나트륨 식단

2020년도에 개정된 한국인 영양소 섭취 기준에 따르면 우리 국민의 평균 나트륨 섭취량은 하루 평균 3,255mg (2018년도 기준)으로 우리나라 성인의 하루 나트륨 충분 섭취량인 1,500mg보다 2배 이상 높다. 나트륨을 과잉 섭취하게 되면 체내에 수분이 혈액 내로 모여 부피가 커져 부신수질호르몬인 노르에피네프린의 분비를 증가시킨다. 이에 따라 혈관이 수축하게 되는데 이는 혈관의 말초저항을 상승시켜 고혈압이 발생하는 원인이 되고 심부전, 뇌출혈, 뇌졸중 등의 질병에 영향을 준다. 그리고 나트륨의 과잉 섭취 시 체내 뼈의 칼슘이 혈액으로 용출되는 양이 증가하여 골다공증과 요로결석 등이 유발될 수도 있다. 우리나라뿐만 아니라 세계 각국은 나트륨 과잉 섭취로 인한 질병을 예방하기 위해 음식의 나트륨 양을 감소시키려고 노력하고 있다.

우리나라 음식에서 나트륨의 주요 급원식품은 소금, 배추김치, 간장, 된장, 라면, 고추장 순으로 알려져 있고 이들 6가지 식품으로부터의 나트륨 섭취량이 전체 섭취량의 59.7%를 차지한다. 우리나라 사람들은 발효음식인 간장, 된장, 고추장 등의 장류와 김치류를 즐겨 섭취해왔으나 장류나 김치류의 제조과정에서 다량의 소금이 사용되므로 이를 이용하여 조리한 음식을 과다하게 섭취할 때 나트륨 섭취량이 증가할 수 있다.

따라서 음식의 나트륨 양을 저감화하기 위해서는 음식 조리 시 소금의 첨가량을 최소화하고 국민들의 주요 나트륨 급원인 장류, 김치류, 가공식품류를 저염화하는 것이 좋다. 또한 가정이나 급식·외식업소의 식단관리자는 가족이나 고객(급식 대상자)에게 저나트륨 식사의 필요성과 중요성을 지속적으로 알려야 한다.

표 7-1의 저염소스와 저염장류 레시피와 표 7-2의 저염장류를 이용하여 조리한 저나트륨 한식 레시피의 예를 참고하여 저나트륨 식단 조리법과 저나트륨 식단 상차림 및 식사법에 적용해보자.

표 7-1 **저염소스와 저염장류 만들기**

불고기소스	초고추장소스	냉채소스
(다시마+가스오부시 육수 1컵), 저염간장 3큰술, 설탕 2큰술, 청주 2큰술	저염고추장 2큰술, 양파즙 2큰술, 감식초 1작은술, 매실청 1작은술, 마늘즙 1작은술	저염간장 2큰술, 자일로스설탕 2큰술, 매실청 1큰술, 감식초 1큰술, 다시마우린물 2큰술, 다진마늘 1작은술
견과소스	저염진간장	저염쌈장
잣가루 6큰술, 육수 4큰술, 참기름 1작은술, 소금 1/5작은술(1g), 후춧가루 약간	진간장(기본) 440g, 둥글레추출물(5g/200ml), 90g, 다시마추출물(5g/200ml) 90g, 생강즙 30g, 물엿 125g, 청주 90g, 설탕 40g	된장(기본) 500g, 고추장(기본) 100g, 현미밥(으깬 것) 100g, 양파(간 것) 50g, 볶은 콩가루(흑태) 10g, 표고버섯가루 4g, 고추씨가루 20g

자료: 이순영 등(2013); 이연경 등(2014).

표 7-2 **저염장류를 이용하여 조리한 저나트륨 한식 레시피의 예**

사진	재료 및 분량(4인분)	만드는 방법
 쇠고기뭇국	무 140g, 대파 8g, 다진 마늘 8g, 저염 국간장 8g, 후 춧가루 약간 • 육수: 쇠고기(양지머리) 160g, 다시마 5g, 대파 흰 부분 20g, 통마늘 10g	❶ 냄비에 1L의 물을 붓고 육수 재료를 넣고 끓인 후 대파 와 마늘은 건져 내고 육수는 면포에 거른다. ❷ 육수를 낸 쇠고기와 다시마는 건져서 먹기 좋은 크기로 썬다. ❸ 무는 다시마와 같은 크기로 썰고, 마늘은 다지고, 대파 는 어슷하게 썬다. ❹ 냄비에 ①의 육수를 붓고 쇠고기, 무, 다시마를 넣고 끓 인 후 저염 국간장으로 간을 하고 대파, 다진 마늘, 후춧 가루를 넣고 한 번 더 끓인다.

영양정보(1인분 기준): 에너지 75.4kcal, 탄수화물 2.5g, 단백질 9.1g, 지질 3.2g, 나트륨 136mg

 된장찌개	쇠고기(등심) 60g, 두부 160g, 애호박 100g, 감자 60g, 생표고버섯 20g, 양파 60g, 저염된장(찌개용) 32g, 저염 고추장 10g, 고춧가루 2g, 다진 마늘 4g, 대파 8g, 청양고추 4g, 홍고추 4g • 멸치다시마 국물: 국물용 멸 치 12g, 다시마 4g, 무 50g, 표고버섯 밑동	❶ 냄비에 800mL의 물을 붓고 멸치다시마국물을 넣고 끓 인 후 건더기는 건져낸다. ❷ 쇠고기와 표고버섯, 감자, 두부는 먹기 좋은 크기로 썰 고, 애호박은 은행잎 썰기 하고, 양파도 애호박과 같은 크기로 네모나게 썬다. ❸ ①에 저염 된장과 저염 고추장, 고춧가루를 넣고 끓으면 ②의 쇠고기, 표고버섯, 감자, 두부, 애호박, 양파와 다 진 마늘을 넣고 끓인다. ❹ 한소끔 끓인 후 대파, 청양고추, 홍고추를 넣고 조금 더 끓인다.

영양정보(1인분 기준): 에너지 105.0kcal, 탄수화물 8.7g, 단백질 8.9g, 지질 4.6g, 나트륨 247mg

쇠갈비구이	쇠갈비 680g, 식용유 약간 • 양념장: 저염 진간장 48g, 배즙 50g, 양파즙 10g, 다 진 파 28g, 다진 마늘 16g, 설탕 20g, 청주 12g, 물엿 10g, 깨(빻은 것) 2g, 참기 름 10g, 후춧가루 약간	❶ 쇠갈비는 찬물을 담가 핏물을 뺀 다음 갈비뼈의 살이 떨어 지지 않도록 포를 떠서 잔칼집을 넣는다. ❷ 양파와 배는 즙을 내고, 대파와 마늘은 다진다. ❸ 쇠갈비에 저염진간장, 배즙, 양파즙, 다진 파, 다진 마 늘, 설탕, 청주, 물엿, 깨, 참기름, 후춧가루를 넣어 만든 양념장을 넣고 주물러서 재운다. ❹ 팬에 식용유를 약간 두르고 갈비를 올려서 굽는다.

영양정보(1인분 기준): 에너지 614.9kcal, 탄수화물 16.2g, 단백질 28.9g, 지질 45.6g, 나트륨 392mg

자료: 배현주 외(2014).

1) 저나트륨 식단 조리법

- 식재료 본연의 맛을 최대한 살리고 음식의 간은 최소한으로 한다.
- 음식의 간을 할 때는 소금을 사용하지 않고 저염소스나 저염장류(표 7-1)를 이용하고 음식의 간은 조리의 마지막 단계에서 한다.
- 국·찌개·탕류 등 국물요리를 조리할 때는 멸치다시마국물이나 쇠고기, 무, 버섯, 채소 등을 이용하여 육수를 만들어 사용하면 음식의 맛을 내면서도 음식의 간을 최소한으로 할 수 있다.
- 생선이나 생선포는 구입 시 밑간을 하지 않은 것으로 구입하고, 질인 생신을 사용하여 조리 시에는 조리 전 쌀뜨물에 담가 염분기를 빼고 조리한다.
- 채소나 버섯 등을 볶을 때는 각 재료별로 양념을 하지 않고 볶아서 음식의 전체 염도를 낮춘다.
- 찜이나 조림요리에 저염진간장을 사용하면 색깔이 연해지므로 흑설탕을 사용하여 색깔을 낸다.
- 나트륨 저감화에 따른 음식 맛의 저하를 개선하기 위해 멸치, 다시마, 버섯 등의 천연조미료를 사용하고 배즙, 식초, 설탕, 마늘, 생강, 청양고추, 마른 고추, 깨, 참기름 등을 이용하여 양념한다.

2) 저나트륨 식단 상차림 및 식사법

- 식단관리자는 식단에 국이나 찌개를 포함하지 않거나 국이나 찌개 제공 그릇의 크기를 줄여서 제공량을 줄인다.
- 음식 조리 시간을 적절하게 하고, 상차림을 할 때는 가능하면 식사 테이블에 초고추장, 초간장 등 보조양념을 제공하지 않는다.
- 배추김치 40g 기준으로 저염김치를 이용할 경우 일반김치에 비해 나트륨의 양을 190mg 정도 적게 섭취할 수 있다.
- 자율배식을 하는 급식소에서 식사할 때는 절임류, 김치류, 양념 및 소스류 등을 적게 담아서 먹는다.

- 외식업소에서 음식을 주문할 때 음식의 간을 싱겁게 해달라고 요청하거나 양념, 소스 등은 미리 넣지 말고 따로 담아 달라고 한다.
- 가공식품을 구매할 때는 영양표시의 나트륨 함량을 반드시 확인하고 함량이 낮은 식품을 선택한다.
- 평소 칼륨이 풍부하게 함유되어 있는 채소류, 과일류 등을 충분히 섭취하면 나트륨의 체내 배설을 촉진할 수 있다.
- 외식할 때는 과식을 하지 않는다. 국·찌개·탕류를 먹을 때는 국물은 남기고 건더기 위주로 섭취한다.

표 7-3의 하루 식단은 표 7-1의 저염장류와 표 7-2의 저나트륨 조리법을 이용하고, 메뉴별 주·부재료의 1인 분량은 한국인 영양소 섭취기준의 식품별 1인 1회 분량

표 7-3 **저나트륨 한식 메뉴로 구성한 하루 식단의 열량과 나트륨 양**

구분	밥류	국/찌개류	주찬	부찬	김치류	열량 (kcal)	나트륨 양 (mg)
아침 식사	쌀밥 (혹은 잡곡밥)	북엇국	쇠고기장조림	얼갈이배추 된장무침	저염김치	577.1	1,111.1
점심 식사	쌀밥 (혹은 잡곡밥)	순두부찌개	돼지고기볶음	시금치나물	상추겉절이	758.2	1,104.2
저녁 식사	쌀밥 (혹은 잡곡밥)	오이미역냉국	쇠갈비구이	가지나물	저염김치	889.5	1,025.9
하루 합계						2,224.8	3,241.2

자료: 부고운(2015).

을 기준으로 하여 메뉴별 음식의 양은 감소시키지 않고 조리한 것이다. 하루 세끼 식단의 열량과 나트륨 양을 산출한 결과 열량은 2,224.8kcal, 나트륨 양은 3,241.2mg으로, 국이나 찌개류는 건더기 위주로 섭취하고 국물은 남기고, 저염장류와 저염김치 등을 섭취하면 일일 나트륨 섭취량을 더욱 낮출 수 있다.

나트륨 과다 섭취로 발생할 수 있는 심혈관질환과 고혈압 등의 만성질환을 예방하기 위해 나트륨의 하루 섭취량이 평균 2,300mg 이상인 경우에는 나트륨 섭취량

🕐 트렌드 살펴보기

뉴욕 식당의 고염분 메뉴 경고 표시 의무화

미국의 음식점 메뉴에는 음식 이름 옆에 다양한 기호가 등장하곤 한다. 별이 붙어 있는 것은 음식점에서 인기 있는 메뉴라는 의미이고, 고추 그림은 개수에 따라서 음식이 얼마나 매운지를 나타낸다. 소나 돼지가 그려진 경우도 있는데, 메뉴 이름만 읽어서는 언뜻 고기가 들어가지 않은 듯한 음식일 경우 채식주의자나 특정 고기를 먹지 않는 종교인들을 위해서 친절하게 성분을 그림으로 표시해주는 것이다.

뉴욕시는 지난 9월 통과된 '고염분 메뉴 경고 표시' 법안에 따라 2015년 12월 1일부터 미국 내에 15개 이상의 점포를 보유한 식당을 대상으로 성인 1일 나트륨 섭취 제한량인 2,300mg 이상(1티스푼 정도)의 소금을 함유한 메뉴 옆에 소금통 모양의 경고 표시를 의무화했다. 그리고 2016년 3월

1일까지 유예기간을 둬서 메뉴판을 교체할 수 있도록 했다. 또한 고염분 섭취가 심장질환과 뇌졸중을 유발할 수 있다는 문구도 삽입하도록 했다. 뉴욕시 위생국은 뉴욕 내 레스토랑의 전체 메뉴 중 10%가량이 2,300mg 이상의 나트륨을 함유하고 있는 것으로 보고 있다. 특히 애플비 레스토랑의 인기 메뉴인 '마카로니 치즈와 치킨텐더'는 나트륨 함량이 4,000mg가 넘는 것으로 표기되었다. 한편 고염분 경고 표시제 대상 업소는 뉴욕 전체 레스토랑의 약 3분의 1인 것으로 파악된다. 이에 해당하는 레스토랑은 메뉴판을 새로 바꿔야 하며, 2016년 5월 1일부터 이를 위반 시 200달러(약 23만 원)의 벌금이 부과된다.

WHO이 권고하는 성인 1일 나트륨 섭취량 제한량은 2,000mg인데 미국인들의 하루 평균 나트륨 섭취량은 3,400mg으로 WHO 권고량의 70% 이상을 더 섭취하고 있다. 짠 음식 섭취는 고혈압과 각종 만성질환의 원인이 될 수 있으므로 뉴욕시는 나트륨 섭취 줄이기를 위한 정책을 강화해가고 있다.

자료: 이코노믹리뷰(2015). 발췌 재구성.

을 줄이기 위한 식생활 개선이 필요하다. 앞에서 제시한 저나트륨 조리법과 상차림법을 적극 활용하면 평소 섭취하는 음식의 양을 줄이지 않고도 하루 나트륨 섭취량을 적정한 수준으로 관리할 수 있다.

2 / 저열량 식단

과잉 영양과 운동 부족 등으로 인해 과체중이나 비만인 현대인의 비율이 점차 증가하고 있다. 비만은 여러 종류의 만성 질환을 유발하는 주요 원인이므로 평소 정상체중을 유지하는 식생활관리는 건강한 식생활을 위한 필요조건이라고 할 수 있다.

　저열량 식단이란 평소 식사보다 양은 줄이되 영양학적으로 균형 있는 식사가 되도록 식단의 제공 열량을 제한하는 식단이다. 저열량 식단계획 시에는 개인과 집단의 건강과 영양상태 등을 주의 깊게 고려하여 적용해야 한다. 여기서는 체중 감량이 필요한 과체중이나 비만인 성인 남녀 중에서 다른 질환이 없는 경우를 대상으로한 저열량 식단계획과 조리법에 관해 살펴보도록 한다.

1) 저열량 식단계획

- 저열량 식단 계획을 위해 평소 하루 영양소 섭취량을 산출한다. 이때 식품의약품안전처에서 제공하는 '칼로리 코디' 애플리케이션 등을 이용하면 편리하다.
- 신장을 기준으로 **표준체중**을 계산한 후(부록 4 참조) 현재 체중에서 표준체중으로 감량하기 위한 목표를 설정한다. 일반적으로 요요현상 없이 체중을 감량하기 위해 저열량 식단을 활용하고자 할 때는 한 달에 2kg 정도를 감량하는 것이 적절하다. 체지방 1kg는 7,700kcal의 열량을 생성하므로 한 달에 2kg, 일주일에 0.5kg 정도를 감량하기 위해서는 일주일에 3,850kcal, 하루 평균 500kcal를 적게 섭취하도록 식단을 계획한다.
- 표준체중을 기준으로 4장의 에너지필요추정량 산출식을 참고하여 1일 적정 에너지 제공량을 산출한다. 이를 기준으로 감량 목표를 고려하여 1일 최저 평균

열량 섭취를 여성은 1,200kcal 이상, 남성은 1,500kcal 이상이 되도록 식단을 구성한다. 이때 식단에 각 식품군이 골고루 포함되도록 권장식사패턴(4장 참조)의 열량별 식품군의 배분을 참고하여 하루 세끼와 간식을 배분한다.

- 저열량 식단의 열량원 구성 비율(%)은 탄수화물 : 단백질 : 지질 = 55~60 : 20~25 : 15~20으로 작성한다.
- 단백질은 개인의 표준체중을 기준으로 하여 kg당 1.2~1.5g을 제공하도록 계획한다.
- 흰쌀밥, 흰식빵보다는 잡곡밥과 전곡빵 등으로 식단을 구성한다.
- 식이섬유가 풍부하게 포함되어 있는 채소류, 과일류, 해조류 등을 매끼 식단에 포함하여 평소보다 식사량을 줄여도 포만감을 느낄 수 있도록 구성한다.
- 과일류 중 당분 함량이 높은 과일의 지나친 섭취를 제한한다.
- 과일주스보다는 통과일로, 가당우유(초코우유, 딸기우유, 바나나맛우유 등)보다는 일반우유를 식단에 포함한다.
- 가능하면 자연식품을 이용하고, 가공식품을 식단에 포함할 때는 구매 시 영양표시를 확인하고 저지방, 저당 식품, 열량이 낮은 식품을 선택하여 구매한다.
- 간식은 지방과 당 함량이 높지 않은 식품으로 선택한다.
- 당 함량이 높은 과자류, 음료수, 아이스크림, 사탕 등의 간식류와 야식의 섭취를 제한한다.
- 그림 7-1은 현미밥, 시금치된장국, 두부구이, 도라지생채, 오이소박이 등의 한식 메뉴로 구성된 저열량 아침 식단(550kcal)의 예시이고, 그림 7-2는 일본 타니타

일본 타니타 식당 입구   저열량 일식 식단

그림 7-1 **저열량 한식 아침식단의 예**   그림 7-2 **저열량 일식 식단의 예**

식당에서 제공하고 있는 일식 메뉴로 구성된 저열량 식단의 예시이다. 일식 식단은 밥(100g)과 머스터드소스를 곁들인 치킨야키, 버섯과 양파를 넣은 콘소메수프, 양배추와 하루사메(春雨, 녹두가루로 만든 일식 당면)로 구성된 총 463kcal의 식단이다.

2) 저열량 식단 조리법

- 육류 조리 시 눈에 보이는 지방을 제거하고, 육수나 육류를 이용하여 끓인 국류와 탕류는 식혀서 굳은 기름을 걷어내고 사용한다.
- 육류 조리 시 튀김이나 볶음보다는 찜이나 삶기(편육 등) 등으로 조리한다.
- 버터, 쇼트닝, 마가린 대신 식물성 기름을 이용하여 조리하고, 식물성 기름을 이용하여 조리하는 튀김, 전, 볶음 등의 조리법도 최소한으로 이용한다.
- 프라이팬에 채소를 볶을 때는 기름 대신 물을 넣고 조리한다.
- 조리 시 설탕, 물엿 등을 최소한으로 사용한다.

3/ 채식 식단

최근 식생활이 서구화되면서 육류 섭취량이 증가하고, 곡류와 채소류 섭취량은 감소함에 따라 포화지방이나 콜레스테롤의 과잉 섭취 또는 섬유소의 부족 등이 건강 문제를 유발하면서 건강식에 대한 관심이 증가하고 있으며 채식을 선호하는 사람들이 늘어나고 있다. 채식을 선택하는 이유는 건강, 환경과 동물 보호, 경제적 이유, 종교적 제한 등 다양하다.

　채식주의자는 모든 동물성 식품을 먹지 않고 식물성 식품만 섭취하는 완전채식주의자(vegan), 식물성 식품과 우유 및 유제품은 섭취하는 우유채식주의자(lacto-vegetarian), 식물성 식품과 달걀은 섭취하는 달걀채식주의자(ovo-vegetarian), 식물성 식품과 우유 및 유제품·달걀은 섭취하는 우유달걀채식주의자(lacto-ovo-vegetarian), 생선류·해물류·달걀·우유·유제품·식물성 식품을 섭취하나 닭고기와 다른 육류는 섭취하지 않는 페스코채식주의자(pesco-vegetarian), 우유, 달걀, 닭고기까지는 먹는 폴로채식주의자(pollo-vegetarian), 대부분 채식을 하지만 때때로 육식을 하는 플렉시테리안(flexitarian) 등이 있다.

채식 위주로 편중된 식단은 음식물 섭취 종류의 제한과 섭취량의 부족으로 인해 총 열량이 너무 낮아 건강상의 문제를 유발할 수 있고, 단백질 식품 섭취가 줄어들면서 상대적으로 탄수화물 섭취비율 과다로 인한 비만 및 대사성 질병의 위험을 증가시킨다. 또한 낮은 아미노산 섭취와 이용률로 인해 성장 지연, 면역 결핍 등이 유발될 수 있고, 기타 비타민 결핍 등으로 인한 면역기능 저하와 빈혈 등의 여러 가지 건강 문제를 일으킬 수도 있다. 또한 일부 채식주의자들은 지방과 설탕 등의 과다 섭취가 문제가 되기도 한다.

그러므로 식단관리자가 채식 식단을 계획하는 경우에는 단백질, 철분, 칼슘, 아연, 비타민 D, 비타민 B_{12} 등의 영양소가 부족하기 쉽다는 것을 인식하고 식단 작성 시 영양면을 특히 주의 깊게 고려해야 할 것이다. 또한 정제되지 않은 곡류(현미), 두부, 두유, 콩고기, 청국장 등 콩으로 만든 음식, 견과류 등을 포함한 다양한 식품으로 채식 식단을 구성해야 한다. 특히 완전채식주의자를 위한 식단 조리 시에는 육수,

표 7-4 학교 급식소 채식 식단의 예

월	화	수	목	금
기장밥⑤ 얼갈이된장국⑤⑥ 순두부양념장⑤⑥ 시금치나물 모듬채소튀김①⑤⑥ 포기김치⑬ 에그타르트①②⑤⑥⑬ 초코우유②⑤ 귤	밤밥 들깨콩나물무침⑤ 떡볶이①⑤⑥⑬ 콩깐풍기①②④⑤⑥ ⑫⑬ 알타리김치⑬ 감(연시) 호상요구르트①②	오므라이스⑤ 유부뭇국⑤ 포기김치⑬ 갈릭바게트빵②⑤⑥⑬ 키위 우유②	강낭콩밥 근대된장국⑤⑥ 김치만두①⑤⑥⑬ 고사리나물⑤⑥ 두부강정①④⑤⑥⑫ ⑬ 호떡①②⑤⑥⑬ 포기김치⑬ 망고주스⑤⑬	보리밥 김치콩나물국⑤⑬ 얼갈이무침 스파게티(부식)①②⑤ ⑥⑫⑬ 콩고기양념구이②⑤ ⑥⑫ 포기김치⑬ 슈크림빵①②⑤⑥⑬ 사과(중)
836.9/23.7/455.7/5.6*	846.5/25.3/287.2/4.1	799/27/340.1/6.7	813.3/21.5/253.2/10.1	777.9/25.1/188/5.3

[알레르기 정보] ① 난류, ② 우유, ③ 메밀, ④ 땅콩, ⑤ 대두, ⑥ 밀, ⑦ 고등어, ⑧ 게, ⑨ 새우, ⑩ 돼지고기, ⑪ 복숭아, ⑫ 토마토, ⑬ 아황산염

* 식단의 영양량: 열량(kcal), 단백질(g), 칼슘(mg), 철분(mg) 순으로 표시함.

라드, 젤라틴과 같이 식품 내에 숨겨져 보이지 않는 육류(hidden meat)에 대해서도 알아야 하며, 간장·고추장 등의 양념류에도 동물성이 없는 종류를 활용하고 김치는 젓갈이나 액젓 등을 사용하지 않아야 한다.

최근에는 일부 단체급식소에서 급식 대상자의 요구를 반영하여 채식 위주의 식단을 제공하거나(표 7-4), 샐러드바(salad bar)를 상시 운영하고, 패스트푸드점이나 패밀리 레스토랑 등의 일부 외식업체에서도 샐러드바나 샐러드, 채소버거 등의 채소·과일요리 메뉴를 다수 제공하고 있다. 또한 채식 메뉴 위주로 운영되는 채식 뷔페나 사찰음식 전문점, 콩요리 전문점 등도 주위에서 쉽게 찾아볼 수 있다.

4 / 급식 이벤트 식단

이벤트(event)는 일시적으로 발생하며 기간, 세팅, 관리 및 사람의 독특한 혼합 또는 주어진 기간 동안 정해진 장소에 사람을 모이게 하여 사회·문화적 경험을 제공하는 행사 또는 의식으로 긍정적 참여를 위해 비일상적으로 특별히 계획된 활동이란 의미로 사용되고 있다.

최근 우리나라에서도 여러 산업 분야에서 기업의 새로운 이미지 구축과 홍보, 매출 증대를 위해 각종 이벤트가 적극적으로 도입되고 있다. 이에 급식산업에서도 계절, 기념일 등에 이벤트 식단을 제공함으로써 고객의 다양한 욕구를 충족시킬 수 있도록 노력하고 있다.

성공적인 급식 이벤트의 실행을 위해서는 계획 단계부터 이벤트 대상을 고려하여 그 대상의 요구와 인구통계학적·사회적·경제적·문화적인 특성을 정확히 파악하는 것이 무엇보다 중요하다. 또한 급식 이벤트 식단 제공을 위한 예산 확보와 함께 사계절이 뚜렷한 우리나라의 기후 특성을 고려한 메뉴 선택과 식공간 연출 등이 이루어져야 한다.

표 7-5는 중·고등학생과 대학생, 성인 남녀의 급식 이벤트 선호 순위를 조사한 결과이고, 표 7-6은 급식 대상자들이 선호하는 계절 및 세계음식 이벤트, 기념일 및 학교 행사 이벤트 식단의 예시이다.

트렌드 살펴보기

구내식당의 특별식

단체급식에서 특별한 메뉴를 제공하는 콘셉트 식단이 인기를 끌고 있다. CJ프레시웨이(대표이사 강신호)의 '프레시데이(Fresh Day)'는 단체급식장에서 맛과 건강을 동시에 챙길 수 있도록 구성한 특별 메뉴다.

'프레시데이'는 2013년부터 매주 수요일마다 해당일의 콘셉트에 맞춰 메뉴를 제공하고 있다. 전국 각지 유명음식을 단체급식 메뉴로 제공하는 '식도락 Day', 저나트륨/건강식을 제공하는 '헬시(Healthy) Day', CJ그룹 외식 브랜드의 인기 음식을 제공하는 '브랜드(Brand) Day' 등으로 구성돼 있다. 이에 맞춰 '제주도 고기국수', '경기도 부추보리비빔밥' 등 지역별 유명 음식은 물론 '빕스', '차

이나팩토리', '비비고' 등 CJ푸드빌의 외식브랜드 인기 메뉴를 단체급식과 접목해 선보여 높은 호응을 얻었다.

11월에는 식이섬유가 풍부한 '시래기'를 활용한 '시래기들깨된장지짐'과 뜨끈한 국물이 일품인 '유부우동', '만두전골'이 특별식으로 준비되었다. 특히 '제6의 영양소'로 불리는 식이섬유는 포만감을 높여주고 콜레스테롤 흡수를 알맞게 제어해주는 효과가 있어 실내에서 생활하는 시간이 많은 직장인들에게 도움을 주기 위해 프레시데이 메뉴로 선정했다는 게 회사 측 설명이다.

문종석 CJ프레시웨이 푸드서비스(FS) 본부장은 "단체급식은 저렴하면서도 트렌드에 맞춘 메뉴를 다채롭게 제공할 수 있다는 장점이 있다."며 "다양한 니즈에 맞게 끊임없는 변화를 시도해 매일 먹는 식사지만 항상 기다려지는 단체급식을 제공하겠다."고 말했다.

자료: 대한급식신문(2015. 11. 11). 구내식당, 오늘은 어떤 특별식이 나올까.

| 절기별 이벤트 식단 | • 설날: 쌀밥, 떡만둣국, 편육, 동태전, 나박김치, 식혜
• 정월대보름: 오곡밥, 쇠고기뭇국, 나물정식, 김구이, 포기김치, 부럼
• 삼복: 쌀밥, 삼계탕(또는 반계탕), 김치전, 오징어젓무침, 깍두기, 수박
• 추석: 밤밥, 토란탕, 돼지갈비찜, 버섯전, 오이소박이, 사과, 송편
• 동지: 팥죽(또는 팥칼국수), 도라지오이무침, 동치미, 인절미, 수정과 |

표 7-5 급식 대상자별 단체급식 이벤트 선호 항목

급식 대상	선호 이벤트 순위(%)
중·고등학생	세계음식 이벤트(83.5), 계절 이벤트(81.6), 건강 이벤트(71.8), 기념일 이벤트(69.0), 학교행사 이벤트(66.0)
대학생	계절 이벤트(85.2), 세계음식 이벤트(76.9), 건강 이벤트(73.1), 공휴일·기념일 이벤트(68.9), 고유명절·절기 이벤트(67.4)
성인	계절 이벤트(79.1), 건강 이벤트(65.1), 세계음식 이벤트(62.4), 기념일 이벤트(59.0), 고유명절·절기 이벤트(53.9)

자료: 배현주(2006); 박해정 등(2005a); 박해정 등(2005b).

표 7-6 급식 이벤트 식단의 예

이벤트 식단	설명
 [봄] 녹차새싹비빔밥, 왜된장국, 녹차완자전, 콩나물무침, 포기김치, 허브차	20~30대 직장 여성을 위한 친환경 이벤트 식단 제공. 다양한 새싹이 어우러진 녹차비빔밥과 녹차완자전을 주메뉴로 구성. 녹차는 신진대사를 원활하게 하여 피로를 회복시켜 주는 역할을 하며, 새싹은 완전히 자란 것에 비해 비타민과 미네랄 등의 성분이 풍부하므로 녹차새싹비빔밥은 업무에 지친 여직원들에게 적절한 영양소를 공급시켜주고, 봄의 춘곤증을 예방하면서 생활의 활기를 줄 수 있는 메뉴임. 돼지고기에 녹차가루를 첨가하여 완자전을 만들어 제공함으로써 녹차의 기능성을 살리면서 돼지고기 특유의 냄새를 제거. 후식으로는 봄의 향기를 느낄 수 있는 허브차 제공
 [여름] 쌈밥, 애호박된장국, 한방수육, 녹두전, 가지나물, 포기김치, 복분자차	성인 남녀의 여름철 선호 음식 쌈밥을 음식궁합을 고려하여 소양인에게 적합한 식단으로 구성. 열이 많은 소양인에게는 열을 내려주는 신선한 녹색채소와 과일, 쌀, 보리, 검은 깨, 가지, 녹두, 호박, 돼지고기, 구기자, 복분자 등이 좋으므로 이 식품들을 이용하여 식단을 작성. 특히 소양인의 위장질환의 원인이 되는 위열을 식혀주는 돼지고기에 소양인의 체질에 맞는 한약재인 당귀, 계피, 구기자를 넣어 한방수육으로 만들어 제공. 쌈밥 재료인 상추와 양배추도 찬 성질이 있으므로 소양인에게 좋고, 가지의 루틴그레스틴 성분은 혈관을 부드럽게 하여 고지방식인 돼지고기와 함께 먹었을 때 혈중 콜레스테롤수치의 상승을 억제하는 작용이 있음. 녹두는 노폐물을 해독하며 열을 내리고 더운 여름철 식욕을 돋우어줌
 [가을] 차조밥, 조개시금치된장국, 카레호두치킨, 단호박샐러드, 포기김치, 호두우유, 호박엿	대학 급식소 2학기 중간고사 기간에 학생들의 피로 회복과 두뇌 건강에 도움을 줄 수 있는 이벤트 식단을 제공. 국은 DHA와 비타민이 풍부한 모시조개와 비타민, 철분 등이 풍부한 시금치로 만들어 제공. 주메뉴인 카레호두치킨은 단백질, 불포화지방산, 철분, 칼슘, 비타민 B_1이 풍부한 호두가 기억력 증강 및 신경 안정에 도움을 줌. 호두와 함께 소화가 잘 되는 닭가슴살, 비타민과 무기질이 풍부한 브로콜리를 소화작용을 도와주는 카레소스에 버무려 제공. 단호박은 탄수화물, 비타민 A, 비타민 C가 풍부하여 두뇌 영양 공급과 면역력 증강에 도움을 줌. 후식으로 호두우유와 A학점을 기원하는 호박엿을 제공

(계속)

이벤트 식단	설명
 [겨울] 함박스테이크, 스파게티(토마토소스), 양상추샐러드, 마늘빵, 오이피클, 포도주스	학교 식당에서 친구들이나 커플끼리 좋아하는 음식을 먹으며 크리스마스를 즐겁게 보낼 수 있도록 20대 대학생이 가장 선호하는 외국음식인 이탈리아 음식을 크리스마스 이벤트 식단으로 구성. 스파게티와 샐러드에 사용된 토마토는 신진대사를 원활히 해주고 지방 분해를 도와 기름기 많은 음식과 함께 먹으면 소화를 촉진시켜줌. 요리에 많이 사용한 올리브유는 혈관 건강에 도움을 주며 항산화, 항균작용을 하여 전 세계적으로 각광받고 있음. 이벤트 메뉴와 어울리는 크리스마스 소품으로 식당 내부를 장식하여 성공적인 크리스마스 이벤트를 완성
 [창립기념일] 쌀밥, 쇠고기미역국, 돼지갈비찜, 잡채, 표고전/애호박전, 도라지생채, 포기김치, 호박떡, 국화차	회사의 창립기념일을 맞이하여 30~50대 직장인을 대상으로 이벤트 식단을 제공. 성인의 잔치음식 선호도 조사 결과 갈비, 미역국, 전, 잡채, 떡에 대한 선호도가 높았으므로 이 결과를 이벤트 식단 작성 시 반영. 필수아미노산이 풍부한 돼지갈비와 각종 채소와 버섯이 골고루 들어가 있는 잡채, 칼슘의 흡수와 이용을 촉진해주는 표고버섯전, 사포닌을 함유하여 기관지에도 좋은 도라지, 다량의 비타민을 함유한 식품인 호박은 직장인의 피로를 풀어주고 바쁜 일상의 업무에 지친 직장인들에게 건강과 영양, 맛을 동시에 충족시켜줄 수 있는 행복한 이벤트 잔칫상임.
 [졸업식] 자장면, 짬뽕국, 파인애플탕수육, 삼색냉채, 당초황과, 고구마맛탕, 자스민차	학창시절의 대표적인 행사인 졸업식날 급식소에서 제공할 수 있는 이벤트 식단으로 졸업식 하면 제일 먼저 떠오르는 음식인 자장면과 탕수육으로 구성. 기타 메뉴도 중국음식으로 구성하고 테이블 데커레이션도 중국풍으로 함. 돼지고기에는 양질의 단백질과 비타민 B_1이 풍부하여 학생들의 영양식으로 제공하기에 적합. 파인애플은 브로멜라인 효소가 들어 있어 단백질 소화를 도와주며, 고구마는 식이섬유가 풍부하여 변비예방에 도움이 됨. 겨울철 부족하기 쉬운 비타민과 무기질의 공급을 위해 여러 가지 채소를 이용하여 삼색냉채를 만들어 제공하고 소화를 돕고 체내 기름기 제거효과가 있는 자스민차를 후식으로 제공. 이벤트 식단을 정찬 스타일로 구성하여 졸업식 후 온가족이 함께 식사할 수 있도록 제공

자료: 대구대학교(2005).

5 / 국제회의 및 국제경기대회 식단

전 세계 국가의 국제교류가 활발해지면서 여러 국제회의나 국제운동경기가 정기적으로 실시되는 경우가 증가하고 있다. 각 행사의 식단 관리자는 일정한 예산의 범위 내에서 행사에 참여하는 참가자들의 나라·연령·기호·종교·활동수준별 특성을 반영하여 행사의 취지에 적합한 식단과 식공간 연출, 인력 및 시설·설비관리를 계획하고 실행해야 한다.

여기서는 2014년 인천아시안게임 선수촌 식단계획에 대한 예시를 통해 국제경기대회 식단계획 및 실행에 필요한 내용에 대해서 살펴보도록 하자.

1) 영양을 고려한 식단계획

- 아시안게임 참가 선수들에게 적절한 영양 공급을 하여 경기력을 유지시키고 향상시키기 위해 전체 선수들의 종목별 에너지 섭취요구량의 평균을 구하고 다른 국제대회 사례를 참고하여 1일 에너지 평균 추정량 4,000kcal를 기준(탄수화물 : 단백질 : 지질 = 60 : 15 : 25, 탄수화물 8g/kg/일, 단백질 1.5g/kg/일)으로 식단을 구성한다.

- 선수들의 경기 종료 후 40~60분 후부터 2시간 이내에 고탄수화물 식사를 경기 회복식으로 제공할 수 있도록 계획한다. 식단의 2/3는 밥류, 국수류, 빵류, 서류로 제공하고 1/3은 육류, 생선류, 두부류 등으로 제공하며, 조식과 석식에는 죽류를 제공한다. 과일류, 주스, 우유 및 요거트는 상시 제공할 수 있도록 계획한다.

2) 기호를 고려한 식단계획

- 운동선수들에게 기호도가 높은 파스타와 피자 등은 중·석식에 매일 제공한다.
- 아시아인이 선호하는 메뉴 중 당질 급원식품인 만두류 및 국수류를 중·석식에 다양하게 구성한다.
- 체중 조절이 필요한 선수들을 위해서 저지방(low-fat) 유제품, 저지방 드레싱, 저지방 주메뉴(main dish) 등의 저지방 음식을 제공한다.
- 운동선수 중 채식주의자를 위한 식단 및 채식 도시락 제공을 계획한다. 샐러드, 감자요리, 빵, 주스, 과일 등은 서양식 식단이나 도시락과 동일한 메뉴로 구성하되 육류를 대체할 수 있는 밀고기나 콩고기 등으로 주메뉴를 만들어 제공한다.

- 음식 알레르기가 있는 선수를 위해서 글루텐 프리(gluten-free) 식사, 유당 분해(lactose-free) 우유 및 유제품 등을 제공하고 주요 알러지 유발식품(난류, 우유, 메밀, 땅콩, 대두, 밀, 고등어, 게, 새우, 돼지고기, 복숭아, 토마토 등)이 포함된 메뉴에 대해서는 별도의 표기를 한다.
- 선수들의 음식 기호를 고려하여 메뉴명 표기 시에는 음식의 식재료와 샐러드 드레싱 혹은 소스 등 음식에 포함된 재료가 모두 포함되도록 표기한다.
- 선수들의 개별 기호를 충족시켜주기 위해서 선수들이 식재료를 직접 선택하면 조리사가 직접 조리해주는 즉석 조리 코너를 운영(예: 스파게티 등의 면요리 코너)하거나 선수들이 직접 식재료를 선택해서 조리해 먹을 수 있는 식공간을 제공해주면 좋다.

3) 국가별 식문화를 고려한 식단계획

- 국제경기에 참가하는 선수들을 위한 식단은 나라별·종교별 기호도를 고려하여 조·중·석식 메뉴를 한식·서양식·중식·일식·태국식·베트남식·인도식·이슬람식 메뉴 등으로 다양하게 구성한다(표 7-7, 8).

표 7-7 **국제경기대회 식단 운영의 예**

구분	선수촌 식단 운영 방식	식단의 예
2012 런던올림픽	선수촌 식당은 24시간 운영되며 하루 45,000식을 제공한다. 영국식, 유럽·미국·지중해식, 인도·아시아식, 무슬림식, 아프리카·캐러비안식 등 5개 코너로 운영되며 선수들이 음식을 골라 먹을 수 있도록 열량, 단백질, 소금, 지방 등의 함유량을 게시했다.	
2014 인천 아시안게임	선수촌 식당은 24시간 운영되며 총 3,500명을 동시에 수용할 수 있다. 선수촌 식단은 서양식과 할랄식, 동양식, 한식 등 총 548종의 메뉴가 5일을 주기로 제공되었다. 1식당 최대 83종의 메뉴로 구성되어 있고, 특히 이슬람권 선수단을 위해 철저한 할랄인증 식자재를 사용했으며, 할랄식은 별도의 조리구역에서 전용 기구와 시설을 활용하여 조리했다.	

자료: 연합뉴스(2012); 해외문화홍보원(2014). 발췌 재구성.

채소 샐러드   달수프   난   비리야니

그림 7-3 **무슬림이 즐기는 기본 식사 메뉴**

- 전체 참가인원 대비 각국의 참가인원을 고려하여 식단의 종류와 생산량을 산출한다.

- 참가자의 종교를 나라별로 분석하여 식단계획에 반영한다. 아시안게임의 경우 선수들의 종교 중 이슬람교가 전체의 35% 정도일 때 이 비율을 고려하여 이슬람 식단을 전체의 35% 내외로 제공한다.

- 이슬람 식단은 무슬림이 일상식으로 즐겨먹는 달수프(dal soup)와 난(nan), 커리(curry), 케밥(kebab), 탄두리 BBQ 등으로 구성하고 그들이 즐겨 먹는 터키햄, 터키베이컨, 치킨소시지 등과 요거트를 상시 제공한다(그림 7-3). 또한 이슬람식 메뉴의 경우 전체 식단 제공 라인에서 **할랄푸드**(halal food)임을 메뉴명 표기판(menu name tag)에 별도로 표기한다.

- 이슬람 식단에 들어가는 쇠고기, 닭고기, 양고기 등은 할랄육류(halal meat)를 사용해야 한다. 이 육류들은 기존 방식으로 유통되는 육류에 비해 단가가 높으므로 식단가 계산 시 이를 반영해야 한다.

- 이슬람권 선수들을 위해 할랄식 도시락을 별도로 준비하고 이때 사용하는 쇠고기, 닭고기는 할랄육류를 별도로 구매하여 사용한다. 나머지 도시락의 생산·운송·배식은 일반 도시락과 동일한 방법으로 실시한다.

표 7-8 아시안게임 선수촌 식단계획(저녁 식사 메뉴의 예)

Menu Items	Dinner Menu
Juice · Yoghurt	Orange Juice, Grape Juice, Plain Yoghurt
Porridge	Chicken Porridge
	Condiments: soy sauce, seaweed, Yellow Turnip
Bread	French Bread, Soft Roll, Rye Bread, Nan
	Condiments: Butter, Olive oil & Balsamico, Fruit Jam (Strawberry, Grape, Apple), Plain Yoghurt, Onion slice
Salad	Tossed Salad, Apple and cheese salad with roasted walnut and white balsamic vinaigrette, Green Salad, Egg salad with celery, onion and mayonnaise, Bellflower root-cucumber salad with sesame oil vinaigrette, Young summer radish kimchi
	Salad dressing: 3 kinds of dressing
	Condiments: Bacon, Parma cheese, Sliced almond, Crouton
Soup	Cream of Broccoli, Mixed ox bones, Chinese vegetable&Egg soup
Cold Platters	Assorted cheeses(2 kinds), Shellfish essence, Seafood Japchae
Hot Chafing dish	Buttered peas, Pan-fried zucchini with bell pepper, onion and chili-garlic sauce, Roast Beef Chinese Style, Steamed Beef Rib, Roasted pork tenderloin with crispy shallots and Dijon mustard sauce, Grilled Chicken with spice, Sauteed Prawn with tomato chilli sauce, Steamed Rice, Shrimp Fried Rice, Scalloped Potato, Steamed bun filled with minced pork andgravy, Cheese Pizza, Spaghetti with meat sauce
Fruit& Compote	Grape, Kiwi, Orange, Banana, Fruits Compote
Desserts	Assorted ice creams(3 kinds), Chocolate roll cake, Apple pie Assorted fresh cookies(2 kinds), Korean rice cake(2 kinds)
Beverages	Regular Coffee, Decaffeinated Coffee, Lipton Tea, Ginseng Tea, Green Tea, Jasmine Tea, Mineral water
	Condiments: Sugar, Cream, Lemon, Sweetener

자료: 홍진배 외(2013).

PART
3
글로벌 음식문화의 이해

음식문화의 개요

1/ 식생활의 문화적 이해

1) 자문화중심주의와 문화상대주의

누구에게나 선호하는 음식과 혐오하는 음식이 있다. 특정 음식에 대한 선호나 혐오는 집단의 문화적 차이에 의해서 결정되기도 하는데, 심지어 문화권에 따라 먹을 수 있는 것과 없는 것이 달라지기도 한다. 1988년 서울올림픽 때 한 유명 프랑스 여배우가 한국인이 개고기를 먹는다는 이유로 올림픽 보이콧을 주장한 이래, 한국의 개고기문화는 국제사회에서 논쟁거리가 되어 왔다. 한 나라의 고유한 식습관이 비난의 대상이 되는 것은 비교적 자주 관찰되는 일로, 1968년 일본 동경올림픽 때는 일본인들이 날생선을 먹는다고 미국에서 일본인들을 야만인 취급한 적도 있다. 이러한 예처럼, 자신이 속한 문화를 기준으로 다른 문화를 판단하려는 관점을 **자문화중심주의**(ethnocentrism)라고 한다. 자문화중심주의는 **문화절대주의**(cultural absolutism)의 한 형태로, 문화절대주의란 절대적인 기준으로 문화의 우열을 가리려는 태도로 각 문화의 고유한 특성이나 상대적 가치를 인정하지 않는다. 자문화중심주의는 자신의 문화만 우월하게 여기며 다른 문화를 비하하는 경향으로 나타나기 때문에 다른 문화에 대한 올바른 이해를 가로막는다. 자문화중심주의와는 대립되는 개념으로, 각각의 문화는 독특한 환경과 역사적·사회적 배경에서 형성된 것이므로 그 자체로 존중받아야 한다는 관점을 **문화상대주의**(cultural relativism)라고 한다.

자문화중심주의적인 태도는 서로 다른 문화를 가진 여러 국가와 민족이 더불어 살아가고 있는 세계화 시대에서는 바람직하지 않다. 특히 다문화가정이 지속적으로 증가하고 있는 현실에서 나와 다른 문화를 편견 없이 올바르게 이해하고 존중하는 것은 세계화를 이끌어가기 위한 밑거름이 된다. 그러나 모든 인간은 특정 음식문화를 학습하며 자라기 때문에 생소한 음식문화를 편견 없이 받아들이기란 결코 쉽지 않다. 문화상대주의적 시각은 저절로 형성되는 것이 아니며, 음식문화에 대한 폭넓은 지식과 이해가 바탕이 되어야 한다.

2) 식생활과 음식문화 연구

그동안 인간의 먹을거리와 관련한 학문은 식품의 생산과 관련한 농학 분야, 식품의 가공과 관련한 조리 분야, 식품이 인체에 어떻게 흡수되어 이용되는가와 관련한 영양학 분야로 집중되었다. 그러나 농학이나 조리학, 영양학에 대한 이해만으로는 인간의 식생활을 제대로 이해하기 어렵다. 먹을거리를 둘러싼 인간의 행동은 생물학적으로만 설명할 수 없으며, 매우 다양한 요인에 의해 영향을 받는 문화적인 행동이기 때문이다. 따라서 인간의 식생활을 주된 주제로 삼고 있는 영양학 분야에서는 인간의 식생활에 영향을 미치는 다양한 요인들을 이해해야 하며, 음식 섭취의 문화적 의미를 파악할 필요가 있다.

인간의 식품 섭취와 식사행위에 관한 심도 있는 연구를 위해서는 영양학, 화학, 생물학 등 자연과학 분야뿐만 아니라 사회학, 인류학과 같은 인문·사회과학 분야에 대한 이해가 필요하다(그림 8-1). 따라서 인간의 식생활을 다룰 때는 자연과학적인 지식에만 의존하지 않도록 주의해야 한다.

식생활 관련 전공자는 식생활의 문화적 의미와 다양성을 이해하고 음식문화에 대한 폭넓은 지식을 쌓아야 하며, 영양학적 측면에서의 음식문화 연구방법과 미래 식생활 문화의 발전적 방향을 모색할 수 있어야 한다. 이를 위해서는 다음과 같은 점에 주의하여 음식문화를 연구해야 한다.

- 첫째, 음식문화 형성에 영향을 미치는 요인들을 이해해야 한다. 음식문화는 각

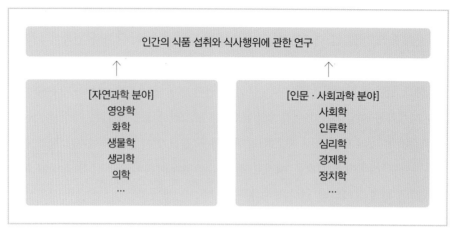

그림 8-1 **식생활 이해에 필요한 학문 분야**

각의 사회나 국가가 처해 있는 자연적, 사회적, 문화적, 경제적 환경과 역사적 과정에서 형성된 것이므로 이러한 요인들이 음식문화의 형성에 어떠한 영향을 미쳐왔는지 이해해야 한다.

- 둘째, 다각도에서 음식문화를 살펴보아야 한다. 음식문화는 식품의 획득과 선택, 조리와 가공, 상차림과 식사예절 등 먹을거리와 연관된 여러 현상 및 행동을 포함하고 있으므로 단순히 어떤 음식을 먹는가를 관찰하는 데만 그쳐서는 안 된다.
- 셋째, 서로 다른 음식문화를 비교·연구해야 한다. 음식문화는 비교·연구를 통해 그 차이점과 유사성을 발견함으로써 개별성과 특수성을 확인할 수 있으며, 특정 음식문화의 특성을 더욱 뚜렷이 이해할 수 있게 된다.

3) 식습관의 습득과 정착화

(1) 식습관 형성에 영향을 주는 요인

식생활 연구는 개인 또는 집단의 식품 선택과 섭취가 주된 주제가 된다. 따라서 개인의 식품 선택 및 식습관 형성에 대한 이해가 필요하다. 인간의 식품 선택과 섭취는 문화적인 현상이다. 인간은 생리학적으로 소화할 수 없는 흙, 석유 같은 것은 식품으로 선택하지 않는다. 그러나 완벽하게 먹을 수 있는 것 중에서도 먹지 않는 것

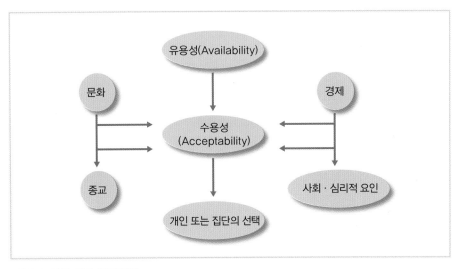

그림 8-2 식품 선택 패러다임
자료: P. Fieldhouse(1995). Food and Nutrition.

들이 존재한다. 개인 또는 집단은 주변의 유용한 식품(availability) 중 일부만을 수용하여(acceptability) 먹을거리로 선택하는데 이러한 과정에서 문화·종교·경제적 요인, 사회심리적 요인 등이 영향을 미친다(그림 8-2).

- 문화: 개인 또는 집단의 식품 선택은 문화적인 현상으로, 개인이나 집단이 어떤 문화권에 속해 있는지에 따라 식품 선택이 달라진다.
- 종교: 종교는 개인이나 집단의 식품 선택에 강한 영향을 미친다. 종교에는 특정 식품에 대한 금기나 허용에 대한 규칙이 포함되는 경우가 많기 때문이다. 돼지고기를 금기하는 이슬람교나 쇠고기를 금기하는 힌두교를 예로 들 수 있다.
- 경제적 요인: 소득이나 생활수준 역시 식품 선택에 영향을 준다. 우리나라의 경우 6·25 전후의 식생활과 현대의 식생활을 비교하면 쉽게 이해할 수 있다. 소득 격차에 따른 현대인의 식품 선택 차이 역시 경제적 요인이 주된 원인이다.
- 사회·심리적 요인: 세대나 연령, 가족 형태, 직업 등 개인의 사회적인 위치와 도시화·국제화·정보화 등 사회적인 변화 역시 식품 선택에 영향을 미친다. 심리적 요인도 중요한데 식품 선택은 개인과 식품 간의 관계, 즉 식품에 대한 개인적 경험에 따라 달라질 수 있다. 예를 들어 어릴 때 토끼를 죽이는 것을 본 사람은

커서도 토끼를 먹지 않게 될 수 있다. 심리적인 요인은 특히 개인의 입맛 형성에 큰 영향을 미친다.

(2) 식습관 형성과 사회화과정

캐나다의 영양인류학자 필드하우스(Fieldhouse)는 개인이 성장하면서 식습관이 어떻게 형성되고 정착되는지를 그림 8-3과 같이 설명하였다. 개인의 식습관은 3단계의 사회화과정을 거쳐 정착된다. 사람은 태어나서 가장 먼저 어머니로부터 입맛과 식습관을 익히며, 유아기에는 가족과 친구들을 통해 식습관을 배운다. 특히 가족과 함께 먹는 식사에서 각종 식사 규칙과 금기를 학습하게 된다. 그 후 청소년기에는 학교, 직장, 교회와 같은 사회집단을 통해 식습관의 두 번째 사회화 과정을 겪는다. 마지막으로 성인기를 지나면서는 건강 관련 캠페인 또는 전문가의 조언이나 교육 프로그램 등에 의해 영향을 받으면서 식습관의 재사회화가 일어난다. 현대에는 핵가족화, 여성의 사회 진출 확대 등으로 인해 가정에서의 식생활 비중이 축소됨에 따라 영양사와 같은 식생활 전문가의 역할이 생애주기 전반에 걸쳐 매우 중요해졌다.

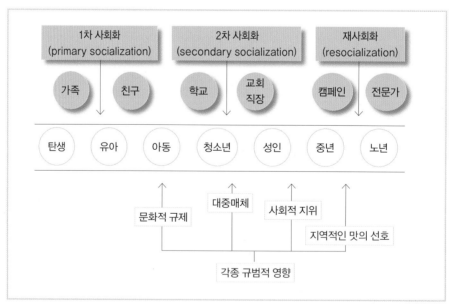

그림 8-3 **음식 습관의 습득과 정착화과정**
자료: P. Fieldhouse(1995). Food and Nutrition.

2 / 음식문화의 개념과 특성

1) 음식문화의 개념

경작이나 재배를 뜻하는 라틴어가 어원인 '문화'는 '자연'과 대립되는 단어로, '한 사회의 개인이나 인간 집단이 자연을 변화시켜온 물질적·정신적 과정의 산물'이라고 정의할 수 있다. 인간의 행동 대부분은 사람으로 태어난 뒤에 학습된 문화적인 행위이다. 이러한 개념을 음식에 적용해보면, 인간이 자연 상태의 먹을거리를 변화시켜 새롭게 창조한 것이나 먹을거리와 관련된 인간의 행동양식들을 음식문화라고 할 수 있다. 인간의 식생활은 2가지 면에서 동물의 식생활과 구별된다. 인간은 조리를 하며 공식(共食)을 한다는 점이다. 먹을거리를 자연 상태 그대로 먹는 동물과는 달리, 인간은 어떤 형태로든 조리를 해서 먹는다. 공식은 함께 먹는 것을 말하는데, 인간은 다른 인간과 더불어 먹음으로써 사회 구성원 간의 친목과 단결을 강화하는 사회적 행동을 한다.

따라서 음식문화는 '식품을 조리·가공하는 체계와 식사행동 체계를 통합한 문화'라고 정의할 수 있다. 음식문화의 범위에는 식품의 획득과 선택방법, 식품의 조리와 가공방법, 그리고 상차림과 식사예절 등 함께 먹기와 관련된 인간의 모든 행동이 포함된다. 그리고 어떤 식품을 선택해 어떻게 조리하고 가공하는지, 만들어진 음식을 언제, 어디서, 어떻게 먹을 것인지는 각 사회나 국가의 문화적 토양에서 결정된다. 프랑스의 유명한 미식가인 브리야 사바랭은 "당신이 무엇을 먹는지 말해주면 당신이 어떤 사람인지를 말해주겠다."라는 유명한 말을 남겼다. 이처럼 음식문화는 개인의 정체성뿐만 아니라 한 나라의 정체성을 나타낸다.

> 장 앙텔므 브리야 사바랭(Jean Anthelme Brillat-Savarin, 1755~1826)은 19세기 프랑스의 법관으로, 미식가이자 미식평론가로서 더욱 큰 명성을 얻은 인물이다. 그가 1825년에 저술한 《미각의 생리학(Physiologie du Goût)》은 미식 담론의 경전으로 평가받고 있다.

미식평론가, 장 앙텔므 브리야 사바랭

2) 음식문화의 특성

음식문화는 문화의 한 영역으로, 문화가 갖는 특성을 그대로 갖고 있다. 첫째, 음식문화는 생물학적으로 타고나는 것이 아니라, 자신이 속한 사회의 구성원에 의해 학습된다. 이렇게 학습된 음식문화는 세대에서 세대로 전달되며 사회화되는 과정을 거친다. 한편, 음식문화는 학습에 의해 변화되거나 다른 음식문화를 학습함에 따라 소멸될 수도 있다.

둘째, 음식문화는 여러 가지 요인에 의해 끊임없이 변화한다. 따라서 현재의 음식문화와 과거의 음식문화는 다를 수밖에 없다. 음식문화의 변화에는 생태적인 환경 변화뿐 아니라, 사회적·경제적·정치적 환경 등 다양한 요인이 영향을 미친다. 그렇지만 음식문화가 쉽게 변화하는 것은 아니며, 모든 문화는 변화에 저항하려는 움직임을 보인다.

셋째, 음식은 상징성을 지니고 있다. 경우에 따라서는 하나의 음식이 한 나라의 상징물이 될 만큼 음식이 갖는 상징성이 강하다. 그러나 음식의 상징성은 문화권마다 다르게 발달하기 때문에 같은 음식이라도 지역마다 상징하는 의미가 달라진다.

3/ 음식문화의 형성과 발전

1) 음식문화의 탄생

인간과 동물의 식생활을 구별하는 가장 큰 특징은 조리 여부로, 동물은 조리를 하지 않는다. 따라서 넓은 의미에서는 인간이 불을 사용하게 된 시점을 음식문화의 시작으로 보는데, 불의 사용은 곧 음식을 익혀 먹는 조리의 시작을 의미하기 때문이다. 인간이 불을 이용하기 시작한 것은 150만 년 전쯤으로 추측되며, 불을 사용하게 되면서 날것인 상태로는 먹기 힘든 식품의 섭취가 가능해졌다.

좁은 의미에서는 농업 혁명을 진정한 음식문화의 시작으로 보기도 한다. 인류가 농업을 시작한 것은 대략 1만 년 전으로, 농업 혁명이란 인간이 단순한 수렵이나 채

집에서 벗어나 곡류를 재배하고 가축을 사육하여 농업사회로 전환한 것을 말한다. 농업 혁명으로 인간의 식생활은 큰 변화를 겪게 되었는데, 가장 큰 변화는 육류 위주의 식생활에서 곡류 위주의 식생활로 바뀌었다는 점이다. 또한, 수렵과 채집활동이 줄어들면서 야생 동식물이 점점 인간의 식품 범위에서 제외되어 섭취하는 식품의 종류가 단순화되었다.

2) 음식문화의 형성

한 사회의 음식문화는 그 지역의 생태계에 적응하면서 여러 가지 환경적 요인의 영향을 받으며 발전되어온 것이다. 한 사회의 음식문화가 형성되는 데는 크게 **자연적 환경 요인**과 **사회·문화적 환경 요인**이 영향을 미친다. 이러한 영향 요인들은 각각 개별적으로 음식문화 형성에 영향을 미치는 것이 아니라 서로 밀접하게 연관되어 있다.

- 자연적 요인: 지형이나 기후, 토양 등으로 자연적인 요인에 따라 획득이나 생산이 가능한 식품이 달라지므로 식생활에 차이가 생긴다. 예를 들어, 벼농사에 적합한 기후와 지형을 갖춘 곳에서는 쌀을 주식으로 하는 식생활이 발달하며, 수질이 나쁜 지역에서는 차를 마시는 문화가 발달하게 된다.
- 사회·문화적 요인: 종교, 가치관, 의례, 경제상태 등과 같이 음식문화의 정착과 변화에 영향을 미치는 요인들이다. 각 시대의 식생활은 그 시대가 처한 사회·문화적 배경을 잘 반영하고 있다.

3) 음식문화의 변화

음식문화는 사회 구성원에 의해 습득·공유되며 학습에 의해 전달된다. 그러나 음식문화는 그대로 정체되어 있지 않으며, 주변 환경이나 문화 구성원들의 가치관에 따라 끊임없이 변화한다. 때로는 생태적인 변화나 경제적인 변화가 획득 가능한 식품의 종류를 바꾸어놓기도 하며, 다른 나라의 식품이나 식습관이 전해져 수용되기도 한다.

음식문화의 변화는 크게 발명, 전파, 문화접변에 의해 일어난다. 발명은 새롭게 만들어진 후 사회 구성원들의 수용에 의해 변화가 일어나는 것을 말하며, 전파는 말 그대로 문화가 전달되어 변화가 일어나는 것이다. 문화접변이란 2개 이상의 문화가 접촉 후 상호작용을 통해 변화가 일어나는 것이다. 본 장에서는 음식문화 변화에 중요한 역할을 하는 전파와 문화접변에 대해 살펴보고자 한다.

(1) 전파에 의한 음식문화의 변화

특정 문화가 한 지역에서 다른 지역으로 전달되는 것을 전파라고 하는데, 전파는 음식문화를 변화시키는 가장 큰 요인이다. 인류는 역사상 끊임없이 문화적 요소를 상호 전파해왔다. 그중 가장 대표적인 것이 1492년 신대륙 발견 이후 진행된 식재료의 전파이다. 콜럼버스의 교환(Columbian exchange)이라고도 불리는 유럽과 아메리카 대륙 간의 광범위한 교류로 인해 세계 음식문화는 일대 전환을 맞이하게 된다(그림 8-4). 오늘날 세계 식량 공급의 절반 정도를 차지하는 작물들은 신대륙이 원산지로 감자, 옥수수, 콩, 호박, 카사바, 토마토, 고추 등을 예로 들 수 있다.

식재료와 같은 물질적인 요소만 전파가 일어나는 것이 아니라, 식품의 조리법이나 가공법이 전파되기도 한다. 기독교, 불교, 이슬람교 등 주요 종교 역시 세계 여러 지역으로 전파되어 음식문화 형성에 지대한 영향을 미쳐왔다.

(2) 문화접변에 의한 음식문화의 변화

대부분의 경우 한 지역에서 다른 지역으로 전파된 문화는 그대로 수용되는 것이 아니라 기존의 문화와 상호작용하여 **문화변용**(acculturation)을 일으킨다. 문화변용이란 하나의 문화가 다른 문화와의 접촉을 통해 변화를 일으키는 현상을 말한다. 문

콜럼버스의 교환

1492년 콜럼버스가 아메리카에 도착한 이후 유라시아 대륙과 아메리카 대륙 간 광범위하게 이루어진 교류를 일컫는 말로, 1960년대 후반 크로스비가 《콜럼버스가 바꾼 세계》라는 책에서 처음 사용했다. 이 교류로 인해 옥수수, 감자, 고추 등 농작물이 유라시아에 전파되었고, 천연두나 홍역이 아메리카에 전파되면서 급격한 인구 감소가 나타났다.

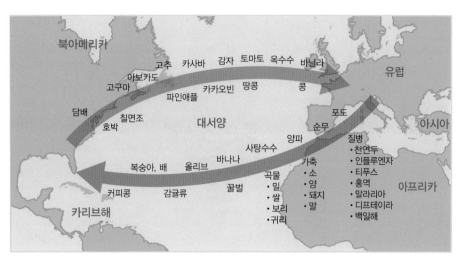

그림 8-4 **콜럼버스의 교환**

화변용의 결과, 기존의 문화가 새로운 모습으로 발전하기도 하지만 기존 문화가 소
멸되거나 새로운 문화에 동화(assimilation)되는 현상이 일어나기도 하며, 영양학적
으로 부정적인 결과를 초래하기도 한다. 미국으로 이주한 아시아인들이 서구식 식
생활을 받아들이면서 여러 가지 건강상의 문제가 나타나게 된 것은 문화변용의 부
작용이라고 할 수 있다.

4 / 음식문화의 구성요소

1) 식품의 획득과 선택

인간은 잡식성이지만 실제로 먹는 음식은 매우 제한되어 있으며, 문화권에 따라 어
떤 음식을 선택하느냐가 달라진다. 가장 대표적인 차이는 주식에서부터 나타난다.
기후와 토양 등 자연환경이 비슷한 지역에서는 대부분 동일한 식품을 주식으로 삼
는다. 주식이 무엇이냐에 따라 주식 이외의 식품 선택이 달라지며, 조리나 가공법,
상차림과 식사예절에서도 차이가 나타나므로 주식은 음식문화에 있어 가장 중요한
요소 중 하나라고 할 수 있다. 또한, 사회마다 주식은 강한 상징적 의미를 지니고 있

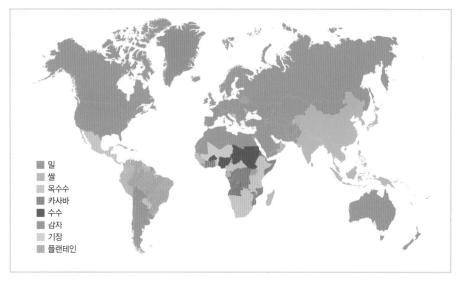

밀
쌀
옥수수
카사바
수수
감자
기장
플랜테인

그림 8-6 **세계의 주식**

기 때문에 쉽게 변하지 않는다.

세계인의 식생활은 주식에 따라 **쌀 문화권, 밀 문화권, 옥수수 문화권** 등으로 나눌수 있다. 세계 인구의 약 1/3은 쌀을, 1/3은 밀을, 나머지 1/3은 옥수수, 감자, 보리, 호밀, 고구마, 카사바 등을 주식으로 활용하고 있다. 이처럼 대부분의 지역에서 곡류나 서류 등 탄수화물 식품을 주식으로 섭취하고 있지만, 이누이트가 사는 지역처럼 육류가 주식인 곳도 있다. 대표적인 주식 문화권을 살펴보면 다음과 같다.

- 쌀 문화권: 기후조건이 쌀 재배에 적합한 동아시아, 서아시아 일부 지역에서는 쌀을 주식으로 생활한다. 쌀은 보통 밥이나 국수 형태로 소비되며, 쌀을 주식으로 하는 지역에서는 콩이나 생선을 주된 단백질원으로 이용하는 곳이 많다.
- 밀 문화권: 기후조건이 밀 재배에 적합한 유럽, 북아메리카, 인도 북부, 중동, 중국 북부, 북아프리카, 러시아 등에서는 밀을 주식으로 생활한다. 알갱이가 단단하지 않아 보통 제분하여 활용하는 밀은 빵이나 국수 형태로 소비되는 경우가 많다. 밀을 주식으로 하는 지역에서는 목축이 활발하게 이루어지기 때문에 육류와 유제품을 많이 섭취하는 특징이 있다.
- 옥수수 문화권: 멕시코, 페루, 칠레 등 중남미 지역과 아프리카에서는 옥수수를

주식으로 생활한다. 중남미 지역에서는 옥수숫가루를 반죽해 납작한 빵 형태로 소비하는 경우가 많고, 아프리카에는 옥수숫가루로 만든 죽인 우갈리를 먹는다.

2) 조리 및 가공방식

같은 식품을 선택하더라도 그것을 어떻게 조리하고 가공하느냐에 따라 음식문화는 달라진다. 세계 여러 국가는 같은 식품으로 서로 다른 조리법을 만들어내고 발전시켜왔다. 예를 들어 원산지에서 토르티야(tortilla) 같은 납작한 빵 형태로 조리해 먹던 옥수수는 유럽에 전해진 뒤 가난한 농부들에 의해 폴렌타(polenta) 같은 죽 형태로 조리되었다.

조리법의 발달에는 여러 가지 요인이 영향을 미치지만, 기본적으로 자연적인 환경이 영향을 준다. 물이 부족한 지역에서는 물을 최대한 적게 사용하는 방향으로 조리법이 발달한다. 스튜를 끓이면서 동시에 쿠스쿠스를 익혀내는 북아프리카의 조리도구인 쿠스쿠시에르(couscoussier)나 물을 따로 첨가하지 않아도 음식을 익힐 수 있는 타진(tajin) 냄비(그림 8-6)는 해당 지역의 자연환경과 연관이 있다.

조리법은 음식을 먹는 방법과도 관련이 있다. 예를 들어 손으로 먹느냐, 젓가락을 사용하느냐, 나이프와 포크를 사용하느냐에 따라 조리법이 달라진다. 음식철학 역시 조리법의 발달에 영향을 미친다. 음양오행이나 약식동원을 바탕으로 한 우리나라 음식문화를 살펴보면, 조리법에 이러한 철학이 잘 드러난다.

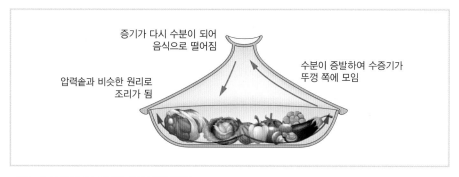

그림 8-7 **북아프리카의 찜기인 타진 냄비**

한편, 조리가 반드시 불을 이용해 익히는 것만을 의미하지는 않는다. 샐러드나 스시처럼 불을 이용하지 않고 인간의 손을 거치거나, 김치, 된장처럼 미생물의 힘을 빌려 발효시키는 방법 역시 조리의 범주에 포함된다.

3) 상차림과 식사예절

(1) 식사예절의 기원

예의를 표현하기 위한 구체적인 규칙을 예절이라고 한다. 예의를 어떤 언어와 동작으로 표현하는가는 사회에 따라 다르며, 식사예절 역시 마찬가지다. 인간이 특정한 식사예절을 만들고 발전시켜온 이유는 다음과 같이 설명할 수 있다.

- 첫째, 차이화의 수단으로 인간이 동물과의 차이, 인간끼리의 차이를 표현하기 위해 식사예절을 발전시켰다는 이론이다. 인간이 젓가락이나 포크, 나이프 등 식사도구를 발달시킨 것은 손으로 먹는 것이 식사도구를 사용하지 않는 동물의 행동에 가깝다는 개념이 일반화된 다음이다. 식사예절은 신분이나 계층을 구분하기 위한 수단으로 활용되었는데, 서양에서는 귀족들이 에티켓을 만들어 하위 계층과의 차이를 표현하였다.
- 둘째, 사교화의 수단이다. 식사는 공식을 하는 사회적 행동으로 이에 따라 식사를 같이하는 사람끼리의 상호 간섭을 조절하는 규칙이 필요해졌으며, 이 규칙들이 의례화된 것이 식사예절이라는 것이다. 다시 말해, 공통된 식사의 방법을 공유하여 함께 먹는 집단을 형성하고 그들 사이에 사교성의 문화를 발전시키게 된다.
- 셋째, 수치심을 가리기 위한 수단이다. 인간은 본능적인 행위에 속하는 먹는 모습을 남에게 노출하는 것에 수치심을 느끼기 때문에 식사예절을 통해 특정한 규칙을 만들어 지킴으로써 창피를 당하지 않으려고 했다는 것이다.

(2) 식사예절의 유형

식사예절은 다음과 같은 기준에 따라 그 유형을 구분할 수 있다.

- 인간의 속성: 사회적 인간관계에 의해 규정된 자기의 위치, 문화적으로 공통되는 원리에 의한 자기의 위치에 따라 식사예절이 달라진다. 사회적 인간관계에 의한 자기의 위치란 신분이나 계급을 말하며, 이러한 차이에 따라 식사예절이 달라지기도 한다. 문화적으로 공통되는 원리에 의한 자기의 위치란 성별, 연령 등을 말하는데, 성별과 연령에 따라 식사 행동방법이 달라지는 경우도 많다.
- 식사의 종류: 식사예절은 일상식인지 행사식인지에 따라 달라진다. 어느 사회나 일상적으로 먹는 식사와 연회나 제례 등 주요 행사에서의 식사는 그 규칙이 달라진다.
- 음식의 종류: 음식의 종류에 따라 식사예절이 달라지기도 한다. 예를 들어 포크 문화권에서도 빵은 손으로 먹으며, 젓가락 문화권인 일본에서도 스시는 손으로 먹는다. 또한 음료를 섭취할 때의 식사예절은 보통 다른 양상을 띤다. 일반적으로 술이나 차는 식사에서 독립하여 독자적인 예절 체계를 갖추고 있는 경우가 많다.

(3) 식사도구

식사도구에 따라 세계의 음식문화권을 분류하면 크게 수식 문화권, 젓가락 문화권, 포크와 나이프 문화권으로 구분할 수 있다(그림 8-7). 태국 등 일부 동남아시아 국가에서는 숟가락과 포크를 주요 식사도구로 사용한다. 동일한 식사도구를 사용하더라도 각 사회의 식생활 특성에 따라 식사도구의 모양이나 사용하는 방법 등은 다르다.

- 수식 문화권: 손으로 식사를 하는 지역으로 전 세계 인구의 약 40%가 수식 문화권에 속한다. 주로 아프리카, 서아시아, 동남아시아 등에 분포되어 있으며, 이슬람교를 믿는 아랍 국가 사이에서는 수식 문화가 일반적이다. 손을 이용해 식사한다고 해서 비위생적이라거나 식사예절이 없을 것으로 생각하기 쉽지만, 적절한 손동작을 사용해야 하는 등 복잡한 식사예절이 존재한다. 수식 문화권에서는 같은 식사도구를 공유하는 다른 문화권을 오히려 비위생적으로 여기기도 한다.
- 젓가락 문화권: 한국, 일본, 중국, 대만, 베트남 등 쌀을 주식으로 하는 동아시

그림 8-8 세계의 식사도구
자료: G. Fumey & O. Etcheverria(2004). Atlas mondial des cuisines et gastronomies.

아 주변 국가에서 발달하였다. 전 세계 인구의 약 30%가 젓가락 문화권에 속한
다. 젓가락을 사용하는 것은 공통적이나 각 나라의 식생활 특성에 따라 젓가락
모양에는 차이가 있다. 예를 들어 기름진 음식을 함께 나누어 먹는 중국의 젓
가락은 길고 끝이 뭉툭한 반면, 음식을 나누어 먹지 않고 생선을 발라 먹는 일
이 많은 일본의 젓가락은 짧고 끝이 뾰족하다. 젓가락과 함께 수저를 사용하는
방법도 조금씩 다르다. 우리나라에서는 숟가락과 젓가락을 모두 사용하지만,
일본은 주로 젓가락만을 사용해 식사를 한다. 중국의 경우 숟가락은 탕을 먹을
때만 사용한다.

- 포크와 나이프 문화권: 육식 문화권과 관련이 높다. 육식 문화가 발달한 유럽,
  러시아, 아메리카 등을 중심으로 포크와 나이프 문화가 발달하였다. 포크와 나
  이프를 주된 식사도구로 이용하는 서양의 문화는 17세기 이탈리아와 프랑스의
  궁정요리에서부터 발전하였으며, 아메리카, 호주 등으로 이주한 유럽인들에 의
  해 다른 지역까지 확산되었다.

(4) 상차림 유형

상차림 유형은 음식을 개인에게 어떻게 분배하는지에 따라, 그리고 음식을 상 위에 어떻게 배치하여 차리는지에 따라 다음과 같이 분류할 수 있다.

- 음식의 분배방법에 따른 상차림 유형: 상차림은 음식을 개인에게 어떻게 분배하느냐에 따라 **개별형**과 **공통형**으로 나누어진다. 개별형은 음식을 1인분씩 따로 담아 각 개인에게 제공하는 형태이다. 서양에서 1인분씩 접시에 음식을 담아서 서빙하는 형태나 태국의 칸토크, 인도의 탈리와 같은 상차림이 개별형에 해당한다. 공통형 상차림이란 음식을 1인분씩 따로 담지 않고 같은 그릇에 담긴 음식을 함께 나누어 먹는 형태로 아시아와 중동, 아프리카 등에서 흔히 볼 수 있다. 공통형 상차림의 경우에도 주식에 해당하는 음식이나 음료는 개인별로 분배하는 것이 일반적이다.
- 음식의 배치방법에 따른 상차림 유형: 음식을 상 위에 어떻게 배치해 차려내는지에 따라 **공간전개형**과 **시간전개형**으로 나누어진다. 공간전개형이란 식사에 포함된 음식을 한꺼번에 상 위에 차려내는 방법이다. 시간전개형은 음식을 한꺼번에 차려내지 않고 먹는 순서에 따라 시간 차를 두고 음식을 제공하는 방법으로 서양의 코스식 상차림이 대표적이다. 공간전개형 상차림은 **프랑스식 서비스**, 시간전개형 상차림은 **러시아식 서비스**라 부르기도 한다.

> 프랑스식 서비스란 공간전개형 상차림을, 러시아식 서비스란 시간전개형 상차림을 일컫는다. 프랑스와 이탈리아를 중심으로 한 중세 유럽 궁정에서는 많은 요리를 한꺼번에 차려내는 공간전개형 상차림이 일반적이었다. 시간전개형 서비스는 따뜻한 요리와 차가운 요리를 최상의 상태로 먹을 수 있도록 때에 맞추어 서비스하는 방법으로 러시아에서 발전하였다. 유럽에서 이러한 상차림이 일반화된 것은 19세기 후반, 러시아식 서비스가 보급되면서부터이다.

프랑스식 서비스와 러시아식 서비스

종교와 식생활

1/ 종교와 식생활의 이해

종교는 인류의 문화 형성과정에서 결정적인 작용을 해왔다. 종교적 상징과 의식 등은 다양한 문화적 산물을 창조하는 바탕이 되었고 종교의 기본 교리는 사회의 전반적인 틀을 유지하고 전승하는 발판이 되었다. 이러한 종교적 요소는 종교적 공동체에 속한 개인의 의식주 생활에도 지속적인 영향을 주었다. 근대 이후 계몽주의의 확산으로 그 영향력이 약화되었음에도 불구하고 종교는 아직도 개인과 집단의 정신적·문화적 기반으로서 사람들 삶의 많은 부분에 영향을 주고 있다.

종교는 특히 그 지역의 특정한 자연 및 사회 환경과 결합하여 인간의 식생활에 지대한 영향을 주었다. 이슬람교와 유대교에서 돼지고기를, 힌두교에서는 쇠고기를 먹지 않는 것과 같이 종교마다 음식과 관련된 종교적 금기(taboo)를 어렵지 않게 찾아볼 수 있다. 또한 세계의 종교 의식에서 찾아볼 수 있는 음식은 신에게 바치는 제물 또는 공동체가 즐길 수 있는 축제음식으로 항상 중요한 의미를 가졌다. 이러한 종교적 식생활은 자연환경에 유연하게 적응하는 합리적인 방법의 일환임과 동시에 심리적 안정, 사회적인 유대관계 확립 등의 2차적 기능을 수행하여 종교적 결속력을 강화시키는 역할을 하였다.

따라서 특정 지역의 식생활을 사회·문화적 측면에서 다각도로 이해하기 위해서는 해당 지역의 종교에 대한 기본적인 이해가 반드시 수반되어야 한다. 종교는 그 지역의 자연환경의 산물임과 동시에 음식문화를 계승하고 발전시키는 주체인 지역 주

그림 9-1 **세계 주요 종교의 분포**

민들의 정신적 기반이 되는 대표적인 관념적 요소이기 때문이다.

　그림 9-1은 세계의 주요 종교인 기독교, 이슬람교, 힌두교, 불교, 유대교의 지역별 분포를 나타내고 있다. 여기서는 예부터 오늘날까지 각 나라와 민족의 음식문화가 종교의 영향으로 어떻게 변화되어 왔는지 주요 5대 종교를 중심으로 살펴본다.

2 / 세계 주요 종교의 음식문화

1) 기독교와 음식문화

기독교는 예수를 구세주로 믿는 모든 종교로 로마 가톨릭(Roman Catholic), 동방 정교회(Eastern Orthodoxy), 개신교(Protestant)로 나누어진다. 전 세계의 기독교 신도는 약 21억 명(전 세계 인구의 약 31.5%)으로 가장 높은 비율을 차지하며 우리나라의 기독교 신도는 전체 인구의 약 29% 정도가 된다.

　전통적인 가톨릭에서는 예수 그리스도의 희생을 기리는 뜻에서 금요일에 고기를

세계 각국의
독특한
크리스마스
음식

프랑스

프랑스에서는 크리스마스 때 나무토막 케이크라고 불리는 부시 드 노엘(bûche de noël)을 먹는 풍습이 있다. 페리고르 지역에서 크리스마스 이브부터 새해 첫날까지 통나무에 불을 지펴 건강을 기원한 데서 유래했다고 하는데 이 케이크는 스펀지케이크에 크림을 발라 만든다. 이 부시 드 노엘은 전년에 때다 남은 땔감을 모두 태워 사악한 기운을 없애고 좋은 기운을 받아들이기 위해 만들어졌다고 한다.

부시 드 노엘

영국

크리스마스 푸딩(christmas pudding)은 영국에서 전통적으로 크리스마스 저녁에 먹는 음식이다. 다채로운 건과일과 달걀, 시트론, 생강 등을 넣어 만든 음식으로 질감을 촉촉하게 유지하기 위해 당밀을 첨가하기도 한다. 기원은 중세 영국까지 거슬러 올라가는데 구체적인 요리법은 17세기 혹은 그 이후에 등장한 것으로 알려져 있으며 지금의 모습과 맛을 갖추게 된 것은 빅토리아 시대라고 한다.

크리스마스 푸딩

독일

20세기 초부터 아이들이 크리스마스 시즌에 쉽게 구할 수 있는 사과와 호두, 아몬드 등의 견과류를 크리스마스 트리에 매달아두다 먹었는데 처음에는 그대로 먹다가 2차 대전 후 말리거나 굽는 문화가 퍼지면서 구워 먹는 것이 일반화되었다. 독일의 전통 크리스마스 빵인 슈톨렌(stollen)은 말린 과일과 설탕에 절인 과일 껍질, 아몬드 등의 견과류를 넣고 구운 것으로 예수 그리스도가 갓난아기 때 사용했던 요람의 모양을 본떴다는 설과, 옛날 독일 수도사들이 어깨 위에 걸쳤던 반원형의 옷을 본떴다는 설도 있다.

슈톨렌

이탈리아

크리스마스 이브는 이탈리아어로 '비질리아 디 마그로(vigilia di magro)'라고 하는데 이는 성당에서 육식을 금했던 날을 뜻한다. 따라서 이탈리아에서는 크리스마스 이브에 가족들이 모여 저녁 식사를 할 때 육류요리 대신 생선이나 해산물 요리를 즐겨 먹는다. 카폰 마그로(cappon magro)는 금식날에 먹는 수탉이라는 뜻의 새우, 조개 등 해산물과 채소를 곁들인 요리로 피라미드처럼 쌓아서 만든다. 육류를 먹지 않는 대신 빵과 빵 사이에 해산물을 채워

카폰 마그로

먹는 것이다. 카폰 마그로 맨 위에는 랍스터를 얹고 그 옆에는 푸른 올리브와 앤초비 등으로 장식을 한다.

자료: 동아사이언스(2015. 12. 23). 발췌 재구성.

먹지 않을 것을 요구하였으나 현대에는 사순절(lent) 기간에만 육식을 자제한다. 사순절은 재의 수요일(Ash Wednesday)부터 부활절 이브까지의 40일로, 이 기간에는 사람들이 육식을 자제하고 주로 빵과 채소를 먹으며 노래를 부르거나 즐거운 놀이 등을 하지 않는 금욕생활을 한다. 이와 같은 금식의 실행은 음식을 절제함으로써 신에게 인정받고 나아가 참회와 속죄를 하기 위함이다. 한편, 동방 정교회에서도 금식일에는 모든 종류의 고기뿐만 아니라 우유, 버터, 치즈와 생선의 섭취도 금한다.

사순절이 끝나고 **부활절**이 되면 달걀요리를 먹고, 이웃과 달걀을 선물로 주고받으면서 예수 부활의 기쁨을 함께 나누었다. 달걀은 귀한 음식이었기 때문에 부유층에서만 만찬에서 달걀을 먹을 수 있었고, 대부분의 기독교 신자들은 부활절 아침 식사 때에야 비로소 달걀요리를 먹을 수 있었다. 이에 반해 개신교에서는 빵과 와인, 또는 포도즙이 그리스도의 살과 피의 상징으로 이용되는 성찬식의 경우를 제외하고는 음식을 종교적 믿음과 의식의 일부로 사용하지 않는다.

지중해 지역에서 성장한 기독교는 고대부터 지중해 주변 국가의 주요 생산 식품을 이용하여 만든 빵, 와인, 올리브유 등을 예배에 이용하였고 이들 식품은 기독교의 음식문화를 대표하는 상징이 되었다. 기독교인들은 평소 주일뿐만 아니라 연중에는 크리스마스 연휴 등에 온가족이 모여 식사를 하면서 종교적 만찬을 즐기며, 나라마다 독특한 크리스마스 음식을 만들어 먹는다.

2) 이슬람교와 음식문화

이슬람교는 세계 주요 종교 중 가장 역사가 짧지만 현재 두번째로 많은 신도를 보유하고 있다. 전 세계적으로 약 16억 명(전 세계 인구의 약 22.3%)이 믿고 있는 이슬람교는 622년 사우디아라비아의 무함마드에 의해 시작되어 이라크, 이란, 요르단, 시리아, 터키 등의 서남아시아와 이집트, 알제리, 모로코, 나이지리아, 에티오피아 등의 아프리카 북부, 말레이시아와 인도네시아 등의 동남아시아와 파키스탄 등을 중심으로 전 세계로 전파되었다.

이슬람교에서는 종교적 행사로 태음력(太陰曆)의 9번째 달을 라마단으로 지정하여 해가 뜰 때부터 해가 질 때까지 의무적으로 금식을 하며, 하루 5번의 기도를 한다. 환자나 임산부, 어린이와 노인 등의 노약자가 금식을 하지 못할 상황이면 별도의 시간을 정해서 금식을 실시한다. 라마단 기간에는 주로 일출 1시간 전에 렌틸 수프 등으로 간단한 아침 식사를 하고, 일몰 후에는 금식을 멈추고 대추야자나 요구르트, 우유 등을 먹는다. 라마단의 마지막 날에는 '이드 일 피트르 축제'를 진행한다. 주로 각 지역의 중앙광장 등 많은 사람이 모일 수 있는 장소에서 기부를 받은 고기 스튜와 견과류, 바클라바(baklava)나 할바(halvah) 같은 단맛이 강한 디저트 등을 나누어 먹으면서 종교적 회합의 시간을 갖는다.

무슬림(Muslim)은 코란의 음식 규정에 따라 식사하고, 음식을 할랄(Halal, 허용된 음식)과 하람(Haram, 금지된 음식)으로 구분한다. 하람에는 강과 바다에 사는 깃 중

할랄인증

할랄인증(Halal Certification)은 '허락된 것'을 뜻하는 아랍어로 무슬림이 먹거나 사용할 수 있도록 이슬람 율법에 따라 도살·처리·가공된 식품에만 부여되는 인증마크다. 이슬람 국가에 제품을 수출하기 위해선 반드시 할랄인증을 취득해야 하므로 우리나라에서도 2011년부터 일부 기업을 중심으로 할랄인증을 받기 시작하였다.

우리나라의 할랄인증기관은 한국이슬람교중앙회(KMF)가 유일하다. 할랄인증서는 1년간 유효하며 1년마다 갱신해야 한다. 또한 할랄인증을 받고 6개월 후 중간 모니터링을 실시하여 인증업

우리나라 할랄인증마크

체의 할랄 생산관리가 적절하지 못하다고 판단될 경우 할랄인증이 취소될 수 있다. 전 세계의 할랄 시장 규모는 2조 2,000억 달러 정도로 추산되며 이 중 연간 500억 달러 이상으로 할랄식품을 다량 소비하는 나라는 인도네시아, 터키, 파키스탄, 이집트, 이란, 나이지리아 등이다.

각국의 공통적인 할랄인증 기준을 살펴보면 다음과 같다. 돼지고기는 부산물이나 성분을 포함하여 원천적으로 제외하고, 할랄로 규정된 동물(초식동물, 조류, 생선, 해산물 등)에만 엄격하게 제한적으로 적용된다. 소나 닭을 도축하는 사람은 반드시 성인 무슬림이어야 하며, 도축·도계장은 사육장과 철저하게 분리되어 있어서 사육장의 동물들이 도축 장면을 지켜보지 못하게 해야 하고, 도축에 앞서 아랍어 기도를 암송해야 하며, 도축은 한 번의 칼질로 신속하게 이루어져야 한다. 가공식품의 경우 생산에서 완제품까지 모든 제조공정에 돼지고기와 알코올 성분이 들어가지 않게 철저히 관리해야 하고 옥수수, 감자, 대두 등의 농산물은 유전자변형작물이 아님을 증명하는 확인서를 첨부해야 한다. 하청업체에서 공급받는 원료도 할랄에 준하는 요건을 갖추어야 하며, 동물성 원료와 이슬람 율법에 위배되는 소재를 사용하거나 공정을 이용하지 않았다는 확인서를 제출해야 한다. 효소는 그 유래를 확인할 수 있는 증빙 서류와 효소 배양액의 원료 목록을 제출해야 하며, 식품첨가물로서의 알코올은 제조공정 중에 부득이하게 자연 발생하는 경우에 한해서 0.5% 이내로 사용할 수 있다.

트렌드 살펴보기

할랄인증을 받은 '니맛', 한식 알리기에 일조

지난해 우리나라를 방문한 무슬림 관광객이 75만 명을 넘어섰고 2018년 전 세계 할랄 식품 시장 규모가 1,850조 원에 달할 것으로 예상되면서 한식 한류를 불러 일으키기 위해 식품업계가 발빠르게 움직이고 있다. 아워홈에서 운영하는 할랄푸드 브랜드 '니맛(Nimat)'이 인천국제공항 내 레스토랑 중에서 유일하게 할랄인증을 획득했다.

할랄(Halal)이란 이슬람 율법 '샤리아'에 따라 '허용되는 것'을 의미하는 아랍어로 할랄인증은 무슬림들이 먹거나 사용할 수 있도록 율법에 따라 도살, 처리, 가공된 식품과 공산품에만 부여된다.

아워홈은 지속적으로 증가하는 국내 무슬림 관광객과 깨끗하고 안전한 식품으로 각광받는 할랄 푸드의 세계적인 인기를 공략하기 위해 외국인들의 왕래가 가장 빈번한 공항 출국장을 주목했다.

'니맛'은 불고기와 닭갈비를 메인 요리로 한 한식 세트 2종과 대표적인 할랄 커리 3종으로 구성된 탈리세트 등 율법으로 인해 쉽게 한식을 접하지 못했던 무슬림은 물론 내국인도 편하게 즐길 수 있는 한식과 커리류로 메뉴를 구성한 점이 특징이다. 특히 '니맛'의 메인 한식 요리는 140여 명의 무슬림이 참여한 한식 선호도 조사를 통해 가장 높은 점수를 획득한 불고기, 닭갈비이며 국내 거주 무슬림 20여 명을 맛 평가단으로 임명하여 한식 메뉴 맛 개선에 참여하기도 했다.

아워홈 관계자는 "이번 한식 할랄인증으로 보다 많은 관광객들에게 한식의 맛과 멋을 선보일 수 있게 됐다."며 "다양한 식재 발굴과 요리 개발을 통해 전 세계 사람들이 모두 한식을 즐길 수 있도록 최선을 다하겠다."고 말했다.

자료: 대한급식신문(2015. 10. 29).

지느러미와 비늘이 없는 것, 돼지고기, 동물의 피, 죽은 짐승의 고기, 질식시키거나 때려서 죽인 짐승의 고기, 제사나 고사 상에 오른 고기, 할랄 의식을 거치지 않고 도살된 짐승의 고기 등이 있다. 동물을 도살할 때는 이슬람법에 맞춰 '비스밀라(하나님의 이름으로)'라고 외친 후 도살하고 할랄방식으로 도살된 고기에는 이를 표시하는 인증마크를 붙인다. 무슬림들은 오늘날 세계적으로 유통되는 유전자변형(GMO: Genetically Modified Organism)식품도 하람으로 분류한다.

무슬림들은 돼지고기를 먹지 않는 대신 양고기를 선호하며 양젖으로 만든 치즈와 요구르트를 즐겨 먹는다. 또한 생선을 좋아하고 마늘, 양파, 피망, 토마토 등의 채소류와 견과류, 과일류 등을 많이 사용하며 와인 이외의 술은 마시지 않는 대신 심

표 9-1 중동 당뇨 환자식 메뉴 개발의 예   (2,000kcal 기준)

구분	메뉴명	곡류	채소류	과일류	우유류	육류·두류	지방류	에너지 (kcal)
아침	에크멕브레드	2					1.5	171
	바바가누즈							102
	그릴할로미					1		94
	스크럼블에그					1		93
	라반샐러드		1					81
	올리브							20
	아라빅커피							2
	저지방우유				1			72
점심	피타브레드	2					1.5	210
	가지케밥					2		205
	토마토구이							47
	타볼리샐러드		1					85
	계절과일			1				50
	홍차							2
저녁	아라빅라이스	3					2	304
	그린빈양고기스튜					3		192
	올리브							20
	견과류샐러드		1					149
	계절과일			1				50
	플레인요거트(무가당)				1			56

자료: 대한영양사협회(2013).

신 안정에 좋은 차 종류를 많이 마신다.

최근에는 우리나라 의료기관에서 치료받는 외국인 환자 수가 30만 명 이상으로 매년 급속하게 증가하고 있고, 이 중 무슬림 환자 수가 증가하면서 중동 환자식 메뉴 개발 연구가 활발히 진행되고 있다. 표 9-1은 중동 환자식 중 2,000kcal 기준으로 작성된 당뇨 식단의 예이다.

또한 우리나라 학교 급식소에서도 급식 메뉴로 이슬람 음식을 제공한 사례가 있다. 대구 죽전초등학교에서는 이 학교에서 공부하는 이슬람문화권 다문화가정의 학생 5명을 대상으로 이들이 먹지 못하는 돼지고기 및 일부 메뉴를 달걀 및 콩류 식품으로 대체한 급식을 제공하고 있으며, 급식 조리과정에서 청주와 같은 약간의 알코올 성분도 모두 제외하고 조리하고 있다. 또한 주기적으로 급식에 대한 이슬람권 학부모의 의견을 모니터링하면서 이슬람권 학생을 위한 맞춤 급식을 제공하고 있다.

이와 같이 우리나라에서도 다문화가정이 점차 증가하고 있고, 무슬림 관광객이나 환자 등의 방문이 증가하면서 급식·외식업체에서 할랄 메뉴 개발이 요구되고 있다. 전 세계 할랄시장에 우리나라 기업의 식품을 수출하기 위해 이슬람문화권의 음식문화에 대한 연구를 지속적으로 추진해야 할 것이다.

3) 힌두교와 음식문화

약 4,000년 전 인도에서 시작된 힌두교는 인도 국민의 대다수가 믿는 종교로 전 세계적으로 힌두교도의 수는 약 10억 명(세계 인구의 약 15%)에 이른다. 힌두교는 여러 신의 존재를 부정하지 않는 다신교적 일신교로서 종교의 창시자가 없는 것이 특징이며, 브라만(Brahman)을 신앙의 대상으로 삼는다.

인도의 카스트제도(브라만·크샤트리아·바이샤·수드라)하의 힌두교도들에게는 각 계층에 따라 명확한 규칙과 규제 조항이 존재한다. 음식의 규제는 신분에 따라 다르며, 음식은 신분을 구분하는 수단으로 이용된다. 힌두교에서는 아무리 작은 생명체라도 죽이게 되면 브라만에게 해를 입히는 것과 같다고 생각하여 생명체를 죽이지 않는다. 특히 소는 생존과 풍요의 상징으로 우유와 치즈 등을 끊임없이 제공해주고, 분뇨는 연료로도 이용되며, 수레를 끌기에 가장 적합한 동물로 이용되어왔기에 소를 매우 신성시하였다. 따라서 힌두교도에게 쇠고기는 절대로 먹지 말아야 할 금기 식품 중 하나이다.

한편 카스트의 순위가 높을수록 육식은 금지하고 달걀을 먹는 것조차 거부한 채 철저하게 채식을 섭취한다. 인도 국민의 30% 정도는 채식주의자인데, 계율을 준수하는 높은 신분의 브라만들이 지키는 채식주의는 식사의 가장 우월한 형태로 인정받는다. 그러나 브라만 계급이 아닌 다른 신분의 사람들은 쇠고기를 먹지 않는 대신 닭고기와 양고기 등을 즐겨 먹는다.

한편 힌두교와 관련된 관습법이 자세히 기록되어 있는 《마누 법전(Code of Manu)》에는 식사에 관한 많은 법을 규정하고 있다. 힌두교인은 오른손을 신성하게 여겨 음식을 먹을 때는 오른손만을 사용하며 왼손을 사용하는 것은 예의 바르지 못한 행위로 간주한다. 음식은 보통 손가락으로 집어먹지만, 뜨거운 음식은 나무스푼을 사용한다. 또한 식사 중에 이야기하는 것은 무례하다고 여기므로 조용하게 식사를 끝마치고 나서 수세·양치한 후 이야기를 시작한다. 힌두교인들의 음식문화는 11장 동양 음식문화의 이해 중 인도 부분에서 자세히 살펴본다.

4) 불교와 음식문화

기원전 1,000년 중엽 인더스 강 유역에서 발원된 **불교**는 인도, 스리랑카, 동남아시아, 중국, 한국, 일본 등 전 세계에 전파되었고, 약 4억 9,000명(전 세계 인구의 약 7.1%)의 신도가 있다. 한편 우리나라의 불교 신자는 전체 인구의 약 23% 정도이다. 불교는 석가모니가 브라만교의 타락과 함께 깨달음과 자비, 윤회사상을 주장하면서 시작되었다. 석가모니는 브라만 계급이 행했던 동물 희생제가 사회적 빈곤과 생태적 위기의 원인이라고 판단하고 이 위기를 극복하기 위해 도살을 금지하였다.

불교도의 음식문화는 종파와 주거 지역에 따라 매우 다양하다. 불교에서는 개고기, 육식동물의 고기, 낙타, 털이 많은 동물의 고기 등은 불결한 음식으로 간주하여 금기시하였으나 중국의 불교는 식생활에서 육식을 금하지 않고 있고, 소승 불교를 믿는 티베트, 스리랑카, 미얀마, 태국 등의 승려들은 육류 및 유제품을 먹는다.

중국을 통해 우리나라에 전파된 불교는 후에 우리나라가 일본에 불교를 전파하면서 동아시아의 문화 발달에 많은 영향을 주었다. 불교에서 차는 승려들의 좌선수행에 있어 필수 음료였으며, 불교의 전파와 더불어 차도 전해지게 되었다. 우리나라에 4세기경에 전파되기 시작한 불교는 6세기에 신라와 백제의 국교가 되면서 불교 의식이 한반도 전역에 정착했다. 대규모 사원은 차만을 전문으로 바치는 차밭을 소유하고 있었고 궁중에는 차를 공급하는 부서(다방, 茶房)가 따로 설치되어 있었다. 연등회나 팔관회 같은 국가적인 의식은 차(茶)를 올리는 예(禮)부터 시작되었으며 외국 사신을 접대할 때에도 반드시 차를 내었다. 특권 계층 사이에서는 차가 선물로 쓰였다.

삼국시대에 백제가 일본에 불교를 전파한 것은 6세기(538년)였는데 7세기 후반부터 약 100년간 일본의 천황은 백성들이 동물을 살생하지 못하도록 금지시켰다. 8세기에는 불교를 국교로 삼고 불교의 이상에 따라 육식 금지가 국가 정책 중 하나가 되었다. 일본과 달리 중국과 한국에서는 승려에게만 육식을 금했다.

불교의 전통 **사찰음식**은 우유를 제외한 동물성 식품과 오신채(파, 마늘, 달래, 부추, 흥거)를 사용하지 않는 반면, 다양한 채소와 산채류·해조류를 이용한 음식과 함께 장류, 장아찌류 절임류, 김치류 등의 저장식품이 발달하였으며, 단백질 보충을 위해 콩이나 콩가공품을 많이 사용한다.

최근 사찰음식은 각종 성인병의 예방과 체중관리에 도움이 되는 건강식으로 인식되면서 영양 공급 과잉의 시대를 살아가고 있는 현대인들에게 많은 관심을 받고 있다. 또한 자연 친화적인 제철 식재료와 천연조미료를 이용하여 조리하고 음식물을 남기지 않는 발우공양은 환경 오염을 줄여주는 친환경적이고 건강한 식생활로 인식되고 있다.

> **사찰음식의 발전사**
>
> 우리나라에 불교가 전래된 뒤 국가에 의해 불교가 공식적으로 승인되고 받아들여지면서 불교정신이 담긴 음식문화가 전국적으로 전파되었다. 신라 법흥왕이 서기 529년 살생을 금지하라는 명을 내린 기록(삼국사기)과, 백제 법왕(재위 599~600)때 살생을 금지시키고 민가에서 기르는 매나 새매 등을 놓아주게 했을 뿐만 아니라 물고기 잡는 기구를 불태워버리고 고기 잡는 것을 일체 금지했다는 기록(삼국유사)이 법왕금살(法王禁殺) 항목으로 전해지고 있다. 이처럼 불교가 전래된 삼국시대에 왕실과 귀족들이 앞장서서 채식을 권장함으로써 불교적 식생활이 점차 확산되었다. 불교를 숭상했던 고려시대에는 육식을 자제하고 채식을 권장하는 식문화가 널리 보급되었고, 대규모의 각종 국가적 불교 의례를 거행하면서 사찰음식이 정교하게 발전했을 것으로 보이나 상세한 기록은 전해지지 않고 있다.
>
> 9~10세기에 이르러 우리나라에도 선불교가 본격적으로 전래되기 시작했고 선종의 노동윤리도 함께 들어왔다. 선불교는 초기에 중앙이 아닌 지방의 호족들에게 환영받으며 척박한 산중에서 수행생활을 유지했다. 물자가 부족하고 외부 지원이 빈약한 상황에서 스스로 먹을 것을 길러 먹는 선불교의 생활방식은 생존의 필수적인 선택이었고, 그 결과 한국 선불교에서 노동은 윤리(倫理)를 넘어 수행의 핵심적인 가치로 자리 잡았다.
>
> 한국 사찰음식은 이러한 과정을 통해 우리나라의 기후와 풍토에 적합하고 사찰에서 직접 길러 먹을 수 있는 농작물과 채소류를 주재료로 하여 발전해왔다. 숭유억불정책을 편 조선시대에는 불교가 일반 백성의 생활에 보다 깊게 파고들면서 서민들의 음식문화 속에 깊이 자리 잡게 되었다.
>
> 자료: 사찰음식(2015).

5) 유대교와 음식문화

유대교는 세계적으로 약 1,400만 명(전 세계 인구의 0.2%)이 믿고 있으며, 세계에서 가장 오래된 종교 중의 하나이다. 유대인의 음식법에서는 먹을 수 있는 동·식물, 가공식품을 지정하고 있을 뿐만 아니라 특정 음식을 조리하거나 제공하는 방식과 먹는 방식까지 규정하고 있다.

그 주요 내용을 살펴보면 첫째, 모든 동·식물은 식품으로 인정된 종류가 한정되어 있다. 네 발 달린 짐승 중 발굽이 갈라지고 되새김질하는 것으로 소, 양, 염소 등의 섭취와 닭의 섭취는 허용된다. 그러나 돼지나 낙타 등의 섭취는 금기시된다. 또한 지느러미와 비늘이 있는 생선만 섭취를 허용하고 어패류는 금지하였다. 식물로는 심은 지 삼년이 지난 나무, 과일과 십일조를 바친 밀, 보리 등 곡류를 코셔(kocher: 히브리어로 '합당한'이란 뜻)로 인정하되 와인, 치즈, 버터 등의 유제품과 조

코셔인증 식품

코셔(Kosher)란 유대교의 전통 율법에 따라 식재료 선정부터 조리까지 엄격한 기준과 절차를 거친 음식을 뜻한다. 이는 이슬람교의 음식 규율인 할랄푸드(Halal food)와 비슷한 개념이다. 이러한 코셔는 비단 이스라엘뿐만 아니라 미국, 캐나다, 유럽에서도 '깨끗하고 안전한 음식'으로 인식되면서 점차 각광받고 있다.

〈타임스오브이스라엘〉은 미국의 코셔식품 시장이 125억 달러(약 14조 원) 규모로 연간 12%씩 성장하고 있다고 전했다. 언론 보도에 따르면 유대인 인구가 많은 미국의 수퍼마켓 식품 60% 이상이 코셔인증을 받은 것으로 나타났다.

코셔인증마크

전 세계 코셔식품 시장 규모는 2,500억 달러(약 278조 원)에 이른다. 코카콜라, 네슬레, 하겐다즈 같은 상당수의 글로벌 식품업체가 코셔인증마크를 제품에 사용하고 있고, 북미와 유럽, 중동을 포함한 90여 개국에 코셔인증업체가 수천 곳이 있을 뿐만 아니라 랍비 네트워크 또한 잘 갖추어져 있어 50만개 식료품목에 대한 코셔인증을 현지에서 직접 받을 수도 있다. 하지만 해외에서 코셔인증을 받은 식품이더라도 이스라엘에 수입되는 모든 식품은 랍비청의 승인을 다시 받아야 한다. 이 과정은 복잡하고 비용도 많이 들어 제품가격의 상승을 유발하고 있으므로 코셔인증제도의 개선이 필요하다는 목소리가 높아지고 있다. 한편 이스라엘에서 생산되는 식품 중 코셔인증을 받지 않은 것이 전체의 5% 미만이다.

이와 같이 전 세계적으로 안전한 먹을거리와 웰빙 식품에 대한 관심이 늘면서 코셔푸드산업이 새롭게 각광받고 있다. 코셔인증을 받은 우리나라 제품에는 청정원의 천일염, 고려인삼공사의 후코이단 원료, 매일유업의 유기농 오트밀, 종가집 김치 등이 있다.

자료: 조선비즈(2014. 11. 24). 발췌 재구성.

리된 음식 등은 재료와 부재료가 모두 **코셔인증**을 받은 것만을 코셔로 인정한다. 유대교인들이 돼지고기를 금기시한 이유는 구약성서에 음식 규정을 만들 당시의 중동 지역의 환경 조건에서는 돼지고기의 식용이 적절하지 못했기 때문이라고 추측할 수 있다. 유대교인들은 식생활 환경이 달라진 오늘날에도 과거의 전통을 이어가고 있다.

둘째, 인정된 고기는 청결하게 준비되어야 한다. 뜨거운 피가 흐르는 동물은 의식에 따라 도살해야 하는데 모든 도살과정에는 랍비(율법학자)가 참석해야 하고, 도살은 동물을 최소한의 고통으로 도살할 수 있도록 훈련받은 사람인 쇼체트(Shochet)가 행해야 한다. 동물의 피는 신성한 것이기 때문에 피를 소비하는 것은 엄격히 금지되며 도살 후 피를 모두 뺀 고기만 먹어야 한다.

셋째, 우유와 모든 종류의 유제품은 고기와 혼합되어서는 안 된다. 예를 들어 스테이크를 먹을 때 우유는 물론, 유제품을 이용한 소스를 사용할 수 없다. 과거 중동의 따뜻한 기후에서는 고기와 우유를 혼합했을 때 부패하기 쉬웠기 때문에 이를 엄격하게 금해온 것이라 전해진다. 그래서 유대인이 많은 미국의 코셔 식당에서는 돼지고기와 조개류는 아예 팔지 않고, 육류와 유제품은 같은 그릇에 담지 않으며, 아침 식사로 우유나 유제품을 먹을 때는 소시지를 함께 내놓지 않는다. 또한 육류와 유제품을 함께 섭취해서는 안 되므로 '코셔 맥도날드'에는 치즈버거가 없고, 고기를 먹은 유대인은 우유가 들어간 카페라테를 마시지 않는다.

유대인들의 명절이나 축제일에 준비하는 음식도 음식법에 의해 엄격하게 규정되어 있다. 가장 큰 명절은 매주 맞이하는 안식일로 평소에는 유대인의 음식법을 지키지 않던 사람들도 안식일의 식사는 가족과 함께 유대 율법에 맞는 음식을 차려 먹는다.

한국 음식문화의 이해

1/ 한국음식의 특징

각 나라의 음식문화는 지역의 자연환경에 따라 생산되는 농·수·축산물의 영향을 받아 형성되고 발전되어왔다. 우리나라는 유라시아 대륙의 동북부에 위치한 반도국으로 북쪽은 육지로 대륙과 이어져 식문화의 교류가 용이했고, 동·서·남쪽은 삼면이 바다로 둘러싸여 어업기술의 발달과 함께 일본으로 식문화의 교류가 가능했으며 22만km^{2}의 작은 면적이지만 다양한 음식문화가 형성되었다. 또한 대륙과 해양의 식문화 발달과 함께 뚜렷한 4계절로 인하여 식생활문화가 발달하였고 건조법, 염장법 등과 장 담그기, 김장 담그기 등의 저장식품과 발효식품이 발달하였으며, 지역의 날씨와 풍토에 따른 향토음식이 발달하였다.

1) 주식과 부식의 구분이 뚜렷

벼농사를 위한 강우량과 일조량이 충분하여 쌀농사의 발달로 쌀을 위주로 하는 밥, 죽과 국수, 만두 등 주식과 밥을 맛있게 먹기 위한 부식으로 반찬이 다양하게 발달되었다.

2) 다양한 음식 종류와 조리법

주식으로 밥, 죽, 국수, 만두, 떡국, 수제비 등이 발달하였고, 부식으로 국, 찌개, 찜, 전골, 구이, 전, 조림, 볶음, 편육, 나물, 생채, 젓갈, 포, 장아찌, 김치 등 다양한 조리 법이 발달하였다. 후식으로는 떡, 한과, 화채, 차, 술 등이 있고 간장, 된장, 김장, 젓 갈 등 다양한 발효음식이 발달하였으며 채소건조법, 포 만들기가 발달하였다.

3) 계절에 따른 시식과 절식

설날의 떡국, 정월대보름의 오곡밥과 묵은 나물, 부럼, 3월 삼짇날의 진달래화전과 화채, 5월의 수리취떡, 삼복의 삼계탕, 추석의 송편과 닭찜, 동지의 팥죽, 섣달의 전 골 등 절기에 맞는 음식을 만들어 먹었다. 계절마다 장 담그기, 젓갈 담그기, 김치 담그기, 채소와 포 말리기 등으로 저장식품을 비축하여 1년 동안 섭취하였다.

4) 향토음식의 발달

각 지역의 특산물을 활용한 조리법이 발달하였다. 감자, 옥수수, 메밀 등의 잡곡 생 산량이 많은 강원도에서는 강냉이밥, 감자송편, 메밀막국수 등이 발달하였고, 호남 평야의 풍부한 곡식과 각종 해산물이 많이 수확되는 전라도에서는 전주비빔밥, 홍 어어시욱, 홍어회 등이 발달하였다. 전복, 옥돔 등의 생산량이 많은 제주도에서는 전 복죽, 옥돔구이 등이 유명하다.

5) 약식동원의 발달

음식과 약의 근본을 같은 것으로 인식하는 **약식동원(藥食同源)**의 개념이 존재하여 음식을 보약으로 여기며 만들고 섭취하였다. 이러한 경향은 약과, 약식, 양념 등 음 식명에도 나타난다.

2/ 한국음식의 역사

1) 선사시대

농경생활 이전인 구석기시대에는 산야에 자생하는 열매와 구근류, 짐승, 강과 바다의 어패류를 통한 자연물이 식량의 주를 이루었다. 이후 신석기시대에 농업이 시작되어 원시농업과 목축이 실시되었다. 강변 주위에 살면서 수렵으로 생계를 유지하고, 중국 동북아에서 이주민이 들어오면서 농업을 시작하여 강변에서 구릉지로 취락 형성 후 잡곡 농사와 농작물 재배가 시작되었다.

신석기와 청동기시대에 걸쳐 자연 발효된 술 빚기, 떡, 미숫가루, 구운 요리, 토기를 이용한 죽과 찐 음식 등이 발달하였다. 이후 기원전 4세기경 철기문화의 전래로 농업기구가 발달되어 농업이 크게 발전되었다. 이 시기에 부여, 고구려, 동예, 옥저, 삼한의 연맹국이 형성되어 추수감사의 다양한 행사가 이루어졌다.

철기시대에 중국에서 우리나라로 보리농사가 전파되었다고 추정되며, 우리나라에서 일본으로 벼농사를 전파하였다. 철기시대 음식으로는 발효식품으로 술 빚기와 장 담그기, 어패류와 고기류의 절임법, 고기를 모닥불에 구워먹는 맥적의 발달, 시루를 이용한 찐 음식의 발달 등이 있었다.

2) 삼국시대

삼국시대는 고구려, 백제, 신라의 삼국을 거쳐 통일신라시대에 이르면서 한국 식생활의 체계가 성립되었다고 할 수 있다. 쌀, 보리, 밀, 콩, 팥, 녹두 등의 주요 곡물 재배와 어업기술 및 축산기술의 발달로 조리법의 기본이 형성되었다. 삼국시대에 확돌, 절구, 맷돌, 디딜방아 등이 발달되어 식생활에 큰 변화를 주었으며, 고구려 고분벽화에서 입식 주방과 부뚜막의 주방설비를 추측할 수 있다.

삼국시대의 음식으로 1월 15일 정월 보름날의 명절음식인 찰밥 또는 오곡밥이 현재까지 유래되고, 설기떡으로 해석할 수 있는 설병, 제물로 이용된 감주는 오늘날 식혜로 전해지고 있다. 삼국시대는 무쇠솥을 이용한 밥 짓기가 일반화되었다. 또 발효식품의 일상화가 정착되어 메주를 쑤어 소금물에 숙성시킨 간장과 지금의 청국장류인 시(豉)가 발달하였고 어패류를 소금에 절인 젓갈, 김치류의 원조인 채소를 소금에 절인 것, 생선, 조개, 고기를 말린 포 등이 발달하였다. 이외에도 구이, 찜, 나물이 발달하였고, 신라 27대 선덕왕 때 중국에서 차가 전래되었다.

3) 고려시대

고려 이전까지 일상음식의 기본으로 한 밥상차림이 이루어졌다면, 고려시대에는 반찬음식 및 떡과 과정류의 발달로 의례음식과 명절음식이 발달하였다. 고려 태조 때는 불교를 호국신앙으로 선포하여 육식 절제와 근검절약이 강조되었고 토지 정책의 개선으로 미곡이 증산되어 곡류음식과 채소음식, 병과류와 차가 발달하였다. 또한 양조기술의 발달로 양조업이 확대되었다. 고려 중기에는 목장이 확대되고 식용육의 사육이 증대되어 육식선호문화가 형성되었고, 고려 후기에는 유교에 준한 가례양식이 생겨났다.

> **고려시대의 음식문화**

• 고려시대 미곡의 증산
양곡 생산 증대를 국가 정책의 기본으로 하여 설기떡, 지진 떡, 약식이 현재의 조리법으로 만들어졌음을 확인할 수 있고 한과류로 약과, 강정, 다식, 과편, 엿강정 등이 매우 발달하여 차와 과정류로 다과상을 차리거나 혼례음식, 잔치음식, 제사음식에 자주 등장하였다. 이외에도 국수, 만두, 상화, 동지팥죽을 애용하였다. 미곡 생산의 증대로 청주, 탁주, 소주, 과일주 등 술과 양주업이 발달하였다.

• 불교정책과 식문화
불교를 호국신앙으로 하여 채소 재배가 활발하고 사찰음식이 발달하였다. 재배채소, 산나물, 들나물, 버섯류 음식이 발달하였다. 쌈 싸기와 두부음식도 발달하였다.

• 고려 후기 고기음식과 후추의 수입
고려 중기 이후로 육식이 복원되었다. 현재의 육적에 해당하는 설야멱적과 설농탕, 갈비구이와 양구이가 대표적 음식이다. 또한, 고려 초부터 해외 무역이 왕성해져서 고기요리에 필수인 후추가 수입되어 소비되었다.

4) 조선시대

임진왜란을 전후하여 고추와 호박 등 남방식품 수입, 온돌 설비의 보급으로 식사의
양식이 좌식으로 발전하였고, 조선 중기 모내기 실시로 광작농이 확대되고 지방의
유림문화가 활발해지고 가부장적 대가족이 일반화되면서 통과의례와 향토음식이
발달하였다.

조선시대의 음식문화

• **농법계몽을 위한 농서 발간**
《농사직설》, 《산림경제》, 《북학의》, 《목민심서》, 《증보산림경제》 등을 발간하여 농업의 발전을 국민의
식량 공급을 위한 기본으로 하였으며, 모내기 실시로 광작농의 확대가 가능해졌다. 이는 농촌 식생활문
화와 향토음식의 발달 계기가 되었으며, 대동법의 실시로 쌀을 국가 공용의 실물 화폐로 활용하였다.

• **외래식품의 유입과 재배**
고추는 1,600년 전·후기에 들어와 김치와 고추장에 활용되었다. 또한 고구마와 감자, 호박, 수박, 토
마토, 옥수수가 들어와 재배되었다.

• **의식동원의 식생활**
조선 세종대왕 때 추진된 향약 연구로 식생활에서도 죽, 떡, 음청류를 적극적으로 활용하였다. 1809년
빙허각 이씨의 《규합총서》〈술과 음식편〉에서는 《동의보감》과 《향약집성방》을 인용하여 음식 활용을
기록하였다. 그 예로 율무죽, 연뿌리가루죽, 마죽, 건모과탕, 구기차, 당귀차, 제호탕, 오가피주, 복령
주, 당귀주 등이 있다.

• **구황음식**
기후 변화는 인력으로 제어할 수 없는 것이어서 농사를 주로 하던 과거에는 식량 비축이 필수적이었다.
따라서 비축이 가능한 구황식품 보급을 위해 산야의 어린 식물의 잎, 열매, 뿌리 등에 관한 책인 《구황
촬요》가 나왔다. 조선시대 책에서도 소나무의 잎과 껍질 이용법, 콩깍지와 콩잎의 활용법, 칡뿌리, 쑥
등의 이용법을 구체적으로 안내하였다.

• **의례음식의 발달**
유교의 영향으로 가부장제 문화가 정착되고 의례를 중요시하게 되어 혼례, 상례, 제례 상차림이 발달하
였다.

5) 개화 이후 1900년대

조선왕조 말기 고종 19년(1882) 한미수호조약 이후 미국 공사가 한국에 주재하면서 민영익을 전권대사로 미국에 파견하고, 함께 수행한 유길준이 《서유견문록》을 간행하였으며, 러시아 공관에 있던 손탁 여사가 고종을 보필하고 손탁호텔을 운영하는 등 여러 계기로 서양 식문화 도입이 시작되었다. 커피 역시 이때 도입되었다.

조선시대 말기부터 1960년대까지는 일제강점기와 6·25 전쟁을 겪으면서 식탁에 올라가는 음식이 매우 궁핍해졌다. 일반인들은 나물류와 저장식품을 주로 먹었으며 고기는 명절에나 먹을 수 있는 특별식이 되었다. 이 시기를 대변할 수 있는 용어로는 보릿고개가 있다. 이 용어는 지난 가을에 수확한 양식은 바닥이 나고 보리는 미처 여물지 않은 5~6월(음력 4~5월), 농가의 식량 사정이 매우 어려운 고비를 의미하는 것으로 농촌의 어려운 경제생활을 나타낸다. 1960년대 초까지만 해도 초근목피로 연명하여 부황증(浮黃症, 오래 굶어 살가죽이 들떠서 붓고 누렇게 되는 병)에 걸린 농민들을 흔히 볼 수 있었다.

한국인이 보릿고개에서 벗어난 것은 1960년대 후반 경제 개발 5개년계획이 실시된 이후부터라고 할 수 있다. 1963년 제3공화국 수립 후, 공업국으로 전환을 시도하는 과정에서 단기적으로 미국 등에서 식량을 대량 수입하여 양곡 부족을 해결하였다. 중·장기적으로는 통일벼 등 벼품종 개량과 비료·농약의 공급 확대 등으로 식량 증산에 힘써 식량의 자급자족을 도모하여 농민의 소득 증대와 생활환경 개선이 진전됨에 따라 보릿고개도 서서히 사라져갔다. 1970년대에는 식량증산정책과 경제 성장에 따른 국민소득의 증가로 식생활이 질적으로 변화되었다. 1980년대에는 1인당 국민소득이 6,000달러로 증가하고 핵가족화와 여성 취업 증대, 가공편의식품의 일반화, 외식의 증가 등으로 식문화에 큰 변화가 생겨났다. 또한 해외여행의 증가로 식문화의 서구화가 일반화되었다.

3/ 한국의 세시풍속과 음식

시식(時食)은 봄·여름·가을·겨울이라는 4계절에 따른 음식을 의미하며, 절식(節食)은 매월 섭취하는 음식을 뜻한다.

1) 시식

봄에는 겨울 동안 부족했던 비타민을 보충하기 위해 진달래화전, 쑥송편, 송기떡, 잡과병, 탕평채, 도미찜, 두견주, 웅어, 민어 등을 먹었다. 여름에는 더위로 저하된 체력 회복을 위하여 영계백숙, 임자수탕, 육개장, 개장국, 증편, 약소주, 편수, 밀쌈을 먹었다. 가을에는 오곡백과가 무르익는 수확의 계절이어서 화양적, 토란, 오려송편, 율란, 조란, 대추초, 밤초, 국화전, 국화주를 먹었다. 겨울에는 추위를 덜 타려고 지방이 풍부한 전골, 열구자탕, 만두, 설렁탕, 시루떡, 김장김치, 강정류 등을 먹었다.

2) 절식

(1) 1월 정월

- 1월 1일: 새해 첫날을 맞이하는 의미로 세찬 및 세주로 차례를 지낸다. 이날 먹는 음식으로는 떡국, 만둣국, 약식, 약과, 다식, 정과, 강정, 빈자떡, 편육, 족편, 누름적, 떡찜, 전복초, 숙실과, 수정과, 식혜, 세주 등이 있다.
- 정월대보름: 정월 15일은 신라시대 소지왕이 까마귀의 도움으로 위기에서 벗어난 후 찹쌀

그림 10-1 **떡국**

밥을 지어 까마귀의 제사를 올렸다는 이야기가 전해지는 날이다. 이때 먹었던 찹쌀밥은 약식이었는데 매우 호화로워 후에는 오곡밥으로 바뀌었고, 이를 묵은 나물과 함께 먹으면서 여름철 더위 견디기를 소망하였다. 또한 이른 새벽에 호두, 은행, 잣 등을 깨물어 먹으며 부스럼이나 종기가 생기지 않기를 기원하였다.

(2) 2월 초하루

음력 2월 초하루, 중화절은 농사일을 시작하는 시기로 풍년을 기원하기 위해 송편을 만들어 노비에게 나누어주며 농사일을 격려하는 노비일이다.

(3) 3월

- 삼짇날: 강남 갔던 제비가 돌아오는 날로 진달래화전, 화면, 청주, 육포, 절편 등을 먹는다.
- 곡우절: 농가에서 모판을 만드는 시기로 조기와 웅어가 많이 잡혀 반찬으로 먹는다. 또한 오미자를 우려 오미자화채와 녹말을 넣은 오미자창면을 먹는다.

(4) 4월

- 한식: 동지 후 105일째 되는 날로 성묘를 한다. 음식은 약주, 과일, 포, 식혜, 떡, 국수, 탕, 적 등이다. 쑥탕과 쑥떡을 먹으며 조상의 무덤을 관리한다.
- 초파일: 부처님의 탄신일로 고기를 넣지 않은 음식을 베푼다.

(5) 5월 단오

단오는 여름의 시작으로, 여인들은 창포 삶은 물로 머리를 감거나 그네놀이를 즐기고, 남자는 씨름을 하며 즐겼다. 주로 앵두화채, 수리취떡, 제호탕을 먹는다.

(6) 6월

- 유두: 6월 보름을 말하며 동쪽으로 흐르는 냇물에 머리를 감으며 부정을 씻는다. 유두면이라 하여 국수를 닭국에 말아먹어 더위를 이긴다고 하였고 편수, 밀쌈, 구절판, 깨국탕, 복분자화채, 기주떡, 참외 등을 먹었다.
- 삼복시식: 삼복은 하지 후 셋째 경일(庚日)을 초복, 넷째 경일을 중복, 입추 후 첫 경일을 말복이라 한다. 이날에는 더위를 피하기 위해 시원한 곳에서 규아상, 육개장, 영계찜, 열무김치, 수박 등을 먹는다. 또한 닭에 인삼, 대추, 찹쌀을 넣어 끓인 보양식 삼계탕을 먹는다.

그림 10-2 **규아상**

(7) 7월 칠석

7월 7일은 견우와 직녀가 만나는 날로 밀전병, 증편, 육개장, 오이소박이 등을 만들어 먹는다.

(8) 8월 한가위

추석으로 오곡이 여물고 햇과일과 채소의 수확으로 조상께 제사를 올린다. 오려송편, 토란탕, 밤단자, 사과, 배, 감등 햇과일을 먹는다.

(9) 9월 중양절

그림 10-3 **송편**

음력 9월 9일로 국화꽃이나 잎으로 화전을 만들어 먹고 단풍을 감상하며 감국전, 밤단자, 유자화채 등을 먹는다.

(10) 10월 무오일

붉은팥고물과 햇곡식으로 시루떡을 만들어서 마구간에 있는 말의 무병을 기원한다. 주로 무시루떡, 신선로, 감국화전, 유자화채를 먹는다.

(11) 11월 동짓달

동지는 밤이 가장 길고 낮이 가장 짧은 날로 동지 팥죽을 쑤어 먹으며 귀신을 막는다.

(12) 12월 섣달 그믐

1년을 마무리하고 새 마음으로 새해를 맞는다고 하여 제야라고도 부른다. 주로 골동반, 각색전, 완자탕, 잡과병, 주악, 떡국, 모둠전골, 수정과, 식혜 등을 먹는다.

그림 10-4 **모둠전골**

4 / 한국의 향토음식

우리나라는 각 고장의 기후와 자연환경에 따라 음식의 특성이 다르다. 요즈음은 교통이 발달하여 지역 간의 식자재 수송이 활발하긴 하나, 여전히 지역마다 특색 있는 식문화가 형성되어 있다.

1) 서울음식

서울은 조선왕조 500년의 도읍지로 전국의 여러 식자재가 집중되어 다양하고 화려한 음식문화가 형성되었다. 식품을 복합적으로 사용하며 간은 짜지도 맵지도 않은 중간 정도로 음식 가짓수가 많고 양은 조금씩 담는 편이다. 떡은 작고 예쁘게 정성껏 만든다. 대표 음식으로는 설렁탕, 흑임자죽, 잣죽, 국수장국, 육개장, 신선로, 갈비찜, 각색전골, 너비아니, 육포, 구절판, 호박선, 매듭자반, 수란, 두텁떡, 각색편, 매작과, 약과, 오미자화채, 유자차, 제호탕, 계피차 등이 있다.

2) 경기도음식

고려의 수도였던 개성을 포함하며 서울을 가까이 하고 있어 서울음식과 유사한 점이 많다. 개성음식은 화려하고 사치스러우나 대부분의 경기도음식은 수수하고 소박하며, 양념을 많이 쓰지 않는다. 대표 음식으로는 팥밥, 오곡밥, 개성편수, 수제비, 삼계탕, 갈비탕, 곰탕, 두부장조림, 개성보쌈김치, 여주산병, 개성경단, 수수지지미, 배화채 등이 있다.

3) 강원도음식

태백산맥과 동해를 접하고 있어 산촌과 어촌의 식문화가 다양하게 발달하였다. 옥수수, 메밀, 감자, 도토리, 산채등의 특산물을 이용한 조리법과 생태, 오징어, 미역, 다시마 등의 해산물을 이용한 음식이 발달하였다. 소박하고 구수하며 잡곡과 감자를 이용한 음식이 발달하였다. 강냉이밥, 감자밥, 메밀막국수, 감자범벅, 쏘가리매운탕, 감자부침, 동태순대, 올챙이묵, 도토리묵, 메밀묵, 찰옥수수 시루떡, 감자떡, 강냉이차 등이 있다.

4) 충청도음식

충청북도는 농업, 서해와 접한 충청남도는 어업이 발달하여 해산물이 풍부하다. 음식의 양이 많고, 맛이 순한 특징이 있다. 대표적인 음식으로 콩나물밥, 보리밥, 녹두죽, 칼국수, 호박범벅, 다슬깃국, 호박지찌개, 청국장찌개, 호박고지떡, 장떡, 애호박나물, 오가리나물, 가지김치, 청포묵, 어리굴젓, 해장떡, 쇠머리떡, 무엿, 천도복숭아화채 등이 있다.

5) 전라도음식

전주와 광주를 중심으로 음식이 발달하였으며, 호남평야의 풍부한 농산물과 서해와 남해의 다양한 해산물로 식문화의 발달을 이루었다. 상차림 시 반찬의 가짓수가 많고 이바지음식이 화려하며, 따뜻한 기후에 맞게 간을 세게 하고 고춧가루를 많이 넣는다. 곡창지대인 만큼 다양한 떡이 발달하였다. 대표 음식으로는 전주비빔밥, 콩나물밥, 대합죽, 고동칼국수, 홍어어시욱, 두루치기, 송이산적, 꼬막무침, 홍어회, 꽃게장, 젓갈류, 산낙지회, 감단자, 우찌지, 산자, 고구마엿, 곶감수정과, 유자화채 등이 있다.

6) 경상도음식

경상도는 동해와 남해에 인접하여 해산물이 풍부하고, 낙동강 주변에 평야가 있어 농작물이 풍부하다. 음식은 짜고 매우며, 날콩가루를 섞어 국수를 만들고, 국수장국의 육수로 멸치와 조개를 즐겨 사용한다. 대표 음식으로는 진주비빔밥, 통영비빔밥, 닭칼국수, 동태고명지짐, 미더덕찜, 아귀찜, 상어돔배기구이, 대합구이, 동래파전,

안동식혜, 모시잎송편, 강냉이엿, 유자화채, 잡곡미숫가루, 수정과 등이 있다.

7) 제주도음식

해녀가 잠수어업으로 해산물을 채취하고, 내륙에서는 평야지대로 농업 중심의 식생활이 발달하였고 산간 지역은 농사와 야생 버섯, 고사리, 산나물을 이용한 식생활이 발달하였다. 대체로 음식의 간이 짠 편이고, 재료의 맛을 그대로 살리면서 소박하고 꾸밈없는 식생활이 발달하였다. 대표 음식으로는 전복죽, 옥돔죽, 닭죽, 생선국수, 메밀만두, 고사릿국, 돼지고기 육개장, 상어지짐, 꿩적, 전복김치, 콩잎쌈, 오메기떡, 빙떡, 꿩엿, 호박엿, 밀감화채 등이 있다.

8) 황해도음식

황해도는 연백평야와 재령평야가 있어 곡식의 풍부한 생산이 가능하다. 음식은 구수하고 소박하며 무엇이든 크게 만드는 경향이 있다. 곡식이 많이 나서 가축의 사료가 풍부하기 때문에 고기 맛이 좋다. 닭을 이용한 밀국수와 만두요리가 있고, 김치나 동치미가 시원하고 맛이 좋아 냉면이나 밥에 말아 즐겨 먹는다. 대표 음식으로는 김치밥, 비지밥, 수수죽, 냉콩국, 밀범벅, 돼비지탕, 김치순두부찌개, 잡곡전, 행적, 동치미, 호박지, 순대, 무설기, 오쟁이떡, 닭알떡, 무정과, 연안식혜 등이 있다.

9) 평안도음식

평안도는 서해와 신의주평야, 안주평야가 있어 해산물과 곡식이 풍부하다. 중국과의 교류가 잦아 대륙적 기질의 영향으로 음식 역시 크고 푸짐하다. 주로 국수를 즐겨 먹고 온반과 온면, 냉면, 김치말이, 닭죽이나 어죽, 만둣국을 즐겨먹는 데 대체로 간이 싱겁다. 대표 음식으로는 온반, 김치말이, 닭죽, 평양냉면, 어복쟁반, 온면, 평양만두, 굴린 만두, 고사릿국, 콩비지, 녹두지짐, 돼지순대, 송기떡, 노티떡, 찰부꾸미 등이 있다.

10) 함경도음식

함경도는 기온이 가장 낮은 지역으로 벼농사보다는 밭농사를 위주로 하여 콩, 조, 강냉이, 수수, 피, 고구마, 감자 등이 풍부하고 품질이 좋다. 간은 담백하지만 마늘과 고추 등 양념을 많이 쓰는 편이다. 음식은 장식과 기교를 부리지 않고 소박하다. 대표 음식으로는 잡곡밥, 옥수수죽, 물냉면, 회냉면, 감자국수, 동태매운탕, 고등어회, 가자미식해, 동태순대, 달떡, 오그랑떡, 꼬장떡, 콩엿강정, 식혜 등이 있다.

5 / 세계인이 좋아하는 대표적인 한국음식

한국음식은 곡류, 채소류, 해산물, 어류를 사용하므로 서양의 육류 중심 식문화와 달리 선택 폭이 넓고 칼로리가 낮은 건강식이다. 한류 열풍과 더불어 한국음식 역시 해외에 널리 알려지고 있으나 보다 많은 음식을 해외에 홍보하여 국가 브랜드 경쟁력을 높일 필요가 있다. 주요 국가별 한식선호도 조사 결과 중국은 불고기와 삼계탕을 선호했고, 일본인들은 비빔밥과 불고기를 선호하였다. 영어권 지역에서는 해물파전을 좋아하는 것으로 나타났다. 아시아 지역에서는 김치의 인지도가 가장 높았고 삼계탕, 잡채, 냉면, 찌개류도 마찬가지로 인지도가 높은 것으로 나타났다. 농촌진흥청에서 실시한 **한국음식 국제화** 가능성 조사 결과를 살펴보면 김치, 장류의 가능성이 가장 높았고 식혜 및 수정과, 한과류나 전통주도 가능성이 높은 음식이었

한식의 세계화

농림축산식품부와 한식진흥원은 2021년 해외 주요 17개 도시에 거주 중인 현지인 8,500명을 대상으로 한식에 대한 조사를 실시하였다.〔조사 도시: 동북아(북경, 상해, 동경, 타이베이), 남아시아태평양(방콕, 쿠알라룸푸르, 자카르타, 시드니, 호치민), 북미(뉴욕, LA, 토론토), 유럽(파리, 런던, 로마), 중남미(리우데자네이루), 중동(두바이)〕 한식당 방문 경험자 대상으로 파악한 한식당 추천의향은 90.1%를 나타냈고, 한식 취식 경험자 대상 자주 먹는 한식 메뉴를 살펴본 결과, '한국식 치킨'이 가장 높았고, '김치', '비빔밥', '떡볶이', '김밥', '불고기' 등의 순으로 나타났다. 해외에서 한식은 '풍미가 있는', '가격이 합리적인', '건강한' 이미지이며, '최근에 유행하는 음식'이라고 인식되고 있다. 또한, 해외 소비자들은 전통적인 한식보다 현지화 된 한식을 선호한다는 응답이 84.3%로 나타났다. 한식에 대한 호감도 상승은 K-pop과 드라마 등 한국문화와 연계한 국가 이미지 제고와 꾸준한 한식의 해외 홍보 효과로 해석된다.

갈비탕   갈비찜

비빔밥   불고기

된장찌개   잡채

순두부찌개   돼지고기볶음

닭찜   육개장

그림 10-6 **세계적으로 인기 있는 한식 대표 메뉴**
자료: 배현주 외(2014), 저나트륨 한식레시피. 농림축산식품부.

다. 따라서 한식 메뉴의 지속적인 품질 개선과 현지인을 위한 표준화된 레시피 개발을 통하여 세계화 전략을 수립해야 한다.

6/ 건강 지향 한국음식

한국음식은 약식동원의 사상을 기본으로 하여 음식과 약의 근본이 같다는 개념으로 식품의 선택과 조리과정을 약을 짓듯이 하였으며, 제철음식의 시절식을 먹으며 자연식과 저지방식을 실천히였다. 동물성식품과 식물성식품을 골고루 사용하면서도 채소류 위주의 저열량 건강식이며, 김치와 장류문화를 발전시킨 기능성식품이다. 최근 급격한 경제 발전과 산업화로 바쁜 현대인들이 가공식품, 패스트푸드, 육류 섭취 증가로 성인병 발생 등 여러 문제점으로 인해 건강을 위한 자연식에 관심이 높아짐에 따라 기능식인 전통 한식의 우수성이 더욱 부각되고 있다.

1) 사찰음식

최근 산업화와 경제 성장, 국제 교류 증가로 인해 지방 섭취량이 현저하게 증가하였다. 육류 및 지방의 과잉 섭취로 심장병, 동맥경화 및 고혈압 등 성인병이 증가함에 따라 채식, 건강식에 대한 관심이 높아져 사찰음식이 성인병 발생을 예방하는 건강

흑미밥, 두부버섯전골, 닭찜, 우무오이무침, 깍두기

보리밥, 순두부찌개, 표고완자전, 애호박나물, 다시마쌈말이, 사과

그림 10-7 **건강한 한식 식단의 예**

음식으로 인식되기에 이르렀다. 사찰에서는 잔반을 남기지 않으므로 음식물 쓰레기를 줄이는 차원에서도 사찰음식은 귀감이 된다.

사찰에서는 우유를 제외한 동물성식품 및 술과 매운 맛이 나는 오신채를 먹지 않는다. 대신 사찰 주변에서 쉽게 구할 수 있는 산나물과 들풀, 제철채소를 이용한 음식으로 각 재료의 맛을 살려 담백하고 깔끔한 맛을 낸다. 사찰음식의 특징은 다음과 같다.

그림 10-8 **사찰식단의 예**
발아현미밥, 콩비지찌개, 곤약표고버섯조림, 백김치, 토마토

- 첫째, 고기를 사용하지 않는다. 살생 금지라는 불교의 계율을 지키는 뜻이다.
- 둘째, 오신채(파, 마늘, 부추, 달래, 홍거)는 자극적인 향으로 수행에 방해된다고 하여 사용하지 않는다.
- 셋째, 다시마·버섯·들깨·날콩가루 등 천연 조미료로 맛을 낸다.
- 넷째, 산초·재피·씀바귀·도라지 등 다양한 약리작용을 하는 식재료를 애용한다.
- 다섯째, 저장음식이 발달하였다. 겨울철 식재료가 없을 때 먹을 수 있는 저장식품으로 김치, 된장, 고추장, 간장 등의 장류와 장아찌류가 발달되었다. 또한 채소류를 이용한 튀각류와 부각류 등이 다양하게 개발되었다.

2) 발효음식

우리나라의 대표적인 발효음식으로는 채소를 활용하는 김치류, 콩을 활용한 간장이나 된장·고추장, 어패류를 활용한 젓갈이 있다. 이들은 저장식품으로 보관을 위해 활용한 것으로 숙성과정에서 풍부한 맛과 함께 **생리활성물질**의 형성으로 항암, 항산화, 성인병 예방 등의 효과가 검증되어 더욱 각광받고 있는 자랑스러운 음식이다.

(1) 김치
김치는 무, 배추 등의 채소를 저농도의 소금에 절여 고추, 파, 마늘, 젓갈 등의 양념을 혼합하여 저온 발효시킨 음식으로 한국인의 식탁에 없어서는 안 될 중요한 음식이다. 미국의 건강 전문지 〈헬스〉는 '세계 5대 건강식품' 중 하나로 김치를 선정하면서 김치는 비타민 B_1, 비타민 B_2, 비타민 C 등의 비타민과 칼슘, 칼륨 등의 무기질이 풍부하고 소화를 도우며 암 예방에 유익하다고 밝혔다. 이렇듯 김치는 건강과 맛을 국제적으로 인정받은 식품으로, 특징을 살펴보면 다음과 같다.

- 풍부한 유산균: 김치가 익어가면서 생긴 유산균은 장내 유해세균을 억제하고, 유산균에 의해 생성되는 각종 유기산들은 칼슘과 철 등 무기질 성분의 인체 내 대사를 도와 소화를 촉진하는 효과도 있다.
- 정장작용: 배추와 무의 풍부한 식이섬유소 함유로 정장작용을 한다. 칼로리가 낮은 다이어트 식품이다.
- 단백질과 칼슘 급원: 김치를 담글 때 넣는 새우젓, 멸치젓, 황석어젓 등의 젓갈은 동물성 단백질을 보충해주며 칼슘을 보충해주는 칼슘 보충원이기도 하다.
- 기능성 식품: 고춧가루의 캡사이신은 매운맛뿐 아니라 체내 대사작용을 활발하게 도와 지방이 축적되는 것을 방지하여 다이어트를 돕는다. 또한 고춧가루에는 비타민 A와 비타민 C, 칼륨 함량이 높다. 김치에는 알리신(allicin)이 풍부한 마늘이 들어가는데 이 성분은 김치의 방부 및 살균효과를 낸다. 마늘은 고혈압 예방과 면역 증진 등의 생리활성기능이 검증된 식품으로 김치 역시 같은 효과가 있다.

(2) 된장

콩으로 메주를 만들어 소금물에 담가 40~60일 후 숙성되면 메주는 건져내어 국물을 간장으로 만들고, 남은 건더기는 다른 항아리에 넣고 소금을 뿌려 된장을 만든다. 최근 우리가 먹는 개량식 된장은 쌀이나 보리에 누룩이나 곰팡이를 접종하여 배양한 후, 삶은 콩에 넣고 소금을 넣어 숙성시킨 것으로 재래식 된장과 비교할 때 맛과 영양이 우수하다. 된장의 특징을 살펴보면 다음과 같다.

- 단백질 공급원: 쌀이나 보리에서 결핍되기 쉬운 필수 아미노산인 라이신(lysine)이 많이 들어 있어 쌀을 주식으로 하는 우리나라 사람들의 식생활에 균형을

김치   간장   된장   고추장

그림 10-9 **한국의 발효음식**

잡아주는 식품이다. 된장에 들어 있는 단백질 성분 중 필수아미노산인 메싸이오닌(methionine)은 양은 많지 않지만 체내의 유해물질을 제거하는 데 중요한 역할을 하며 간에서 지방을 제거하고 유해물질을 몸 밖으로 배출하는 작용을 한다. 된장은 영양이 우수한 식품으로 단백질 함량이 높고 제조과정 중 콩 단백질이 미생물에 의해 분해되어 새로운 성분으로 합성되면서 약 20종의 아미노산이 생성되어 아미노산의 구성도 좋고 소화와 흡수도 잘되는 편이다.

- 항균·항암효과: 된장은 숙성 중 콩에는 없는 발효균인 고초균(Bacillus subtilis)이 삶은 콩을 분해하여 생성하는 수브틸린(subtilin)이라는 물질이 암세포를 파괴하며, 콜레라와 같은 병원성 미생물에 대해 **항균작용**을 하여 면역력을 증강시킨다. 된장은 전통 발효식품 중에 항암효과가 가장 우수한 것으로 알려져 있는데, 항암효과는 삶은 콩보다는 생콩이 우수하고, 생콩보다는 된장이 더 우수하다. 또한 된장의 종류에 따라 재래식 된장, 개량식 된장, 청국장, 일본 된장 순으로 항암효과가 좋다.

- 성인병 예방효과: 된장에 들어 있는 지방은 대부분 불포화지방산 형태로 콜레스테롤 함량이 낮다. 그중 리놀레산(linoleic acid)은 콜레스테롤이 체내에 쌓이는 것을 방지하고 혈액의 흐름을 원활히 하여 심혈관질환 예방에 좋다. 이외에도 비타민 B_1, 비타민 B_2, 비타민 C, 비타민 E, 나이신(niacin) 등이 미량 들어 있다. 된장은 이외에도 비만을 억제하고, 장내에서 정장작용을 하여 당뇨병과 골다공증 예방에 효과가 큰 것으로 알려져 있다.

동양 음식문화의 이해

1/ 일본

1) 음식문화 형성 배경

(1) 자연적 환경

일본은 아시아 대륙 동쪽에 위치하고 편의상 홋카이도, 시코쿠, 혼슈, 규슈라는 4개의 큰 섬으로 나누어지며 그 주변에 수많은 작은 섬이 모여 있다. 이처럼 일본은 여러 섬으로 이루어져 있으므로 해저 지형이 복잡하여 여러 생물이 생존하기에 알맞아 어업이 활성화되어 있다. 국토 전체가 어장으로 둘러싸여 있으므로 해산물의 이용이 매우 용이하다.

일본 국토는 한반도 면적의 1.7배이며 남북으로 길게 위치해 있다. 그중 약 70%가 산지이며 평야가 적다. 기후는 해양성의 온난한 기후이지만 남쪽은 아열대의 특성을 띠고 북쪽은 한대기후의 특성을 보이며 사계절이 뚜렷하다. 또한 강수량이 많아 목축업의 발달이 어렵기 때문에 과거에는 양고기 등의 육류를 이용한 요리가 흔치 않았다.

(2) 역사적 배경

일본은 한민족을 비롯한 몽골계와 시베리아 지역을 통해 건너온 아이누족, 그리고 원주민이 오랫동안 살아오면서 일본 민족을 형성하였다. 약 2,600년 전 문호를 개방하고 3세기경부터 지리적으로 가까운 한국과 중국의 문물을 받아들이기 시작했다.

기원전 6000년 무렵은 잡식시대로 자연물을 취식하던 시기이다. 이 시기에는 주식과 부식의 구분이 모호했다. 그 후 기원전 200년경 조몽시대에 이르러 불을 이용한 화식을 시작한 것으로 짐작된다. 기원전 334년부터 기원 후 645년에 이르는 야요이시대부터 아스카시대에는 벼와 보리, 조 등을 시작으로 **농경생활**을 하였고 농경으로 얻는 작물을 주식으로 하고 어패류와 조수를 부식으로 활용하였다. 710년부터 1194년까지의 나라시대와 헤이안시대는 당나라의 모방시대이다. 이 시기에는 불교의 영향으로 채식을 선호하였으며 육식금지령이 내려지기도 하였다. 이후 가마쿠라시대, 무로마치시대, 아즈치모모야마시대(1185~1600)에는 무가 중심의 사회가 형성되며 무사들의 문화가 사회 전반에 반영되어 차를 즐기는 분위기가 형성되었고 서양에서 설탕과 같은 식재료가 유입되었다. 이 시기에 일본요리는 체계를 이루고 발전하였다. 이후 에도시대(1603~1868)에는 대도시가 생겨나고 이주자에 의해 외식업이 발달하였으며, 식문화의 발달로 일본요리가 완성되었다. 이후 메이지 유신에 의해 서양문물을 적극 수용하면서 일식과 양식이 공존하는 시대로 변화하였다.

2) 음식문화의 특징

(1) 음식문화의 주요 특징

┃ **최소한의 조리** ┃ 식품 자체가 갖고 있는 맛, 향, 질감을 최대한 유지하여 요리하며 진한 양념을 쓰지 않는다. "요리하지 않는 것이 최고의 요리"라는 표현이 있을 정도로 자연의 맛을 살리는 것을 중요시한다. 또한 계절에 따른 요리가 발달되었다.

┃ **눈으로 먹는 요리** ┃ 일본요리는 양을 많이 담지 않고 그릇에 여유를 두는 것이 일반적이며, 조리법에 따라 그릇의 사용이 다르다. 또한 그릇의 모양이나 색깔을 고려하는 등 음식과 그릇의 균형에 신경을 쓴다. 장식은 주로 나뭇잎, 조약돌과 같은 자연적인 것을 사용하며 상차림에서 계절감을 느낄 수 있도록 한다. 이때 한 계절 앞선 상차림을 좋게 평가한다. 음식의 담음새, 그릇, 장식이라는 3가지 요소를 어우러지게 하는 것을 중요시하며 공간적인 멋을 최대한 살려 입으로만 먹는 요리가 아닌 눈

그림 11-1 **일본음식의 담음새**

그림 11-2 **일본의 도시락, 벤또**

으로 감상할 수 있는 요리를 즐긴다.

│ 주식은 쌀, 부식은 생선과 채소 │ 일본은 주식과 부식의 구분이 명확하며, 주식으로는 주로 쌀을 이용한 밥을 먹고, 부식으로는 생선과 해산물, 각종 채소를 활용한다. 일본은 세계 최대 생선 소비국으로 풍부한 해양자원을 활용한 요리가 많으며 콩을 활용한 두부, 유부, 미소, 나토 등도 많이 이용한다. 이러한 음식은 육류를 적게 먹는 일본인들의 중요한 단백질 공급원이라 할 수 있다.

│ 저장식품의 발달 │ 일본은 남북으로 길게 뻗어 있어 지역마다 기후의 차이가 크고 산지와 평야의 고도 차이도 크다. 이러한 지리적인 특성은 발효식품과 저장식품의 발달을 촉진하는 배경이 되었다. 대표적인 절임식품으로 츠게모노, 다쿠앙, 우메보시, 락교 등이 있으며 이 중 츠게모노는 일본인의 밥상에 빠지지 않고 올라오는 식품으로 우리나라의 김치와 같은 역할을 한다.

│ 면류의 발달 │ 중국으로부터 들어온 면은 소바, 우동, 라멘 등 일본인의 입맛에 맞추어 발전하였다. 특히 면의 굵기나 점탄성, 맛 등을 연구하여 지속적으로 개선하여 왔으며, 지방마다 유명한 제면소가 생길 정도로 일본인의 생활에 깊숙이 자리 잡고 있다.

│ 음식의 크기는 작게 식사는 적게 │ 일본요리에서 음식의 크기는 작고 아기자기 한데

이는 작고 아름다운 것을 좋아하는 일본인의 성향이 반영된 것이다. 아마도 이런 성향이 반영되어 모든 음식을 작은 용기에 고르게 담아 구성하는 벤또(辨當)가 생겨나게 되었을 것으로 추측한다. 또, 일본인은 많이 먹지 않는다. 과거 헤이안시대부터 귀족의 정찬요리가 발달하였는데, 당시 너무 적은 양을 고집하여 영양 결핍 증세를 보이는 경우도 많았다고 한다. 이처럼 일본인은 소식하는 식문화를 가지고 있다.

(2) 식사의 구조

식사는 쌀을 기본으로 곡류가 주식이며 생선류와 채소류, 두류가 부식으로 구성된다. 일반적인 아침 밥상은 밥과 미소국, 생선구이와 츠게모노 또는 우메보시와 같은 채소절임이 기본이다. 이외에 달걀을 이용한 반찬이나 낫토를 추가로 구성한 1즙 3채의 상차림이 일상적이다. 점심은 주로 도시락이나 우동, 소바와 같은 면류, 돈부리 등의 한 그릇 음식으로 간단히 먹는 경우가 많다. 저녁은 사시미 정식, 생선구이 정식, 덴푸라 정식 등을 먹고 가정에서는 밥과 국을 제외하고 5품 정도의 차림으로 준비한다.

3) 대표 음식

(1) 스시

스시(すし)는 밥을 다시마육수와 맛술, 식초, 소금 등으로 조미하고 조미한 밥에 신선한 생선류, 조개류, 달걀, 채소를 활용하여 만든 음식이다. 어떤 재료를 활용하는지, 어떤 형태로 만드는지에 따라 매우 다양하다. 스시의 원조는 후나스시로 붕어를 발효 숙성하여 만들며, 무려 1,000년 전부터 사용했다고 알려져 있다.

그림 11-3 **스시**

　최근에는 스시에 사용하는 재료가 점차 다양해지고 있으며 채소를 활용한 채소스시, 김을 말아 사용하는 데마끼, 우리나라의 김밥 형태로 돌돌말아 만드는 노리마끼, 비빔밥 형태로 조미된 밥에 재료를 올려 비벼먹는 치라시즈시, 상자로 눌러 형태를 잡아 썰어 먹는 하코스시, 유부를 활용한 이나리즈시 등이 유명하다.

(2) 사시미

그림 11-4 **사시미**

사시미(刺し身)는 스시와 더불어 일본의 대표적인 전통음식으로, 신선한 생선을 그대로 활용하여 식재료 자체의 맛을 느낄 수 있다. 우리나라에서도 많이 먹는 음식이지만, 한국과 일본의 사시미 선호도는 매우 차이가 난다. 우리나라는 활어를 사용하여 쫀득한 맛을 즐기지만, 일본에서는 생선을 적당히 숙성시켜 부드러운 식감과 감칠맛을 즐긴다. 스시와 사시미의 섭취비율에서도 우리나라는 2:8 비율로 사시미를 더 선호하지만 일본은 8:2 비율로 스시를 더 즐긴다.

사시미를 먹을 때는 담백한 맛의 흰살 생선부터 먹고 기름이 많은 부위는 나중에 먹는다. 생선의 종류가 바뀔 때마다 쇼가(초생강)로 입가심을 하면 다음 생선의 맛을 잘 느낄 수 있다. 와사비는 간장에 풀지 않고 사시미에 올린 후 간장에 찍어 먹는다.

(3) 우동과 소바

그림 11-5 **우동**

그림 11-6 **소바**

밀로 면을 만든 것을 우동(うどん), 메밀로 면을 만든 것을 소바(ソバ)라고 한다. 우동과 소바는 국물 농도에서도 차이가 난다. 소바는 진한 국물을 사용하고, 우동은 연한 국물을 선호한다. 주로 서쪽은 우동을 많이 먹으며 동쪽은 메밀 재배량이 많아 소바를 더 많이 먹는다. 먹는 방식에서도 차이가 난다. '가케'라고도 하는 우동은 주로 국물에 말아 먹으며, '모리'라고도 하는 소바는 진한 국물에 면을 적셔 먹는다.

(4) 라멘

라멘(ラーメン)은 서민의 음식 중 하나로 우리나라의 인스턴트 라면과는 차이가 있다. 주로 생면을 사용하며 육수로는 돼지뼈를 오랜 시간 고아 베이스로 사용한다.

위에 올라가는 채소와 고기에 따라 종류가 다양하다.

그림 11-7 **라멘**

(5) 덴푸라

덴푸라(天ぷら)는 일본 튀김요리의 총칭으로 '아게모노'라고도 부른다. 포르투갈 상인으로부터 전파된 음식으로 포루투갈에서 채소 튀긴 것을 '쿼터 템포라'라고 불렀는데 그로부터 일본식 튀김, 덴푸라로 발전하였다. 일본식 튀김은 튀김옷이 가볍고 바삭한 것이 특징으로, 덴푸라의 발달 이후 돈가스와 고로케가 발달하였다.

그림 11-8 **덴푸라**

(6) 돈부리

돈부리(どんぶり)는 밥 위에 좋아하는 재료를 얹어 먹는 일품요리로 우리나라의 덮밥과 유사하지만 섞어 먹지는 않는다. 가장 대표적인 돈부리로는 규동이 있다. 규동은 1800년대 후반부터 먹었으며 쇠고기와 양파조림을 올려 먹는다. 그 외에도 돈가스를 썰어 올린 카츠동, 각종 튀김을 올린 텐동, 닭고기와 달걀을 올린 오야코동, 장어를 올린 우나동, 새우를 올린 에비동 등이 있다.

그림 11-9 **돈부리**

(7) 오코노미야키

오코노미야키(おこのみやき)는 철판에 구워 먹는 요리로 우리나라의 빈대떡과 유사하다. 지역에 따라 먹는 풍습이 다른데 관서지방에서는 양배추에 돼지고기를 주로 사용하여 두툼하게 만들며, 관동지방에서는 양배추 대신 야키소바를 넣어 만든다. 관동대지진 이후 식량이 부족하여 이를 식사 대용으로 활용했다는 설이 있다.

그림 11-10 **오코노미야키**

- 혼젠요리: 일본 전통 음식으로 격식을 차려 올린다. 일본의 신분제도를 드러내는 호화로운 식사이다.
- 카이세키요리: 상인계급에서 발전한 정식 상차림으로 전채 → 맑은 국 → 생선회 → 구이 → 조림 → 초회(찜, 튀김) → 밥, 면류 → 후식 순으로 나온다.
- 쇼진요리: 불교사상에 의해 발달한 요리로 사찰을 중심으로 발달하였기 때문에 식물성 식품만을 재료로 쓴다.

일본의 전통요리

2 / 중국

1) 음식문화 형성 배경

(1) 자연적 환경

중국의 인구는 14억 1,500만 명으로 세계 1위이고, 국토 면적은 한반도의 44배에 해당하며 세계 4위이다. 또한 수천 년의 역사와 문화를 갖고 있으며 넓은 국토에서 얻을 수 있는 풍성한 식재료와 한족을 비롯한 다양한 소수민족으로 구성되어 있어 어느 나라보다 특색 있고 풍성한 식문화가 형성되있다. 이런 이유로 중국요리는 프랑스, 터키와 함께 세계 3대 요리로 손꼽히며 주변 다른 지역의 음식문화에도 영향을 주어 한국과 일본, 동남아시아 대부분의 지역과 인도까지 전파되었다.

(2) 역사적 배경

중국의 음식문화는 2,000년 전의 기록이 남아 있을 정도로 오랜 역사를 지니고 있다. 기원전 1700년경 고대 은나라시대부터 화력을 이용한 요리를 하였고 주나라를 거쳐 전한시대에 이르러서는 끓이기, 볶기, 찌기 등의 다양한 조리법을 활용하여 음식의 형태가 다양했다. 이후 삼국시대에는 철제 식사도구를 사용하였으며 차를 약용으로 사용하였고 한방요리가 발달하였다. 수나라·당나라시대에는 양고기의 사용이 많았고, 면류의 발달과 함께 서민음식이 발전하였다. 송나라시대에는 연회 문화가 생겼으며 풍요로운 식생활이 이루어졌다. 이후 원나라에 이르러 1일 3식이 자리잡았으며, 청나라 시대에는 만한전석 같은 호화스럽고 고급스러운 음식문화의 발전과 함께 중국요리의 부흥기가 펼쳐졌다.

2) 음식문화의 특징

(1) 음식문화의 주요 특징

❙ 음양오행, 약식동원 ❙ 중국인은 음양오행의 사상을 음식에도 반영하여 음식에 있어 음과 양의 조화를 이루고자 하였고 5가지의 맛을 고루 조화시키고자 음식의 배합

□ Cara Chow(wikipedia CC BY-SA

그림 11-11 **황제의 연회, 만한전석**

을 중요시하였다. 이것은 지나치거나 모자라지 않고 한쪽으로 치우침이 없도록 하는 중용의 철학적 의미를 담아 식생활에 반영한 것이라 할 수 있다.

또한, 음식은 곧 약이 되고 음식과 약의 근원이 같다고 믿는 약식동원 사상에 따라 중국인들은 음식 섭취를 단순히 배고픔을 채우기 위한 수단으로 보지 않고, 음식을 통해 건강을 지키고 장수를 누리고자 하였다.

| **다양한 식재료 활용** | 중국은 광범위한 영토를 갖고 있어 다양한 기후대에 노출되어 그에 따라 생산되는 식재료가 매우 다양하다. 자주 이용되는 식재료만 해도 3,000가지에 이른다. 이렇게 다양한 식재료를 활용하게 된 원인 중 하나는 불로장생을 믿는 중국인들이 진귀한 재료를 활용하여 보신에 사용하였기 때문이다. 특히 팔진이라 하여 독특한 8가지의 재료를 귀하게 여기는데 과거에는 용간, 잉어의 꼬리, 봉황새의 골, 독수리과의 새, 표범의 새끼, 원숭이의 입술, 곰의 발바닥, 사슴의 꼬리 등을 팔진이라 하였다. 이는 현대에 들어 조금씩 변화하고 있으나 대부분 구하기 어렵고 진귀한 것이 팔진에 속한다.

▌단순한 조리기구, 합리적인 조리법 ▌ 중국요리는 수천 가지의 재료를 활용한 다양한 종류가 있음에도 불구하고 조리기구는 매우 간편하며 단순하다. 중국식 팬(웍)은 가장 많이 쓰는 요리도구로 볶음, 튀김, 삶는 용도 등 다용도로 쓰인다. 이외에도 훠궈 냄비와 찜통 등이 쓰인다. 중국요리 조리법의 차별화된 특징은 다음과 같다.

- 첫째, 모든 재료는 익혀서 사용한다. 날것을 즐기지 않는 중국인의 특성에 따라 물도 생수보다는 찻잎을 넣어 끓여 마시며, 냉채 요리도 재료를 먼저 익힌 후 냉각시켜 조리한다.
- 둘째, 기름을 활용한 조리가 많다. 중국요리에서는 기름을 사용한 조리법이 전체의 80%를 차지한다. 아마도 돼지를 즐겨 먹어 돼지기름을 쉽게 구할 수 있었고 볶음은 조리 시간이 짧아 연료를 절약할 수 있었기 때문으로 추측된다.
- 셋째, 전분의 이용이 많다. 요리에 적당량의 전분을 사용하면 음식의 온도 유지가 쉽다. 기름을 많이 사용하는 중국요리에서 물과 기름이 분리되어 식감이 떨어지는 것도 막을 수 있다. 또한 영양학적으로 보면 음식의 영양소가 국물로 빠져나오는 것을 막아주어 영양소의 흡수를 높일 수 있다.

▌시간전개형 상차림 ▌ 중국의 정식 상차림은 서양식과 비슷한 시간전개형이다. 우리나라처럼 한 번에 모든 음식을 차려 내는 공간전개형의 상차림과는 다르게 원탁에 둘러앉아 큰 접시에 나온 음식을 여러 사람이 나누어 먹고 다음 음식을 먹는 등 식사가 순차적으로 이루어진다.

(2) 식사의 구조
식단은 중국어로 차이단(菜單)이라고 한다. 중국의 식사는 전채, 주채, 면점, 첨채로 나누어 준비된다.

- 전채는 가장 먼저 제공되는 메뉴로 냉채 또는 열채가 제공된다. 전채는 2가지 이상으로 준비하며 제공되는 수는 짝수가 되도록 한다. 중요한 손님을 접대하거나 화려한 연회에서는 전채요리를 구성할 때 예술적 감각을 담아 화려하게

준비한다.

- 주채는 주요리를 뜻하며 튀김이나 볶음, 찜이나 조림 중 2가지 이상을 낸다. 이 중 가장 먼저 내는 것은 두채라고 하며 부드러운 맑은 탕류가 제공된다. 이후 육류 또는 해물의 주요리가 제공된다.
- 면점은 주요리 이후 밥이나 면을 준비하는 것이다.
- 첨채는 식사를 마칠 때 먹는 메뉴로 과일이나 찹쌀과자가 제공된다.

3) 대표 음식

(1) 북경오리

북경오리(北京烤鴨)는 특수한 방식으로 사육한 오리를 화덕에 통째로 구워낸 요리이다. 오리고기와 파를 얇은 밀전병에 함께 말아 먹는데 그 맛이 일품이다. 최근에는 오리 사육의 잔인함이 알려져 사회적 문제가 되기도 했다.

그림 11-12 **북경오리**

(2) 샥스핀

샥스핀(鱼翅)은 상어 지느러미를 이용한 요리로 지느러미의 색, 부위, 형태에 따라 품질이 나누어진다. 샥스핀 수프는 프랑스의 부야베스, 태국의 톰얌쿵과 함께 세계 3대 수프로 알려져 있다.

그림 11-13 **샥스핀**

(3) 마파두부

마파두부(麻婆豆腐)는 사천 지역을 대표하는 요리로 두부를 활용하여 파, 마늘, 고춧가루 등의 향신료로 매콤한 맛을 낸다. 사천 지역의 부대 앞에서 식당을 하던 노파의 얼굴이 곰보였기 때문에 '곰보 할머니의 요리'라는 뜻의 마파두부라고 불리게 되었다.

그림 11-14 **마파두부**

(4) 불도장

불도장(佛跳墙)은 닭, 오리, 돼지, 양고기, 해삼, 전복, 샥스핀, 조개, 자

> **중국의
> 지역별 요리**
>
> - 북경요리: 정치 경제 문화의 중심지로 고급스럽고 사치스러운 음식문화가 존재한다. 기온이 낮아 기름을 많이 사용하여 칼로리가 높은 음식이 많다.
> - 광동요리: 외국과 교류가 활발하고 상업이 발달한 지역으로 전통적인 요리와 국제적인 요리가 융합되어 있다. 중국이 아닌 다른 곳에 있는 중국음식점에서는 주로 광동식 요리를 한다.
> - 사천요리: 역사가 유구하고 풍미가 독특하여 100가지 음식에 100가지 맛이라는 뜻의 '백채백미'라는 칭호가 붙었다. 강한 향신료와 양념을 사용하는 것이 특징이며 맵고 기름진 음식이 많다.
> - 상해요리: 해산물이 풍성한 지역으로 게로 만든 요리가 유명하다. 진하고 달콤한 맛이 특징이다.

라 등 귀한 재료를 20가지 이상 넣어 만드는 보양식으로 향이 매우 진하여 그 향을 맡은 한 시인이 '참선하던 스님도 이 향기를 맡고 담을 뛰어넘는다'는 뜻의 부처 불(佛), 넘을 도(跳), 담장 장(牆)의 '불도장'이라고 이름 지었다.

그림 11-15 **불도장**

(5) 훠궈

훠궈(火锅)는 육수에 여러 가지 재료를 담아 끓여 먹는 국물요리로, 얇게 썬 고기와 갖은 채소를 넣어 만든다. 육수는 매운맛과 담백한 맛으로 나누어진다. 중국의 훠궈는 우리나라에 전파되어 신선로로 변화되었고, 일본에 전파되어 샤브샤브가 되었다.

그림 11-16 **훠궈**

3/ 태국

1) 음식문화 형성 배경

(1) 자연적 환경

태국은 열대기후권에 속하며 국토는 반도 형태로 3면이 바다여서 해산물이 풍부하며 중부에 강을 끼고 있어 세계적인 곡창지대를 형성한다. 내륙의 강에는 민물고기가 많고, 기후의 영향으로 각종 열대과일과 향신료도 다양하다. 국왕을 국가의 수반으로 하는 **입헌군주국**이며 동남아시아 국가 중 유일하게 식민 지배를 받지 않은 나라이다. 국민들의 95%가 불교 신자이며 일상생활에 불교적 사상이 많이 담겨 있다. 태국의 불교는 소승불교로 승려에게도 육식이 허용되어 육류의 섭취가 자유롭다.

(2) 역사적 배경

태국은 주변국의 영향을 받으면서 태국의 음식문화를 발달시켰다. 조리기구는 중국식 냄비와 칼, 그물수저 등을 사용하며, 젓가락을 사용하는 문화도 중국에서 온 것이다. 또, 인도의 커리와 향신료, 포르투갈 선교사로부터 전파된 칠리는 태국음식에서 빼놓을 수 없는 재료이다.

2) 음식문화의 특징

(1) 음식문화의 주요 특징

▎**강한 조미료와 향신료 사용** ▎태국음식의 독특한 풍미는 복합적인 조미료와 향신료의 사용으로 인한 것으로 단맛, 매운맛, 신맛, 고소한 맛이 잘 조화되도록 배합하며 전반적으로 자극적인 맛을 추구한다. 태국의 대표적인 조미료로는 발효 생선간장인 남플라가 있는데 이것은 우리나라의 액젓과 유사한 풍미를 갖고 있다.

▎**풍성한 열대과일** ▎아열대기후의 영향으로 망고, 두리안, 파인애플, 파파야, 람부탄, 리치, 코코넛 등의 열대과일이 풍성하며 길거리에서 생과일을 바로 짜낸 주스나 손질된 과일 간식 등을 쉽게 구입할 수 있다. 또한 조리에도 과일을 다양하게 이용한다.

▎**주식은 쌀 부식은 반찬으로 구성** ▎우리나라와 같이 밥과 반찬을 한상에 올리는 공간 전개형의 상차림이며 밥 대신 쌀로 만든 국수도 많이 사용한다. 반찬은 생선간장과 코코넛밀크를 넣은 커리를 많이 먹으며 다양한 샐러드와 채소를 활용한 절임음식도 흔하다.

(2) 식사의 구조

태국 가정의 일상적인 식사는 주식인 밥과 부식인 반찬으로 구성되며 음식은 한상에 한꺼번에 차린다. 밥과 반찬은 개인별로 준비하지 않고 밥은 큰 그릇에 한꺼번에 떠서 식탁 가운데 놓고 그 주변으로 반찬을 올려 차린다. 이후 개별 식기에 원하는 만큼 밥과 반찬을 덜어 먹는다.

아침으로는 '카오톰'이라는 쌀죽에 생선이나 달걀, 절인 생선류와 채소를 먹고 점심으로는 간단히 국수나 볶음밥을 먹는다. 저녁으로는 밥을 지어 소스나 커리에 찍어먹는 전통적인 태국식 음식을 먹기도 한다. 최근에는 식사가 현대화되어 다양한 형태를 즐기기도 힌다.

3) 대표 음식

(1) 팟타이

팟타이(ผัดไทย)는 쌀국수 볶음으로 닭고기, 새우, 채소 등 다양한 재료를 첨가하여 생선간장과 칠리소스를 첨가하여 만든다. 매콤한 맛에 쫄깃한 면과 아삭한 채소의 식감이 더해져 맛이 일품이다. 외국인들도 부담 없이 즐길 수 있을 만큼 향신료의 향이 약하다.

그림 11-17 **팟타이**

(2) 톰얌쿵

톰얌쿵(ต้มยำกุ้ง)은 세계 3대 수프 중 하나로 대표적인 태국음식이다. 새우와 각종 향신료를 넣고 오랜 시간 끓여 진한 향신료의 향과 맵고 시큼한 맛이 특징이다. 평소에도 즐겨 먹지만 특히 특별한 모임에서는 빠지지 않는 음식이다. 비슷한 음식으로는 새우 대신 닭고기를 넣은 톰얌카이가 있다.

그림 11-18 **톰얌쿵**

(3) 솜탐

솜탐(ผลมะละกอ สลัด)은 태국에서 아주 흔하게 먹는 샐러드이다. 어린 파파야를 가늘게 채 썰고 그 위에 고소한 맛의 드레싱 또는 매콤한 맛 소스를 첨가해 만든다. 우리나라 사람들이 식사 중 김치를 먹듯 태국에서는 솜탐을 즐긴다.

그림 11-19 **솜탐**

(4) 커리

태국의 커리(ผงกะหรี่)는 칠리를 많이 넣은 매운맛의 레드커리와, 코코 넛밀크를 넣어 부드러운 맛을 내는 그린커리로 나누어진다. 우리나라 와 달리 고기는 넣지 않고 채소나 열대과일, 해산물을 넣어 만드는 경우가 많다.

그림 11-20 **커리**

4/ 인도

1) 음식문화 형성 배경

(1) 자연적 환경

인도는 지리적으로 중동과 동남아시아의 사이에 위치하며 북쪽으로는 히말라야 산 맥이 있어 산악지형을 이루고, 동서쪽으로는 인더스 강 유역과 갠지스 강 하류에 넓 은 평야를 갖고 있다. 인도의 국토는 한반도의 약 15배에 해당하며 넓은 만큼 남북 의 기후 차가 심하다. 남쪽은 1년 내내 열대기후에 속하지만 북쪽은 1년 내내 춥다. 이처럼 넓은 국토와 산악지대, 열대의 특성, 정글과 사막 등의 다양한 자연환경, 7개 가 넘는 다민족의 구성, 18개의 언어, 5개 이상의 종교가 어우러져 다양한 음식문화 를 발전시켜왔다.

(2) 역사적 배경

인더스 강 유역에서 발생한 인더스 문명은 세계 4대 문명 중 하나로 기원전 1800년

베트남은 동남아시아의 북쪽에 위치하며 국토의 70%가 산지 또는 늪지이다. 비가 많이 내리고 농업이 발달하였으며 남부는 연중 무더운 날씨로 평균기온이 30℃를 훌쩍 넘는 열대성 기후이다. 메콩 강 일대는 1년에 3번 수확이 가능할 정도로 세계적인 곡창지대를 형성하고 있다.

베트남은 역사적으로 외세의 잦은 침입과 전쟁을 겪으며 여러 문화를 접하고 교류하게 되었다. 특히 1,000년의 세월을 중국의 지배하에 있었기 때문에 동남아시아에서 중국의 영향을 가장 많이 받은 나라로 볼 수 있다. 그러나 중국의 식문화보다는 전반적으로 담백하다. 또 베트남은 중국으로부터 독립 이후 다시 프랑스의 식민지가 되면서 프랑스의 음식문화의 영향을 받게 되었다. 베트남의 식문화는 동양과 서양의 특징이 잘 조합된 독특한 특성을 갖고 있다.

지리적으로 가까운 태국음식과 비교하자면 향신료의 사용이 적어 덜 맵고 덜 자극적이며 커리 음식이 거의 없는 편이다. 순하고 담백한 맛을 즐기지만 독특한 향을 지닌 고수잎을 많이 쓴다.

베트남의 대표적인 음식은 쌀국수로 베트남 사람들은 밥보다 쌀국수를 더 자주 먹는다. 쌀국수는 육수의 종류, 국수에 올리는 고명에 따라 여러 종류가 있으며 숙주, 절인 양파, 고추, 고수잎 등을 기호에 맞게 넣어 먹는다. 가장 즐겨 먹는 종류로는 쇠고기를 넣은 포보와 닭고기를 넣은 포가이며, 때로는 해산물을 넣어 먹기도 한다. '고이 쿠온'도 쌀국수와 함께 즐겨먹는 음식인데 우리나라에서는 월남쌈이라고 부른다. 쌀가루를 이용하여 만든 '반짱'에 각종 재료를 말아 생선소스에 찍어 먹는 요리로 베트남 사람들이 아침 식사로 많이 먹는다. 이것을 튀긴 '짜조'는 간식으로 먹는다.

쌀국수

월남쌈

까지 화려한 역사를 자랑하였다. 그러나 그 후 잦은 외세의 침입과 서방의 식민 정책으로 인도의 발전이 더디게 진행되었다.

기원전 3000년경 인도에는 드라비다족이 살고 있었으며 밀과 보리를 재배하고 물소, 염소, 코끼리를 사육하는 등 다른 지역보다 빠르게 농경과 목축이 시작되었다. 그 후 기원전 1100년에는 유목민이였던 아리아족이 인도지역에 자리 잡으면서 유목민의 특성인 양고기, 염소, 치즈 요거트의 사용이 많아졌고 원주민을 효과적으로 지배하기 위해 카스트제도를 확립하였다. 브라만교의 세력 확장으로 소 도축이 법률로 금지되기도 했다. 기원전 100년경에는 브라만교에 반하는 세력이 불교를 일으키며 채식 위주의 식사로 변하였고 각종 향신료를 사용하게 되었다. 기원후 400년경에는 굽타왕조가 불교와 힌두교를 국교로 제정하였으나 육식은 허용하였다. 그러나 신분이 높은 계층에서는 계속해서 채식을 선호하였다. 이후 800년경 북쪽으로 이슬람교가 넘어오며 무굴제국이 설립되었고 이슬람의 식문화와 힌두교의 식문화가 혼합된 새로운 형태의 식문화가 생겨나 이를 무굴식이라고 부르게 되었다. 1700년부터 서방의 잦은 침입으로 많은 서양식 재료가 유입되었으며 이후 100년간 영국의 지배를 받다가 1947년 간디에 의해 독립되어 인디아공화국을 설립하였다.

2) 음식문화의 특징

(1) 음식문화의 주요 특징

│ 북부와 남부의 다른 주식 │ 북부와 남부는 기후가 달라 생산되는 식재료부터 차이가 있고 주식으로 사용하는 음식 또한 다르다. 북쪽은 밀 생산량이 많아 로티(빵류)를 주식으로 하였고 특히 난과 차파티의 활용이 많다. 남쪽은 쌀의 생산량이 많아 밥을 주식으로 한다.

│ 짙은 종교의 영향 │ 인도인의 80%는 힌두교와 불교를 믿으며 11%는 이슬람교를 믿는다. 그 외 소수는 기독교, 자이나교, 회교, 시크교를 따른다. 종교의 율법에 따라 힌두교는 소고기를 먹지 않으며 이슬람교는 돼지고기를 먹지 않고, 서로 존중의 의미로 인도 전역에서 소고기와 돼지고기를 기피하는 편이다. 이러한 이유로 인도인의 30%는 **채식주의자**이다. 그러나 극소수의 천민과 기독교인, 시크교인들은 자유롭게 육식을 한다.

│ 카스트제도의 영향 │ 카스트제도는 아리아족이 인도 토착민을 쉽게 지배하기 위해 만들어낸 계급제도로 현재는 법적으로 폐지되었다. 그러나 수천 년간 인도인들의 생활 전반에 뿌리깊이 박혀 있어 완전히 사라졌다고 볼 수는 없다. 이는 여전히 사회관습으로 남아 있고, 법적으로 폐지가 되었음에도 사회계층 간의 현저한 차이를 보인다. 오늘날에는 인도가 현대화되고 교육수준이 향상되고 있으므로 점차 카스

트제도의 영향은 약화될 것으로 보인다. 과거 카스트제도의 계급은 제사를 담당하는 최상층의 브라만과 정치를 담당하는 크샤트리아, 농사와 목축, 상업에 종사하는 바이샤, 노역을 담당하는 최하층민인 수드라의 4개 계급으로 이루어져 있었다. 식사 시에는 같은 카스트계급만이 동석하였으며 하위 카스트가 조리한 음식은 먹지 않았다. 이러한 이유로 유명한 요리사는 상류층의 카스트 등급인 경우가 많았으며 높은 카스트의 부인이 식사를 준비하는 것은 신성한 의무로 여겨졌다.

│ 향신료의 활용 │ 인도의 음식은 주식에서 간식에 이르기까지 거의 모든 음식에 향신료를 사용한다. 또한 가정마다 독특한 **마살라**를 제조하여 각종 음식에 사용한다. 마살라는 최소 20가지 이상의 향신료를 기호에 맞춰 배합한 것으로 만드는 사람에 따라 맛이 다르다. 우리나라에서 집집마다 장을 담가 사용하고, 각 가정 고유의 장맛이 있는 것과 유사하다. 향신료의 천국이라고 불리는 인도는 향신료의 종류, 혼합하는 양과 첨가 비율에 따라 다른 맛을 낼 수 있다. 인도음식은 향신료가 맛을 좌우한다고 볼 수 있다.

(2) 식사의 구조

인도는 모든 음식을 한꺼번에 차려내는 공간전개형 상차림을 하며 '큰 접시'라는 뜻의 개인 식기인 **탈리**(thali)를 사용한다. 탈리는 쟁반과 같이 납작한 형태로 이것의

탈리

바나나잎

그림 11-21 **인도의 식기**

중앙에는 밥이나 난을 올리고 가장자리에는 달이라고 하는 콩으로 만든 수프, 각종 커리, 인도식 장아찌인 아차르, 다히(요거트 음료)등 여러 가지 음식을 둘러 담는다. 과거에는 바나나잎을 탈리 대용으로 사용하였으며 아직도 남인도에서는 탈리와 바나나잎을 함께 사용한다. 개인별 식기를 사용하므로 음식이 타인의 식기에 떨어지는 것은 매우 실례되는 행동으로 주의가 필요하다.

3) 대표 음식

(1) 커리

커리(curry)는 여러 종류의 향신료를 배합하여 만들며 특히 빠지지 않는 향신료로 강황이 들어간다. 육류나(양이나 닭) 채소를 넣어 만들며 로타나 밥과 함께 먹거나 국수와 함께 먹기도 한다. 우리나라의 카레는 인도의 커리가 일본으로 건너가면서 매운 향신료의 맛이 빠지고 부드러운 맛으로 변한 것이 전파되었다고 볼 수 있다. 인도의 커리는 여러 종류의 재료를 섞지 않고, 육류 또는 채소 중 1가지 재료를 이용하며 조리 시 따로 물을 첨가하지 않는다.

그림 11-22 **커리**

(2) 탄두리치킨

탄두리는 원통 모양의 화덕을 뜻하는 탄두르(tandoor)에서 나온 말로 탄두리치킨(tandoori chicken)은 치킨에 마샬라를 발라 꼬치에 끼워 탄두리 화덕에 구워낸 것을 말한다. 이것은 이집트에서 발명되어 무굴제국시대에 전파되었다. 우리나라뿐만 아니라 전 세계의 입맛을 사로잡은 대표적인 인도음식이다.

그림 11-23 **탄두리치킨**

- 다즐링(Darjeeling): 히말라야 고산지대에서 생산하여 독특한 풍미가 있다.
- 아쌈(Assam): 인도 북동부에서 생산하며 탄닌이 많고 진한 홍색을 띤다.
- 닐기리(Nilgiri): 남인도 닐기리 고산지대에서 생산하며 부드럽고 풍부한 향이 난다.

인도의 대표 홍차

그림 11-24 **난**

그림 11-25 **차파티**

그림 11-26 **차이**

그림 11-27 **라씨**

(3) 로티

로티(Roti)는 인도 빵의 총칭으로, 북쪽에서 주식으로 먹는 난과 차파티가 대표적이다. 난은 밀가루에 효모를 넣고 반죽하여 발효시킨 후 탄두리 화덕 벽면에 붙여 구워낸다. 납작하게 만들지만 발효가스로 인해 공갈빵처럼 부풀기도 한다. 차파티는 난과 달리 발효하지 않고 밀가루에 콩이나 보리와 같은 곡물가루를 섞어 둥글게 빚어 철판에 구워낸다. 난과 차파티 모두 커리와 함께 먹는다.

(4) 음료

차이(chai)는 홍차의 일종으로 우유와 향신료를 넣어 끓여 마시는 차로 인도의 대표적인 음료이다. 라씨(lassi)는 요거트에 물을 섞어 희석한 후 설탕을 넣은 음료이다.

5 / 터키

1) 음식문화 형성 배경

(1) 자연적 환경

터키는 국토의 97%는 아시아에 있고 3%는 유럽에 둔 나라로 동서양의 길목에 위치한다. 또한 흑해와 지중해 연안을 끼고 있는 반도국가로 흑해연안은 온난한 기후, 내륙은 대륙성 기후, 지중해 연안은 지중해성 기후를 보여 다양한 기후대의 특성을 동시에 갖는다. 사계절이 뚜렷하여 계절마다 다양한 식재료를 얻을 수 있고 영토의 대부분을 차지하는 중부의 고원과 산맥에서 목축이 이루어진다.

(2) 역사적 배경

터키는 과거 로마, 비잔틴, 오스만대제국의 전통을 잇는 나라로 중앙아시아의 유목문화와 비잔틴과 오스만의 화려하고 찬란한 문화가 융합되어 발전하였다. 7세기경 유목생활을 하였기 때문에 치즈와 요거트의 사용이 이루어졌으며, 10세기경 농경을 시작하였다. 14세기 무렵에는 포도와 올리브를 재배하였고 양봉을 시작하였다. 16세기 이후 이집트로부터 커피가 유입되기 시작하면서 다양한 세계음식문화가 유입되어 자연스럽게 화려한 음식문화를 갖게 되었다.

2) 음식문화의 특징

(1) 음식문화의 주요 특징

이슬람교 율법에 따른 식생활 터키인의 98%는 이슬람교도이다. 그에 따라 이슬람 율법에서 부정하다고 지정한 돼지고기는 먹지 않는다. 이슬람에서 금지하는 식품은 '하람'이라 칭하는데 술 또한 '하람'으로 규정되어 마시지 않는다.

굽는 조리법 발달 과거 오랜 시간 유목생활을 했기 때문에 습열조리보다는 불에 구워 먹는 조리법을 주로 사용했고 그것이 식생활에 남아 주로 굽는 조리법을 사용한다.

맵고 자극적인 향신료 사용 터키인은 양고기를 선호하는데 양고기 특유의 향을 제거하기 위해 향신료를 많이 사용하며 맵고 자극적인 맛을 즐긴다.

빵과 단과자류의 발달 터키인의 주식은 빵이다. 밀이 풍부하여 매 식사마다 빵을 곁들여 먹으며 일반 대중음식점에서도 물은 돈을 지불해야 하지만 빵이 무제한으로 제공된다. 터키음식은 대부분 자극적인 것이 많아 식후에 달콤한 후식을 먹는 경우가 많기 때문에 달콤한 후식류가 발달하였다. 또한, 오스만제국시대의 궁정에서 전해진 단과자류와 푸딩 등의 제조법이 현대로 이어져 더욱 발전하였다.

(2) 식사의 구조

터키는 하루 세끼 중 아침과 점심은 비교적 간단하게 먹고 저녁은 많은 사람이 모여 성찬을 즐기는 전통이 있다. 아침은 주식인 에크멕과 치즈, 토마토와 올리브, 그리고 따뜻한 수프나 차이를 한 잔 마시는 정도로 간단히 먹는다. 점심으로는 빵과 주메뉴인 육류 또는 생선, 그리고 샐러드를 곁들인다. 후식이 발달되어 식사 후에는 달콤한 후식을 즐긴다. 저녁 정찬은 온가족이 모여 식사하는데 식사의 순서는 수프, 육류, 밥이나 빵, 샐러드이며 절임채소류와 음료가 함께 준비된다. 육류는 주로 구워 먹으며 종류도 다양하다.

3) 대표 음식

(1) 에크멕

에크멕(ekmek)은 주식으로 활용하는 빵으로 프랑스의 바게트와 유사하다. 피데와 시미트도 식사와 함께 올린다.

그림 11-28 **에크멕**

(2) 케밥

케밥(kebap)은 양고기나 닭고기를 이용한 숯불 꼬치구이이다. 모양이나 만드는 방식, 또는 재료나 양념에 따라 종류가 다양하여 300여 가지의 케밥이 있다. 우리나라에서 흔히 볼 수 있는 얇게 썬 고기를 금봉에 감아 회전시켜 구워 겉부터 잘라 먹는 것은 '도네르 케밥'이라고 한다.

그림 11-29 **케밥**

(3) 코프테

코프테(kofte)는 다진 쇠고기에 각종 채소를 다져 넣고 석쇠에 구운 음식으로 우리

나라의 고기완자, 서양의 미트볼과 유사하다. 빵과 함께 구운 고추와
생토마토를 곁들여 먹는다.

그림 11-30 **코프테**

(4) 요거트

요거트(yogurt)는 오래전 중앙아시아의 유목민들이 즐겨 먹던 음식
으로 유즙을 발효하여 만든다. 터키가 본고장이며 이후 그리스와 불
가리아 등지로 전해졌다. 요구르트를 희석하여 마시기도 하며 채소를
첨가하여 요리에 사용하기도 한다.

그림 11-31 **요거트**

(5) 터키시 커피

유네스코 세계문화유산에 터키의 커피 마시는 문화가 등재되어 있을
정도로 커피문화가 독특하다. 터키시 커피(Turkish coffee)는 술을 마
시지 않는 터키인에게 하나의 즐길 거리로 자리 잡았다. 터키인들은
커피를 마시며 대화를 나누고 정치를 논하며, 커피를 다 마신 후 남
은 흔적으로 점을 치는 전통을 가지고 있다. 과거에는 상견례 때 커피
의 맛으로 신부를 평가했으며, 신부의 집에서는 신랑감이 마음에 들
지 않으면 커피에 설탕 대신 소금을 넣어 정중하게 거절을 표현했다
고 한다.

그림 11-32 **터키시 커피**

서양 음식문화의 이해

1/ 이탈리아

1) 음식문화의 형성 배경

(1) 자연적 환경

남유럽에 속하는 이탈리아는 지중해 쪽으로 길게 뻗은 반도 국가로 2개의 큰 섬인 시칠리아와 사르데냐를 포함하고 있다. 북부는 알프스 산맥이 가로지르며 남북으로 아펜니노 산맥이 길게 뻗어 있어 산지가 많은 편이지만, 평야와 하천도 발달해 있어 농업과 목축업이 고루 발달하였다. 여름에는 기온이 높고 건조하며 겨울에는 비교적 따뜻한 지중해성 기후로, 이러한 기후 조건에 알맞은 포도·올리브·밀이 잘 자란다. 토양이 비옥하여 다양한 채소와 과일이 생산되며, 반도를 둘러싼 지중해로부터 풍부한 해산물이 공급된다. 목축업도 활발하여 유제품을 이용한 음식문화도 발달하였다. 이처럼 풍요로운 자연환경은 고대부터 음식문화 발달의 기초가 되었다.

(2) 역사적 배경

프랑스, 스위스, 오스트리아, 유고슬라비아 등과 국경을 접하고 있는 이탈리아는 일찍부터 주변 국가들의 음식문화를 받아들이고 융합하는 과정을 통해 다양성이 핵심이 되는 음식문화를 발달시켜왔다. 이탈리아의 음식문화는 빵, 와인, 올리브유가 중요한 역할을 하던 고대 로마시대부터 그 기초를 다졌다고 할 수 있다. 476년, 게르

만족에 의해 서로마 제국이 몰락하면서 육식을 중요시하던 게르만의 음식문화가 융합하여 음식의 종류가 다양화되었다. 로마제국의 해체 이후 이탈리아는 수많은 왕국과 도시국가로 분열되었는데, 음식문화도 각 지역마다 색다르게 발달하였다. 신대륙 발견 이후에는 남아메리카로부터 토마토, 고추, 옥수수, 감자 등이 유입되어 현대 이탈리아 요리 형성에 큰 영향을 미쳤다. 이탈리아는 1861년에 통일되었으나 음식문화의 지역적인 차이는 여전히 남아 있다.

2) 음식문화의 특성

(1) 주요 특징

향토음식의 발달 이탈리아는 수많은 도시국가로 분할되어 있던 역사가 긴 탓에 음식문화의 지역색이 매우 강하다. 이탈리아에 속한 20개 주의 음식문화가 모두 제각각이라고 할 수 있지만 크게 북부, 중부, 남부로 나누어 설명할 수 있다.

북부는 밀이나 올리브 재배보다 쌀 재배와 목축이 활발하여 요리에 버터를 많이 사용하며 쌀로 만든 리조토(risotto)와 옥수숫가루로 만든 폴렌타(polenta)를 많이 먹는다. 피렌체와 로마를 중심으로 한 중부는 진하고 강한 소스를 사용하는 것이 특징적이다. 로마의 전통 파스타 소스인 카르보나라(carbonara)와 아마트리치아나(amatriciana)가 대표적이다. 이탈리아의 대표적인 와인 산지인 토스카나에서는 유명 와인들이 생산된다. 남부는 듀럼밀의 주요 생산지로 파스타 요리가 발달하였으며, 올리브, 토마토, 고추, 마늘을 많이 사용하는 것이 특징이다. 해산물을 이용한 요리도 발달해 있다.

지중해식 식단 이탈리아 음식문화의 특징은 한마디로 지중해식이라고 설명할 수 있는데, 지중해식(Mediterranean diet)이란 지중해 연안 지역의 전통적인 식생활을 말한다. 지중해식은 건강식으로 세계적인 관심을 받고 있으며 다음과 같은 특징이 있다(그림 12-1).

- 올리브유를 많이 사용한다. 이탈리아는 세계 3위권 안에 드는 올리브유 생산

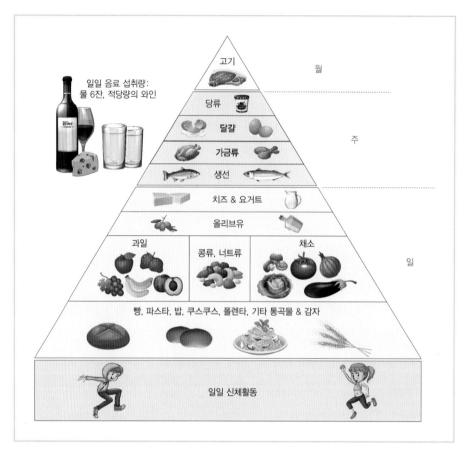

그림 12-1 **지중해식 식단 피라미드**

국이자 소비국이다.

- 육류보다 식물성 식품을 즐겨 먹는다. 식사에는 보통 빵을 곁들이며, 신선한 채소를 샐러드 형태로 즐겨 먹는다.
- 원유보다는 치즈나 발효유 등 발효한 유제품을 즐겨 먹는다.
- 적당한 음주를 즐긴다. 와인을 즐겨 마시며 대부분 식사에 곁들여 마신다.
- 신선한 제철식품과 로컬푸드를 많이 먹는다.

| 슬로푸드 | 이탈리아인들에게 식사 시간이란 여유 있게 즐기며 소통하는 통로이다. 특히 온가족이 함께하는 식사는 특별한 의미를 지니며 이러한 가치관이 슬로푸드

운동으로 이어졌다. 패스트푸드에 반대해 1986년에 이탈리아에서 시작된 슬로푸드 운동은 전통적이고 다양한 식생활문화를 계승하고 발전시킬 목적으로 시작되어 전 세계적인 운동으로 확산되었다.

(2) 식사의 구조

이탈리아의 하루 식사는 아침 식사인 프리마 콜라지오네(prima colazione), 점심 식사인 프란초(pranzo), 저녁 식사인 체나(cena)로 이루어져 있다. 여기에 스푼티노(spuntino)와 메렌다(merenda)라는 오전과 오후의 간식을 먹는다.

이탈리아의 아침 식사는 매우 간단하다. 보통 커피에 크루아상을 곁들여 먹는데, 직장인들은 출근 전 바(bar)에 들러 아침을 사 먹는다. 점심 식사의 경우, 전통적으로는 직장인들도 가정으로 돌아가 먹었지만, 현대에는 샌드위치 등으로 간단하게 외식을 하는 것이 일반적이다. 저녁 식사는 세끼 중 가장 중요한 식사로 가족의 유대가 이루어지는 중요한 시간이다. 보통 온가족이 함께하며 전통적인 식사 구성을 따른다. 점심 식사 전에 먹는 간식은 스푼티노, 오후 4~5시에 먹는 간식은 메렌다라고 하며, 주로 간식용 빵이나 케이크 등을 먹는다.

이탈리아의 전통적인 식사 구성은 아페르티보(apertivo), 안티파스토(antipasto), 프리모 피아토(primo piatto), 세콘도 피아토(secondo piatto), 돌체(dolce), 카페(caffè) 등으로 이루어져 있다. 서양에서는 보통 육류요리가 식사의 중심이 되지만, 이탈리아에서는 프리모 피아토가 더 중요시되어 식사 구성에서 프리모 피아토를 생략하는 경우는 드물다. 또한 식사에는 항상 빵을 곁들이며, 와인을 즐겨 마신다. 신선한 채소 샐러드를 빼놓지 않으며, 진한 에스프레소로 식사를 마무리하는 것도 특징이다.

> **올리브유**
>
> 올리브열매를 압착하여 얻는 기름으로 지중해 지역의 요리에서 매우 중요한 역할을 한다. 이탈리아에서는 주로 남부에서 생산되는데, 품질에 따라 엑스트라 버진 올리브유(olio extravergine di oliva), 버진 올리브유(olio di oliva vergine), 올리브유(olio di oliva) 등으로 분류한다. 최상급은 올리브를 맨 처음 압착하여 얻는 엑스트라 버진 올리브유로, 요리용보다는 드레싱용으로 쓴다.

아페르티보
(apertivo)

식사 전에 마시는 식전주와 여기에 곁들이는 간단한 음식으로, 스파클링 와인인 스푸만테(spumante)를 즐겨 마신다.

안티파스토
(antipasto)

채소, 해산물, 햄·소시지 등으로 구성된 간단한 전채 요리로 차가운 요리와 뜨거운 요리가 있다.

프리모 피아토
(primo piatto)

'첫 번째 요리'라는 뜻으로 밀가루로 만든 파스타(pasta), 쌀로 만든 리조토(risotto), 수프인 주파(zuppa) 등이 있다.

세콘도 피아토
(secondo piatto)
+
콘토르노
(contorno)

'두 번째 요리'라는 뜻으로 육류나 생선, 가금류 요리를 말한다.

세콘토 피아토에 곁들이는 요리로 익힌 채소나 샐러드 등을 말한다.

돌체
(dolce)

후식으로 케이크, 과일 등이 있다.

리쿠오레
(liquore)
+
카페
(caffé)

식사 후에 마시는 독한 식후주로 주로 증류주인 그라파(grappa)나 레몬맛이 강한 리몬첼로(limoncello) 등을 마신다.

이탈리아의 식사는 진한 에스프레소로 마무리된다.

그림 12-2 **이탈리아의 식사 구성**

3) 대표 음식

(1) 파스타

파스타(pasta)란 밀가루로 만든 면과 만두 등을 통칭하여 일컫는 말로, 그 종류만 300가지가 넘는다. 파스타에는 건조 파스타와 생파스타가 있는데 건조 파스타는 듀

럼밀가루인 세몰라로 만든 파스타를 건조시킨 것으로 스파게티(spaghetti)가 대표적이다. 생파스타는 밀가루에 달걀을 넣고 반죽한 것으로 탈리아텔레(tagliatelle)나 라자냐(lasagna)를 비롯해 라비올리(ravioli)나 토르텔리(tortelli) 같은 만두형 파스타도 생파스타로 만든다. 파스타는 모양이 다양해서 국수 모양뿐 아니라 펜네(penne), 파르팔레(farfalle), 푸질리(fusilli) 같은 쇼트 파스타도 있다. 파스타소스 역시 지역마다 특색 있게 발달하였다. 북부에서는 버터와 생크림, 남부에서는 토마토와 올리브유를 사용하는 경향이 있다. 달걀노른자와 이탈리아 베이컨인

그림 12-3 **다양한 파스타면**

판체타(pancetta)로 만드는 카르보나라(carbonara), 고추를 넣어 매운 맛을 내는 아라비아타(arrabiata), 마늘, 고추, 올리브유로 만드는 알리오, 올리오에 페페론치노(aglio, olio e peperoncino), 해산물 소스인 푸르티 디 마레(frutti di mare), 바질, 잣, 치즈, 마늘, 올리브유를 갈아 만든 페스토 소스(pesto alla genovese) 등도 유명하다.

(2) 피자

피자(pizza)는 파스타와 함께 이탈리아를 대표하는 음식으로 토마토 소스, 모차렐라 치즈, 바질 잎을 얹어 구운 마르게리타(margherita) 피자가 대표적이다. 토핑의 종류에 따라 다양한 피자가 만들어지는데 4가지 피자를 한꺼번에 즐길 수 있는 콰트로 스타지오니(quattro stagioni), 4가지 치즈를 토핑한 콰트로 포르마지(quattro formaggi) 등도 있다.

그림 12-4 **피자**

(3) 살루미

살루미(salumi)란 햄과 소시지류를 통칭하는 말이다. 이탈리아의 가장 유명한 햄은 돼지 뒷다리로 만든 생햄인 프로슈토 크루도

그림 12-5 **살루미**

(prosciutto crudo)이며, 볼로냐의 전통 소시지인 모르타델라(mortadella) 역시 볼로냐 햄이라는 이름으로 세계에 알려져 있다. 그 밖에도 이탈리아식 베이컨인 판체타(pancetta), 돼지비계로 만든 라르도(lardo), 건조시킨 소시지인 살라미(salami) 등이 있다.

(4) 치즈

이탈리아에는 400여 가지의 치즈(formaggio)가 있다. 가장 유명한 것은 치즈의 왕이라고 불리는 파르미자노 레자노(parmigiano reggiano)이다. 그 밖에도 파르미자노 레자노와 비슷한 그라나 파다노(grana padano), 물소유로 만드는 모차렐라(mozarella), 양젖으로 만드는 페코리노 로마노(pecorino romano), 푸른곰팡이 치즈인 고르곤졸라(gorgonzola), 크림치즈인 마스카르포네(mascarpone) 등이 유명하다.

(5) 발사믹식초

발사믹식초(aceto balsamico)는 이탈리아 북부 모데나 지방에서 생산되는 전통 식초이다. 포도즙을 끓여서 농축시킨 후 여러 재질의 나무통에 옮겨 담으면서 발효·숙성시키기 때문에 깊은 맛과 향을 지닌다. 모데나 전통 포도즙 외에는 아무것도 넣지 않고 12년 이상 숙성시켜 만든 식초에는 모데나 전통 발사믹 식초(aceto balsamico tradizionale di Modena)라는 명칭이 붙는다.

(6) 카페

이탈리아에서는 커피(coffee)를 카페(caffè)라고 부른다. 강하게 로스팅한 커피빈을 이용해 고압으로 뽑아 진한 맛을 내는 에스프레소(espresso)가 대표적이며, 이탈리아인들에게 카페는 보통 에스프레소를 뜻한다. 에스프레소에 뜨거운 우유 거품을 넣어 만드는 카푸치노(capuccino) 역시 세계적으로 유명하다. 이탈리아에는 골목마다 바(bar)가 있을 만큼 커피를 마시는 것이 일상화되어 있으며, 가정에서는 모카포트를 이용해 에스프레소를 추출해 마신다(그림 12-6).

그림 12-6 **가정용 모카포트의 커피 추출 원리**

2/ 프랑스

1) 음식문화의 형성 배경

(1) 자연적 환경
프랑스는 유럽 대륙의 노른자라고 불릴 정도로 지리적 조건이 좋다. 위도는 우리나라보다 높지만 온난 다습하며 해양성, 대륙성, 지중해성 기후가 모두 나타난다. 국토의 2/3가 완만한 평야와 구릉으로 일찍이 농업과 목축업이 발달하였다. 또한 국토 중 3면이 지중해와 대서양에 접해 있어 수산자원도 풍부하다. 이처럼 프랑스는 다양하고 풍부한 농·축·수산물 덕분에 일찍이 음식문화가 발달하였다.

(2) 역사적 배경
중세를 거쳐 르네상스 시대에 이르기까지 유럽 음식문화의 중심은 이탈리아였다. 그러나 1533년 메디치 가문의 카트린 드 메디치가 앙리 2세와 결혼하면서 이탈리아의 세련된 음식문화가 프랑스로 전해졌으며, 절대왕정시대에는 호화스러운 궁중요리가 발달하였다. 그러나 1789년 일어난 프랑스 혁명으로 귀족들이 파산하면서 이들을 섬기던 요리사들이 독자적으로 레스토랑을 개업하였는데, 이러한 사건이 레스토랑 문화의 발달을 불러왔다. 한편, 다른 유럽 국가들과 마찬가지로 프랑스의 음식문화는 국경을 마주한 여러 나라와 지속적인 영향을 주고받으며 발달하였다. 16~17세기에 프랑스 식민지가 되었던 동남아시아, 중동, 아프리카로부터 도입된 식재료와 조리법 역시 프랑스음식에 영향을 미쳤다.

2) 음식문화의 특성

(1) 주요 특징

▎시각적인 아름다움을 중시 ▎ 프랑스요리는 크게 프랑스 궁정요리에서 출발한 오트 퀴진(haute cuisinc)과 지역 특산물을 이용한 향토음식인 퀴진 드 테루와(cuisine de terroir)로 분류된다. 최고급 요리라는 뜻의 오트 퀴진은 17세기 궁정요리사들이 발전시킨 호화로운 요리로 테이블 장식을 중시하였다. 1960년대 이후에는 젊은 요리사들을 중심으로 새로운 요리라는 뜻의 누벨 퀴진(nouvelle cuisine)이 등장했는데, 오트 퀴진의 복잡한 조리법과 과도한 소스 사용을 줄이고 제철식품을 이용해 간단히 조리한 음식이 발달하였다. 누벨 퀴진은 양을 적게 담아내고 시각적인 면을 중시하며 이러한 영향이 프랑스요리에 남아 있다.

▎소스를 이용한 요리의 발달 ▎ 프랑스요리는 각각의 재료에 알맞게 곁들이는 소스가 맛의 기본이 된다. 주재료에 따라 달라지는 소스가 수백 가지이며, 서양 소스의 분류 체계를 확립한 것도 20세기의 가장 위대한 요리사로 일컬어지는 프랑스의 에스코피에였다. 소스는 5가지의 모체 소스인 베샤멜(béchamel), 에스파뇰(espagnole), 벨루테(velouté), 홀란데이스(hollandaise), 토마토(tomate)로 분류한다.

▎허브와 와인의 사용 ▎ 프랑스요리의 기본이 되는 소스는 보통 스톡(stock)에서 출발한다. 육류나 생선, 채소 등을 오래 끓여 만드는 스톡에는 반드시 부케 가르니(bouquet garni)가 들어간다. 부케 가르니란 파슬리, 타임, 로즈마리, 셀러리 등 다양한 허브를 꽃다발처럼 묶은 것으로, 스톡에 풍미를 더하기 위해 국물에 넣어 우려낸 후 건어낸다. 와인을 음식에 다양하게 사용하는 것도 프랑스요리의 특징 중 하나이다.

(2) 식사의 구조

프랑스인의 하루 식사는 아침 식사인 프티 데주네(petit déjeuner), 점심 식사인 데주네(déjeuner), 저녁 식사인 디네(dîner)와 오후 4시를 전후해 먹는 간식인 구테(goûter)로 이루어져 있다. 아침 식사보다는 점심 식사에 비중을 두는 편으로, 아침 식사는 '작은 점심'이란 뜻의 프티 데주네라는 이름에서도 알 수 있듯 바게트나 크루아상 등의 빵과 카페 라페(café au lait) 한 잔을 간단히 먹는다. 직장인들은 카페(café)에서 사 먹는 경우가 많다. 점심은 보통 오후 12~2시에 여유 있게 즐기는 하루의 중요한 식사이지만, 최근에는 샌드위치 등으로 간단히 먹는 경우가 많다. 저녁

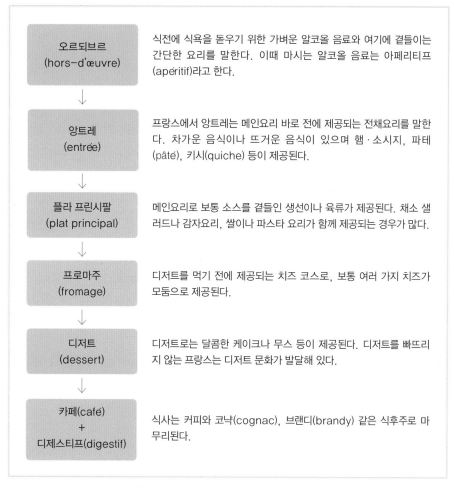

오르되브르 (hors-d'œuvre)	식전에 식욕을 돋우기 위한 가벼운 알코올 음료와 여기에 곁들이는 간단한 요리를 말한다. 이때 마시는 알코올 음료는 아페리티프(apéritif)라고 한다.
앙트레 (entrée)	프랑스에서 앙트레는 메인요리 바로 전에 제공되는 전채요리를 말한다. 차가운 음식이나 뜨거운 음식이 있으며 햄·소시지, 파테(pâté), 키시(quiche) 등이 제공된다.
플라 프린시팔 (plat principal)	메인요리로 보통 소스를 곁들인 생선이나 육류가 제공된다. 채소 샐러드나 감자요리, 쌀이나 파스타 요리가 함께 제공되는 경우가 많다.
프로마주 (fromage)	디저트를 먹기 전에 제공되는 치즈 코스로, 보통 여러 가지 치즈가 모둠으로 제공된다.
디저트 (dessert)	디저트로는 달콤한 케이크나 무스 등이 제공된다. 디저트를 빠뜨리지 않는 프랑스는 디저트 문화가 발달해 있다.
카페(café) + 디제스티프(digestif)	식사는 커피와 코냑(cognac), 브랜디(brandy) 같은 식후주로 마무리된다.

그림 12-7 **프랑스의 식사 구성**

식사는 전통적인 상차림을 따르며, 주로 가족들과 함께한다. 식사에는 항상 빵과 와
인을 곁들인다.

전통적인 저녁 식사 코스는 많게는 16코스까지도 구성되나, 오늘날에는 보통 6가
지 정도의 코스로 이루어진다. 보통 메인요리라고 생각하는 앙트레(entrée)가 프랑
스에서는 전채요리를 뜻하며, 치즈 코스가 포함되어 있는 것이 특징이다. 코스 수가
늘어날 때는 여기에 콘소메(consomme, 맑은 수프)나 포타주(potage, 건더기가 있는
수프) 같은 수프와 셔벗, 채소요리 등이 더해지며 주요리가 생선요리와 육류요리로
나누어진다.

3) 대표 음식

(1) 치즈

프랑스의 1인당 연간 치즈(fromage) 소비량은 그리스 다음으로 많다. 프랑스에서는
식사를 할 때 치즈를 후식처럼 별도로 즐긴다. 프랑스는 유럽 최대의 치즈 생산국
으로 치즈의 종류만 400여 가지에 달한다. 대표적인 치즈로는 흰색 곰팡이 치즈인
카망베르(camenbert)와 브리(brie), 푸른 곰팡이 치즈인 로커포르(roquefort), 염소
젖 치즈(fromage de chevre) 등이 있다.

(2) 와인

프랑스의 주요 와인(vin) 산지는 보르도(Bordeaux), 부르고뉴(Bourgogne), 샹파뉴
(Champagne), 코트 뒤 론느(Cote du Rhône), 루와르(Loire), 알자스(Alsace), 프로방
스(Provence) 등이며, 지역에 따라 와인의 맛과 향이 다르다. 와인은 색에 따라 레드
와인, 화이트와인, 로제와인으로 나눌 수 있는데 레드와인은 주로 상온에서 육류요
리에 곁들이며, 화이트와인은 차게 하여 생선요리에 곁들인다. 로제와인 역시 시원
하게 마시는 것이 일반적이다.

(3) 푸아 그라

푸아 그라(foie gras)는 거위나 오리의 간으로 철갑상어의 알인 캐비어, 송로버섯인

트러플과 더불어 세계 3대 진미로 꼽히기도 한다. 푸아 그라는 보통 거위나 오리를 가두고 강제로 살을 찌워 간에 지방이 쌓이게 하여 얻는다. 값이 비싸기 때문에 일상에서 즐길 수 없는 특별식으로, 그대로 구워 먹거나 다른 재료와 섞어서 파테(pâté)나 테린(terrine)으로 만들어 먹는다.

그림 12-8 **푸아 그라**

(4) 에스카르고

에스카르고(escargot)는 부르고뉴 지방의 특산물인 식용 달팽이로 만든 요리로, 마늘과 파슬리로 향을 낸 버터를 달팽이에 얹어 구워낸다. 보통 전채요리로 이용된다.

그림 12-9 **에스카르고**

(5) 코크 오 뱅

프랑스어로 '코크'는 수탉을, '뱅'은 와인을 뜻한다. 코크 오 뱅(coq au vin)은 닭고기와 와인을 넣고 찜하듯이 오래 익혀 내는 요리로 대표적인 와인 생산지인 부르고뉴에서 발달하였다. 와인을 적극적으로 활용하는 프랑스음식의 특징이 잘 드러나는 요리이다.

그림 12-10 **코크 오 뱅**

(6) 부야베스

부야베스(bouillabaisse)는 프랑스 남부의 항구도시인 마르세유의 향토음식으로 중국의 샥스핀, 태국의 톰양쿵과 함께 세계 3대 수프로 꼽히는 생선수프이다. 양파, 감자, 토마토 등 다양한 채소를 올리브유로 볶다가 여러 가지 생선과 해산물을 넣고 오래 끓인 후 수프와 생선을 따로 내놓는다. 사프란을 넣어 독특한 향을 내며, 매콤한 마늘 소스인 르유(rouille)와 함께 먹는다.

그림 12-11 **부야베스**

3 / 스페인

1) 음식문화의 형성 배경

(1) 자연적 환경

스페인은 유럽 연합국 중 프랑스에 이어 2번째로 국토가 넓은 나라로, 이베리아 반도 대부분을 차지하고 있다. 북쪽으로는 안도라와 프랑스, 서쪽으로는 포르투갈과 국경을 접하고 있다. 유럽 다른 나라에 비해 건조하고 무더운 편이나, 산맥이 많아 기후가 다양한 것이 특징이다. 진 국도의 2/3가 고원지대이며 1/3 정도가 산시인 고산국가지만, 토지가 비옥한 남부의 안달루시아 지방에서는 포도, 오렌지, 올리브 재배가 활발하게 이루어진다. 대서양과 지중해에 접해 있어 다양한 해산물의 공급도 풍부하다. 이와 같은 지리적 조건은 다양한 음식문화를 발달시켰다.

(2) 역사적 배경

이베리아 반도는 유럽과 아프리카가 통하는 길목에 위치해 있어 외부 침략이 빈번했는데 이는 다양한 음식문화를 받아들이는 계기가 되었다. 로마인들이 전해준 마늘과 올리브유는 현대 스페인 음식에서 빼놓을 수 없을 만큼 중요하다. 스페인의 음식에는 아랍문화의 흔적이 강하게 남아 있다. 8세기에 침략한 아랍인은 거의 800년 동안 스페인을 통치했는데, 아랍양식의 새로운 요리법을 스페인에 전해주었다. 레몬이나 오렌지 같은 과일과 스페인 대표요리인 파에야에 반드시 들어가는 사프란은 아랍인들로부터 전해진 것이다. 1492년 스페인이 아메리카를 발견한 이후 신대륙으로부터 유입된 다양한 식재료로 스페인의 음식은 더욱 풍요로워졌다.

2) 음식문화의 특성

(1) 주요 특징

▍소박하고 푸짐한 음식 ▍ 스페인 사람들은 대식가이자 미식가로 유명하다. 음식 역시 대체로 소박하고 푸짐한 것이 특징인데, 시각적인 효과와 섬세한 맛을 중시하는 프

랑스요리와는 사뭇 차이가 있다. 타파스(tapas) 문화는 이러한 스페인 사람들의 특징이 잘 드러낸다.

| 올리브유의 사용 | 지중해 연안 지역의 국가들이 대부분 그런 것처럼 스페인 역시 올리브유를 애용한다. 스페인은 세계 최대의 올리브유 생산국으로 대부분의 요리에 올리브유를 아낌없이 사용한다.

| 향신료의 사용 | 날씨가 무더운 스페인에서는 이탈리아, 프랑스 같은 지중해 국가와는 달리 음식에 향신료를 많이 쓰는 편으로 맛과 향이 강한 것이 특징이다. 특히 마늘을 많이 사용하며, 고추, 사프란 등의 향신료도 즐겨 쓴다.

| 해산물 요리의 발달 | 지중해와 대서양으로 둘러싸인 스페인에서는 해산물을 이용한 요리가 발달하였다.

(2) 식사의 구조

스페인은 무더운 기후 조건에 따라 식사 패턴이 독특하게 발달하였다. 3번의 식사와 2번의 간식이 전형적인 일상식의 구조이다. 아침 식사인 데사유노(desayuno)는 이탈리아, 프랑스와 크게 다르지 않아 빵과 커피, 혹은 추로스와 초콜라떼로 간단히 먹는다. 점심 식사인 코미다(comida)는 오후 2~4시 사이로 늦게 먹는 편인데, 하루의 주요 식사로 여겨지며 보통 세 코스로 이루어진다. 저녁 식사인 세나(cena)는 9시 이후로 매우 늦은 편이며, 점심 식사에 비해 비교적 가볍게 먹는다. 점심 식사와 저녁 식사 시간이 늦기 때문에 오전 11시경에 먹는 간식인 아무르에르소(almuerzo)와 저녁 6시경 먹는 간식인 메리엔다(merienda) 역시 중요하게 여긴다. 중요하게 여기는 점심 식사의 경우 전통적으로는 가족들이 집에 돌아와 함께 먹은 후 시에스타(siesta)라고 하는 낮잠을 즐기고 다시 오후 일과에 들어간다. 그러나 요즘에는 이런 전통적인 식습관이 많이 변하여 점점 간단하게 먹는 쪽으로 바뀌고 있다. 점심과 저녁의 전형적인 식사는 전채인 프리메르 플라토(primer plato), 주요리인 세군도 플라토(segundo plato), 후식인 포스트레(postre)로 구성된다.

3) 대표 음식

(1) 파에야

그림 12-12 **파에야**

파에야(paella)는 스페인을 대표하는 요리 중 하나
이다. 파에야용 넓적한 냄비에 요리한 발렌시아의
쌀요리로 사프란을 이용하여 색과 향을 내는 것이
특징이다. 지역에 따라 고기, 해산물, 초리조 등 다
양한 재료를 사용하지만 발렌시아의 전통 파에야는
해산물을 넣지 않고 토끼고기를 넣어 만든다.

(2) 가스파초

그림 12-13 **가스파초**

가스파초(gazpacho)는 차가운 토마토수프로 토마
토와 오이, 피망, 양파, 마늘, 올리브유 등을 익히지
않고 갈아서 만든다. 주로 여름철에 즐겨 먹는다.

(3) 추로스

그림 12-14 **추로스**

추로스(churros)는 막대기 모양이나 U자 모양으로
튀긴 스페인식 도넛으로, 보통 핫초콜릿이나 카페라
테(café con leche)와 함께 아침 식사로 즐겨 먹는다.

(4) 하몽과 초리조

그림 12-15 **하몽**

하몽(Jamón)은 돼지다리를 소금에 절인 후 건조시

타파스

타파스(tapas)란 주요리를 먹기 전에 작은 접시에 담겨져 나오는 적은 양의 전채요리로, 스페인의 전역
에서 볼 수 있는 독특한 음식문화이다. 식사 사이의 간식으로 먹기도 한다. 소시지, 샐러드, 절인 생선,
치즈, 튀김 등 다양한 음식을 포함하는데, 대개 한입에 들어갈 수 있는 작은 크기로 준비한다. 보통 바
나 카페, 간이식당 등에서는 여러 가지를 한꺼번에 진열해놓아 골라 먹을 수 있도록 하는데, 타파스 문
화는 사교적인 모임에서 중요한 역할을 한다.

켜 만드는 생햄이고, 초리조(chorizo)는 마늘이나 각종 향신료를 넣은 돼지고기를 창자에 채워넣은 스페인의 소시지이다. 간단하게 타파스로 먹거나 샌드위치에 넣어 먹으며, 파에야 등 다양한 요리의 재료로도 사용된다.

그림 12-16 **초리조**

(5) 상그리아
상그리아(sangria)는 레드와인에 오렌지, 레몬, 사과, 복숭아 등 여러 가지 과일을 잘게 잘라 넣고 설탕, 브랜디 등을 넣어 만든 칵테일로 차게 마시는 음료이다.

그림 12-17 **상그리아**

4 / 영국

1) 음식문화의 형성 배경

(1) 지리적 환경
영국은 프랑스의 북서쪽에 위치한 섬나라로 2개의 섬으로 이루어져 있으며 잉글랜드, 스코틀랜드, 웨일스, 북아일랜드를 포함한다. 영국의 위도는 비교적 높지만, 온난다습한 해양성 기후로 따뜻한 편이며 습도가 높다. 밀, 감자 농업이 발달하였으며, 농경지의 대부분이 목초지로 낙농업과 목축업도 발달하였다. 섬나라의 특성상 해산물이 풍부하다.

(2) 역사적 배경
한때 아시아, 유럽, 아메리카, 오세아니아 등지에 수많은 식민지를 지배했던 영국에는 다양한 문화의 영향을 받은 음식들이 공존한다. 과거 영국의 식민지였던 인도의 커리는 오래 전부터 영국 음식문화의 일부로 자리 잡았고 아시아의 영향을 받은 차 문화는 영국을 대표한다고 할 수 있다. 18세기 중엽 산업혁명을 거치면서 도시의 발달로 인해 간단하고 빠른 조리법이 발달하게 되었다. 오늘날 런던은 세계 음식의 집

합소라고 할 만큼 다양한 국가의 음식을 쉽게 찾아볼 수 있다.

2) 음식문화의 특성

(1) 주요 특징

▌**풍부한 아침 식사** ▌ 빵과 커피로 간단하게 식사하는 이탈리아, 프랑스, 스페인 등 유럽 대륙에 위치한 다른 유럽 국가들과는 달리 영국인들은 아침을 푸짐하게 먹는다. 아침 식사는 토스트, 베이컨, 소시지, 달걀, 구운 토마토, 버섯, 삶은 콩, 과일 주스, 커피 등으로 이루어지는데, 이러한 영국식 아침 식사를 가리켜 잉글리시 브렉퍼스트(English breakfast)라고 한다. 이와는 대조적인 다른 유럽 국가들의 간단한 아침 식사는 대륙식 아침 식사(continental breakfast)라고 부른다.

▌**차 문화의 발달** ▌ 영국은 세계 제2의 차 소비국으로, 발달된 차 문화는 영국 음식문

얼리 모닝 티(early morning tea)	아침 5시의 이른 아침에 마시는 차
브렉퍼스트 티(breakfast tea)	아침 식사와 함께 마시는 차
일레븐시스(elevenses)	오전 11시경에 마시는 차
애프터눈 티(afternoon tea)	오후 3~4시에 마시는 차
하이 티(high tea)	오후 5~7시경에 마시는 차
애프터 디너 티(after dinner tea)	저녁 식사를 마치고 즐기는 차

그림 12-18 **영국의 티타임**

화의 대표적인 특징이다. 대부분 홍차를 마시며, 주로 우유와 설탕을 넣은 밀크티 형태로 즐긴다. 영국인들은 하루에 보통 6번의 티타임을 갖는데, 티타임은 영국인의 사교생활에서 매우 중요하다. 티타임은 간단한 식사를 대신하기도 하는데, 오후 3~4시에 마시는 애프터눈 티는 상류층의 식사를, 오후 5~7시에 마시는 하이 티는 노동계급의 간단한 저녁 식사를 뜻했다. 오늘날에도 애프터눈 티에는 샌드위치나 파이, 케이크, 잼이나 버터를 바른 토스트, 머핀, 스콘 등을 곁들이며 하이 티에는 육류를 함께 제공하기도 한다. 오늘날 하이 티는 어린이들의 저녁 식사로 활용된다.

▌**펍 문화** ▌ 펍(pub)은 영국 특유의 문화로, 단순히 술을 마시는 공간을 넘어 지역사회의 구심점 같은 역할을 하고 있다. 영국인들은 단골 펍에서 사교모임을 갖는다.

▌**간단한 조리법을 활용한 단순한 음식** ▌ 영국인들은 양념과 소스를 많이 쓰지 않는 단순한 조리법을 사용한다. 삶거나 오븐에 굽는 방식 등을 많이 활용하며, 향신료 등을 거의 사용하지 않고 먹기 전에 소금, 후추 등을 뿌려 먹는 음식이 많아 이탈리아나 프랑스 등의 음식에 비해 맛이 세련되지 못하다.

▌**감자를 이용한 음식의 발달** ▌ 영국에서는 감자가 풍부하게 생산되며 이를 활용한 요리가 발달하였다. 식사에 구운 감자, 으깬 감자 등 감자요리가 많이 활용되며, 감자를 튀긴 칩은 영국인들이 가장 좋아하는 스낵이다.

(2) 식사의 구조

영국인들은 아침 식사를 거르지 않는 편으로 이후 점심과 저녁을 어떻게 먹느냐에 따라 식사 패턴이 구분된다. 아침 식사인 브렉퍼스트(breakfast), 점심 식사인 런치(lunch), 저녁 식사인 디너(dinner)가 하루의 주요 식사이다. 영국인들의 식사에서는 차가 매우 중요한 역할을 하게 되는데, 이른 저녁에 하이 티로 다과를 곁들인 차를 충분히 마신 뒤 저녁 늦게 식사를 한다. 그러나 최근에는 하이 티의 전통이 사라지고 있으며, 점심을 가볍게 먹고 저녁을 푸짐하게 먹는 형태로 식생활 패턴이 변화하고 있다.

3) 대표 음식

(1) 로스트비프와 요크셔푸딩

로스트비프(roast beef)는 덩어리째 구운 쇠고기를 얇게 썰어 겨자소스나 호스래디시(horseradish)소스를 곁들여 먹는 요리로 꾸밈이 적고 간단한 영국 요리의 특성이 잘 드러난다. 로스트비프에는 보통 요크셔푸딩(Yorkshire pudding)을 함께 먹는다. 잉글랜드 요크셔 지방에서 유래된 요크셔푸딩은 밀가루, 달걀, 우유로 만든 반죽에 로스트비프를 구울 때 흘러나온 기름을 섞어 구운 빵이다. 로스트비프는 일요일 저녁 식사에서 빼놓을 수 없는 중요한 음식이다.

그림 12-19 **로스트비프**

그림 12-20 **요크셔푸딩**

(2) 피시 앤 칩스

피시 앤 칩스(fish and chips)는 대구나 명태 같은 흰살 생선에 튀김옷을 입혀 튀겨낸 후 감자튀김인 칩을 함께 먹는 음식으로 영국의 대표적인 길거리 음식이다.

그림 12-21 **피시 앤 칩스**

(3) 하기스

하기스(haggis)는 동물의 내장으로 만든 소시지이다. 양이나 소의 간, 심장, 폐 등 내장을 잘게 다진 후 다진 양파, 오트밀, 쇠기름, 향신료 등으로 양념하고 소나 양의 위에 채워 넣은 후 삶아서 먹는다. 스코틀랜드의 전통음식으로 보통 으깬 감자를 곁들여 먹는다.

그림 12-22 **하기스**

(4) 위스키

위스키(whisky)는 맥아를 당화·발효시킨 후 증류해서 만든 술로 영국의 아일랜드와 스코틀랜드가 본고장이다. 17세기 스코틀랜드에서는 맥아를 건조할 때 이탄(泥炭)을 사용해 독특한 향이 나는 스카치 위스키(scotch whisky)를 만들었다.

5/ 러시아

1) 음식문화의 형성 배경

(1) 자연적 환경

러시아는 세계에서 가장 넓은 국토를 가진 국가이다. 척박한 토양의 북부에서는 농업이 거의 이루어지지 않으며, 남부에서만 농업과 목축업이 이루어진다. 러시아의 국토 대부분은 높은 위도에 위치하여 봄과 가을이 짧고, 여름과 겨울의 기온 차가 크다. 한랭지역에서도 잘 자라는 감자와 호밀, 메밀 등이 주된 곡류이며, 채소와 과일은 귀하다. 이처럼 혹독한 기후와 척박한 환경 탓에 비옥한 농토를 가진 다른 유럽 국가에 비해 음식문화가 크게 발달하지는 못했지만, 겨울을 보내기 위한 수단으로 저장음식이 발달하는 등 특징적인 음식문화가 발전하였다.

(2) 역사적 배경

러시아의 음식문화는 슬라브 전통에 서유럽과 몽골, 중앙아시아 등의 영향을 받아 다국적인 성향을 띤다. 러시아는 국경에 접한 여러 나라로부터 음식문화의 영향을 받아왔는데, 13세기부터 15세기 말까지 러시아를 지배했던 몽골은 유제품을 발효하는 기술을 전해주었다. 차문화도 아시아로부터 들어왔다. 제정시대에는 근대화에 따라 상류층을 중심으로 프랑스와 이탈리아의 영향을 많이 받았으며 중세부터 정찬의 기준이 되던 프랑스식 서비스를 개선하여 음식을 코스별로 제공하는 러시아식 서비스를 시작하였다. 러시아식 서비스는 19세기 이후 전 세계적으로 양식을 제공하는 기준이 되었다.

2) 음식문화의 특성

(1) 주요 특징

┃ 채소가 적고 곡물을 많이 이용 ┃ 러시아는 겨울이 춥고 길기 때문에 채소나 과일이 적은 대신 기름기가 많은 음식과 곡물을 이용한 식단이 발달하였다. 기본이 되는 곡물은 밀, 호밀, 보리, 수수, 귀리 등으로 보통 밀과 호밀로는 빵을 만들고 보리, 수수, 귀리로는 죽을 끓여 먹는다. 특히 한랭하고 척박한 땅에서 잘 자라는 호밀로 만든 빵은 러시아인의 주식이라고 할 수 있다. 러시아 속담에 "죽은 우리의 어머니요, 우리의 아버지는 빵이다."라는 말이 있을 정도로 빵과 죽은 매우 중요한 역할을 한다. 감자 역시 제2의 주식이라 불릴 정도로 많이 먹는다.

┃ 유제품의 활용 ┃ 프랑스나 이탈리아 등 치즈가 발달한 남유럽, 서유럽 국가와 달리 중앙아시아의 영향을 받은 러시아에서는 신맛이 나는 크림이나 요구르트 등 발효유 제조기술이 발달하여 음식에도 발효유를 적극 활용한다. 특히 사우어크림의 일종인 스메타나(smetana, cmetaha)는 일종의 만능소스로, 샐러드드레싱뿐 아니라 수프 등 온갖 음식에 첨가되어 독특한 신맛을 낸다.

┃ 차 문화의 발달 ┃ 러시아의 2대 국민 음료가 차와 보드카라고 할 정도로 러시아인들은 차를 즐겨 마신다. 러시아 차문화의 상징은 사모바르(samova, самовар)라고 하는 차주전자이다(그림 12-24). 사모바르는 '스스로(sam) 끓는다(varit).'는 뜻에서 그 이름이 유래된 것으로 항상 뜨거운 차를 마실 수 있도록 고안되었다. 오늘날에는 전기를 이용한 사모바르를 사용하기도 한다. 러시아에서는 차에 설탕을 넣는 게 아니라 먼저 각설탕이나 잼을 입에 넣은 후 차를 마시는 독특한 문화가 있다.

(2) 식사의 구조

러시아의 식사는 아침 식사인 잡트라크(zavtrak, за́втрак), 점심 식사인 아베트(obed, обе́д), 저녁 식사인 우진(uzhin, у́жин)으로 구성되어 있으며, 전통적으로 점심에 가장 많이 먹는다. 아침 식사로는 곡물죽인 카샤(kasha, каша)와 샌드위치, 달걀 등에

차주전자

차주전자 받침대

뜨거운 물

꼭지

열원

그림 12-23 **사모바르에서 차를 따라 마시는 러시아 상인의 아내**

그림 12-24 **사모바르의 원리**

차나 커피를 곁들여 먹는다. 점심은 하루 중 가장 중요한 식사로, 전통적으로 3가지 코스로 구성되어 있다. 제1코스(페르바예, пéрвое)로는 뜨거운 수프가 제공되며, 제2코스(브타로예, второе)로는 감자요리나 죽을 곁들인 고기 요리, 후식(트레티예, трéтье)으로는 케이크와 차 또는 커피가 제공된다. 저녁은 점심 다음으로 중요한 식사로 보통 온가족이 함께하며, 식사의 구성은 점심과 비슷하다.

3) 대표 음식

(1) 블리니

블리니(blini, блны)는 둥글고 얇은 팬케이크로 반죽에 발효유인 케피르를 넣어 만든다. 전통적으로는 메밀가루로 만들며, 기장이나 보리 같은 다른 곡물

그림 12-25 **블리니**

자쿠스키(zakuski, закуски)는 축제나 명절 등에 뷔페 스타일로 차리는 러시아식 전채요리이다. 주로 햄류, 훈제 생선류, 러시안 샐러드, 러시아식 크로켓인 피로츠키, 절임채소류, 달걀, 치즈, 오픈 샌드위치, 카나페 등이 포함된다. 제정 러시아 시대의 화려한 음식 전통을 계승한 자쿠스키는 오늘날 파티나 리셉션에 이용되고 있다.

자쿠스키

가루로 만들기도 한다. 블리니는 여러 장을 차곡차곡 포개어 제공하는데, 1장씩 떼어 캐비어, 스메타나, 달걀, 다진 청어, 잼 등을 넣어 먹는다. 예부터 블리니는 태양, 행복, 풍성한 수확 등을 상징하여 러시아인들은 결혼식 등 주요 행사나 명절 때 블리니를 만들어 먹는다.

(2) 카샤

카샤(kasha, каша)는 러시아어로 죽을 총칭하는 말이다. 죽은 호밀빵과 함께 러시아 식생활에서 매우 중요한 음식 중 하나로 지역에 따라 다양한 곡물을 이용하며 우유, 소금 등을 넣어 끓여 만든다. 카샤는 대개 아침 식사용이지만, 중요한 자리에서도 대접하는 음식이다.

그림 12-26 **카샤**

(3) 시치와 보르시

날씨가 혹독한 러시아에서 가장 많이 먹는 음식 중 하나인 뜨거운 수프로, 여름에는 차갑게 만들어서 즐기기도 한다. 시치(shchi, щи)는 러시아의 국민요리라고 불리는 가장 대표적인 수프로 양배추 등 각종 채소에 고기를 넣고 끓여 만든다. 시치를 먹을 때는 보통 사우어크림인 스메타나를 넣어 먹는다. 보르시(borscht, Борщ)는 시치와 비슷한 수프로 빨간색 무를 넣어 붉은색을 띠는 것이 특징이다. 보르시 역시 먹기 전에 스메타나를 넣기 때문에 밝은 분홍빛을 띤다.

그림 12-27 **시치**

그림 12-28 **보르시**

(4) 비프 스트로가노프

비프 스트로가노프(beef stroganoff, бефстроганов)는 세계적으로 알려진 러시아의 전통음식으로, 양파

그림 12-29 **비프 스트로가노프**

와 함께 볶은 쇠고기요리이다. 스메타나로 만든 소스를 곁들여 내는 것이 특징이다.

(5) 캐비어

캐비어(caviar, икра)는 철갑상어의 알로, 러시아는 세계 최대의 캐비어 생산국이다. 카스피해에서 잡은 철갑상어에서 알을 분리한 후 소금으로 조미하고 냉장하여 만든다. 상어의 종류나 알의 크기와 상태에 따라 등급이 결정되는데, 가장 고품질인 벨루가 캐비어는 카스피해의 벨루가 철갑상어의 알로 색이 까맣고 윤기가 난다. 캐비어는 비린내를 없애주는 레몬이나 스메타나를 곁들여 먹는다. 러시아인들은 전통음식인 블리니 위에 스메타나와 캐비어를 얹어 먹는 것을 즐긴다.

(6) 크바스와 보드카

크바스(kvas, квас)는 러시아인들이 콜라처럼 마시는 청량음료로 역사가 오래되었다. 마른 호밀빵에 이스트와 설탕을 넣고 발효시켜 만드는데, 알코올 도수가 1.2% 정도이지만 술로 분류하지 않고 냉차처럼 마신다. 보드카(vodka, во́дка)는 러시아를 대표하는 술로, 전통적으로는 감자가 주로 사용되어

그림 12-30 **크바스**

왔지만 오늘날에는 호밀이나 밀과 같은 곡물도 사용하고 있다. 러시아에서는 보통 도수 40%의 보드카를 즐기며, 다른 것을 섞지 않고 차갑게 해서 그대로 마신다.

동서양의 상차림과 식공간 연출

1/ 동양의 상차림과 식사예절

1) 한국의 상차림과 식사예절

(1) 한국의 상차림

우리나라 상차림은 독상을 기본으로 하며, 한꺼번에 음식을 모두 차려놓고 먹는 공간전개형이었으나 최근에는 음식별로 순서에 따라 서빙하는 시간전개형을 함께 활용하고 있다.

| 반상차림, 죽상차림, 면상차림 |

- 반상차림: 밥과 반찬을 차리는 반상에는 3첩, 5첩, 9첩, 12첩이 있는데 여기서 첩이란 밥, 국, 김치, 조치와 종지(간장, 고추장 등)를 제외한 접시에 담는 반찬의 수를 말한다.

  3첩은 서민들의 상차림이었고, 5첩은 약간 여유 있는 서민의 상차림이었으며, 7첩은 새신랑과 색시를 위한 상차림이었다. 9첩은 반가의 최고 상차림이었고, 12첩은 임금님의 상차림이었다.

- 죽상차림: 미음, 죽 등의 유동식과 국물김치(동치미와 나박김치), 젓국찌개, 마른 반찬(북어보푸라기, 매듭자반 등), 소금과 꿀을 함께 낸다.

- 면상차림: 온면, 냉면, 떡국, 만둣국 등을 주식으로 하며 점심에 주로 이용한다.

표 13-1 한국음식의 반상차림 규범

구분	종류	3첩	5첩	7첩	9첩	12첩
첩 수에 불포함 (기본)	밥	1	1	1	1	2
	국	1	1	1	1	2
	김치	1	2	2	3	3
	장류	1	2	3	3	3
	찌개(조치)		1	1	2	2
	찜(선)			택 1	1	1
	전골				1	1
첩 수에 포함	숙채	택 1	택 1	1	1	1
	생채			1	1	1
	구이	택 1	1	1	1	2
	조림		1	1	1	1
	전	택 1	1	1	1	1
	마른 반찬		택 1	택 1	1	1
	장과				1	1
	젓갈				1	1
	회			택 1	택 1	1
	편육					1
	수란					1

반찬으로는 찜, 겨자채, 잡채, 편육, 전, 배추김치, 생채 등과 떡과 한과, 생과일, 음료를 올린다.

주안상차림, 교자상차림, 다과상차림

- 주안상차림: 술을 대접하는 상차림으로 약주에는 육포, 어포, 어란 등 마른안주와 전이나 편육, 찜, 신선로, 전골 등을 차리고, 생채류와 김치, 과일, 떡과 한과를 올린다.
- 교자상차림: 잔치나 회식, 명절에 함께 모여 식사할 때 차리는 상차림으로 고급

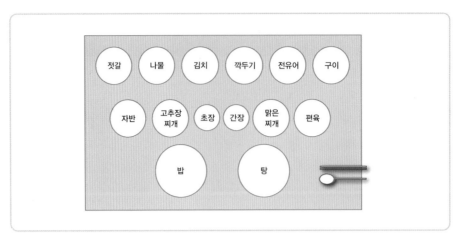

그림 13-1 **7첩 반상차림**

스럽게 대접하려는 상차림이다. 면, 탕, 찜, 전유어, 편육, 적, 회, 겨자채, 신선로, 각색편, 약식, 약과, 다식, 정과, 숙실과, 마른찬, 수정과 등이다.

- 다과상차림: 차와 후식류를 차리는 상차림으로 유밀과, 다식, 강정, 유과, 정과, 화채, 식혜 등을 차리는 상차림이다.

┃ **백일, 돌상차림** ┃ 아이가 태어나서 백일이 되면 백설기를 백사람에게 나누어 먹으면

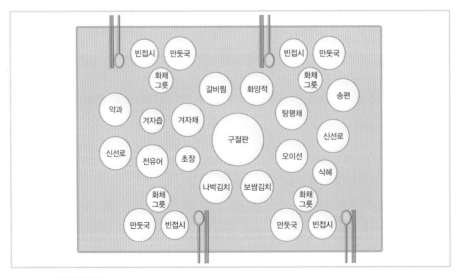

그림 13-2 **교자상차림**

서 백수를 누린다고 믿었고, 흰밥, 미역국, 수수경단, 오색송편, 인절미를 차렸다. 붉은 수수는 귀신을 막는다는 의미가 담겨 있다. 또한, 태어난 지 만 1년이 되면 돌상을 차리는데 돌상에는 흰밥, 미역국, 청채나물과 백설기, 오색송편, 인절미, 차수수경단, 생실과, 쌀, 국수, 대추, 실, 붓, 벼루, 천자문, 활과 화살, 돈 등을 올려 돌잡이 행사를 통해 아이의 미래를 점치기도 하였다.

| 큰상차림 | 혼례는 혼인상, 육순은 만59세, 회갑은 만60세, 진갑은 만 61세 생일을 뜻하며, 회혼례는 혼인 후 60년을 해로한 날이며 잔치를 열어 축하하였다. 떡, 숙실과, 생실과, 견과, 유밀과, 각색당을 높이 괴어서 차렸다.

| 폐백상차림 | 혼례를 치른 후 신부가 시부모님과 시댁 어른들께 첫 인사를 드리는 예의가 폐백이다. 시아버지에게 부지런하게 조심스러운 마음으로 시집살이를 하겠다고 아뢰는 의미로 대추와 밤을 올렸다. 대추는 특성상 양기를 지녀 아들을 상징하고, 밤은 차고 음한 기운을 지녀 딸을 상징한다. 시어머니에게 올리는 육포는 고기를 한결같이 저며서 정성을 다해 말리는 것으로 마음으로 정성스럽게 모시겠다는 의미가 담겨 있다.

그림 13-3 **폐백하는 모습**

| 제사상차림 | 제사를 모실 때 차리는 상으로 고인의 기일 전날 지내는 상차림이다. 화려한 색과 심한 냄새는 피하고, 같은 종류의 음식은 홀수로 차린다. 밥, 국, 삼탕(육탕, 어탕, 소탕, 봉탕, 잡탕 중 3개), 적류(육적, 어적, 소적, 봉적, 채소적, 잡적), 간납(전류), 포, 숙채, 침채, 편(떡류), 식혜, 기타 한과와 과일류를 차린다. 제사상차림은 다음과 같은 규칙에 따라 준비한다.

- 좌포우혜(左胞右醯): 좌측에는 포, 우측에는 식혜를 놓는다.
- 어동육서(魚東肉西): 생선은 동쪽에, 육류는 서쪽으로 가게 한다.
- 동두서미(東頭西尾): 생선의 머리는 동쪽으로, 꼬리는 서쪽으로 향하게 놓는다.

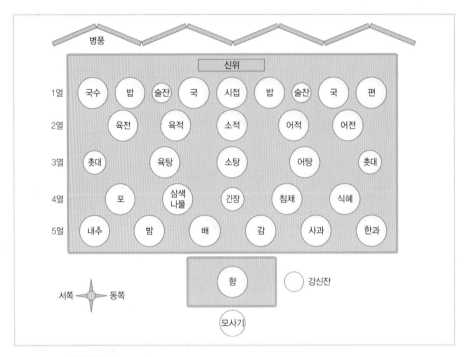

그림 13-4 **제사상차림**

- 홍동백서(紅東白西): 붉은 과일은 동쪽, 흰색 과일은 서쪽으로 놓는다.
- 조율이시(棗栗梨柿): 좌측부터 조(대추), 율(밤), 이(배), 시(곶감)의 순서로 진설하고 다음에 호두 혹은 망과류(넝쿨과일)를 쓰며 끝으로 조과류(다식, 산자, 약과)를 진설한다.

(2) 한국의 식사예절

- 웃어른과 식사할 때는 항상 어른이 수저를 든 다음 식사를 시작하고, 식사를 마칠 때는 어른이 수저를 내려놓은 다음에 내려놓는다.
- 숟가락과 젓가락을 한손에 동시에 들고 사용하지 말고, 젓가락을 사용할 때는 숟가락을 상에 놓고 사용한다.
- 젓가락을 사용할 때 상 위에서 젓가락 끝을 맞추는 소리를 내지 말아야 한다.
- 숟가락이나 젓가락을 밥그릇이나 국그릇에 걸쳐놓지 않는다.
- 밥은 왼쪽에, 국은 오른쪽에 차리고 밥그릇이나 국그릇은 손으로 들고 먹지 않는다.

- 국이나 국물김치 등이 담긴 그릇을 들고 국물을 마시지 말고 숟가락으로 떠서 마시되 소리를 내지 않고 가만히 마신다.
- 밥이나 반찬을 뒤적이거나 헤치는 것은 좋지 못하며, 먹지 않는 것을 골라내거 나 양념을 긁어내고 먹지 않으며 자기 앞쪽에서부터 먹는다.
- 밥과 국물김치, 찌개, 국은 숟가락으로 먹고, 다른 반찬은 젓가락으로 먹는다.
- 멀리 떨어진 음식이나 양념은 자기 팔을 길게 뻗어 집지 말고, 옆 사람에게 집 어 달라고 부탁하여 받는 것이 좋다.
- 식사가 끝나면 수저를 오른편 처음 위치에 가지런히 놓는다.

2) 중국의 상차림과 식사예절

(1) 중국의 상차림

중국음식은 큰 접시에 담아 순서대로 하나씩 식탁에 내놓는데, 먹을 때는 가운데 회전 원탁을 돌려가면서 개인접시에 덜어 먹는다. 따라서 식탁에는 조미료인 간장, 식초, 덜어 먹을 수 있는 접시와 젓가락만이 놓이게 된다. 식탁은 각탁과 원탁이라 는 두 종류가 있고, 때로는 회전대가 있기도 하며 한 식탁에 6~8명 정도 앉는다. 근 래에는 인원수에 맞추기 쉬운 원탁을 많이 사용하는데, 입구에서 먼 쪽 좌석에는 주빈이 앉고, 주빈의 맞은편(출입구 쪽)에는 주인이 앉는다.

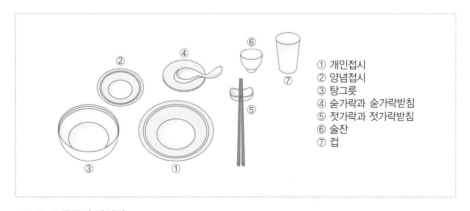

① 개인접시
② 양념접시
③ 탕그릇
④ 숟가락과 숟가락받침
⑤ 젓가락과 젓가락받침
⑥ 술잔
⑦ 컵

그림 13-5 **중국의 상차림**

(2) 중국의 식사예절

- 회전 원판이 올려진 식탁에서는 요리가 나오면 손님이 먼저 음식을 덜 수 있도록 앞쪽에 놓는다.
- 원판에 올린 요리를 덜어낸 후 서빙용 수저는 원판 안쪽으로 깊숙이 넣는다. 원판을 돌리다가 주변 물잔이나 술병을 넘어뜨리는 실수를 하지 않기 위함이다.
- 생선의 머리는 가장 윗사람을 향하게 놓아야 하며 생선은 뒤집어서 발라먹지 않고 뼈를 걷어내고 먹는다.
- 밥, 면류를 먹을 때 고개를 숙여서 먹는 것보다는 그릇을 들고 먹으며, 숟가락은 탕을 먹을 때만 사용한다.
- 차를 마실 때도 받침까지 들고 마신다.
- 손님 접대 시에는 음식을 풍성하게 차려 부족하지 않게 하며, 손님이 돌아갈 때 조금씩 나누어주는 관습이 남아 있다. 따라서 음식을 완전히 비우는 것은 음식이 부족하다는 의미로 받아들여져 실례가 될 수 있다.

3) 일본의 상차림과 식사예절

(1) 일본의 상차림

일본 전통요리는 일본 상차림의 기본이 되는 본선요리(本線料理)는 관혼상제의 의식요리로 종류에 따라 식단과 상의 수가 달라지는데 3즙 5채를 차려내는 3상이 일반적이다. 이때 즙은 국 종류를 말하며, 채는 반찬을 일컫는다. 다도요리에서 비롯된 가이세키요리(懷石料理), 연회요리인 가이세키요리(會席料理), 그리고 사찰요리인 정진요리(精進料理) 등이 있다.

(2) 일본의 식사예절

- 식사 전에 인사한다.
- 화장품이나 향수의 향이 요리의 향을 방해하지 않도록 한다.
- 뚜껑이 있는 그릇은 뚜껑을 열어 옆에 두는데 이때 소리가 나지 않도록 한다.
- 식사가 끝나면 뚜껑을 제자리에 덮어둔다.

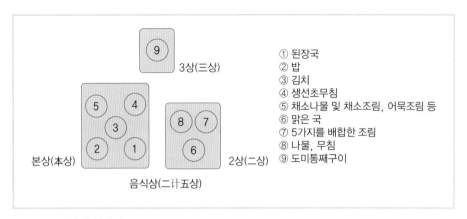

그림 13-6 **일본의 상차림**

- 식사 속도는 상대가 먹는 속도에 맞춘다.
- 개인식기를 활용하므로 밥상 넘어 건너편에 있는 것을 먹지 않는다.
- 음식을 들춰내며 골라 먹지 않는다.
- 음식을 집을 때 젓가락으로 푹 찍어서 먹지 않는다.
- 식사 시에는 젓가락만 사용하고 국은 그릇을 들고 마신다.

2 / 서양의 상차림과 식사예절

1) 서양의 상차림

(1) 정찬 상차림

- 디너(dinner) 상차림: 최고의 격식을 차린 만찬으로 메뉴도 8코스 이상이며 전채요리, 콩소메나 수프, 빵, 생선요리, 샐러드, 앙트레, 후식, 차 등으로 구성된다. 인테리어는 물론 리넨류, 식기류, 식탁 장식품, 파티 진행과정 등에 이르기까지 격조 있는 품격이 요구되는 클래식 스타일의 세팅이다.
- 서퍼(Supper, Family Dinner) 상차림: 세미디너 형식으로 완전히 격식을 차린 정찬식사가 아닌 오후 6시에 갖는 저녁 식사 형식의 상차림이다.

그림 13-7 **디너 개인 상차림**

그림 13-8 **서퍼 상차림**

- 웨딩(wedding) 상차림: 교외나 정원에서 가든파티 형식이나 세미디너 형식의 스타일로 이루어지는 결혼 축하 파티 상차림이다.
- 오찬(luncheon) 상차림: 낮 시간에 비즈니스 모임, 외교관 부인 모임 등 흔히 열리고 있는 매우 인기 있는 사교의 장에서 차리는 상차림으로, 메뉴도 디너에 뒤지지 않을 만큼 잘 차리고 테이블 세팅도 격식을 갖춘다.

(2) 일상식 상차림

- 브렉퍼스트(breakfast) 상차림: 가족과 함께하는 소규모 아침 식사로 과일, 시리얼, 달걀, 빵, 베이컨, 음료 등 5가지 정도의 메뉴를 구성하며, 기본적인 테이블웨

그림 13-9 **웨딩 상차림**

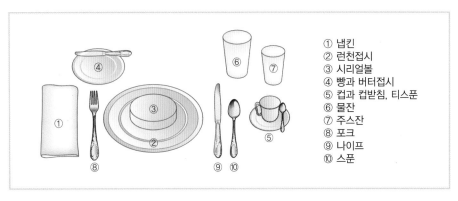

① 냅킨
② 런천접시
③ 시리얼볼
④ 빵과 버터접시
⑤ 컵과 컵받침, 티스푼
⑥ 물잔
⑦ 주스잔
⑧ 포크
⑨ 나이프
⑩ 스푼

그림 13-10 **브렉퍼스트 개인 상차림**

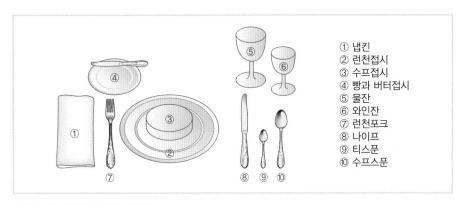

① 냅킨
② 런천접시
③ 수프접시
④ 빵과 버터접시
⑤ 물잔
⑥ 와인잔
⑦ 런천포크
⑧ 나이프
⑨ 티스푼
⑩ 수프스푼

그림 13-11 **브런치 개인 상차림**

어는 제대로 갖추도록 한다.

- 브런치(brunch) 상차림: 브런치는 브렉퍼스트(breakfast)와 런치(lunch)가 합쳐 진 단어로 가족끼리 특별히 준비해서 아침과 점심을 겸한 식사의 형식이며, 보통 오전 11시경에 한다. 부활절 아침이나 결혼식 아침 같은 특별한 모임이나 휴일 아침 가족 모임 등 늦은 아침에 여유 있게 먹는 식사 스타일이다. 메뉴는 수프, 빵, 고기요리, 생선요리, 샐러드, 후식, 차 등으로 구성된다.
- 포트럭(potluck) 상차림: 모이는 사람들이 각자 음식을 가져오는 캐주얼한 파티로 부인들의 모임이나 종교 모임에서 즐겨 하는 캐주얼 스타일이다.

각자 준비한 음식

먹기 좋게 세팅하는 모습

그림 13-12 **포트럭 파티**

(3) 뷔페 상차림

뷔페(Buffet) 상차림은 장소가 좁거나 식기가 모자라거나 모이는 사람의 도착 시간이 일정하지 않을 때 혹은 서빙하는 사람이 없을 때 하기 좋다. 초대 인원수가 적을 때는 싯다운 뷔페(sit-down buffet)로 음식과 식기를 같은 상에 차려 손님 각자가 접시에 음식을 덜어서 식탁에 앉아서 먹도록 하고, 인원이 많을 때는 스탠딩 뷔페(standing buffet)로 메뉴를 줄이면서 음식은 먹기 간편하게 만든다.

그림 13-13 **스텐딩 뷔페 상차림**

코리안 스타일 티 파티

애프터눈 티 파티

그림 13-14 **티 상차림**

(4) 티 상차림

티(Tea) 상차림은 대화를 즐기는 파티로 여러 종류의 차와 간단한 케이크와 쿠키, 과일 등으로 간단하게 차린다. 애프터눈 티 파티(afternoon tea party)는 파티 중에서 가장 전통 깊고 격조 높은 사교모임으로, 주로 외교관 부인들이 주최하는 이 모임은 매너가 까다로우며 파티의 진행과정도 중요하게 여긴다.

(5) 칵테일 파티 상차림

칵테일 파티(cocktail party)는 저녁 무렵 디너 파티의 식사 전 2시간 정도 주류를 즐기면서 분위기를 고조시키는 파티로, 리셉션 등이 이에 속한다. 이때 주류가 주가 되고 안주가 될 만한 간단한 음식으로 상차림을 한다.

2) 서양의 테이블 매너

- 일반적으로 입구에서 먼 쪽이나 벽을 등지는 자리 또는 전망이 좋은 곳이 상석이며 상석에는 그 모임의 주빈이나 여성이 먼저 앉는다. 몸과 테이블 거리는 주먹 2개 정도가 들어갈 정도로 적당히 유지한다. 또한 남녀가 좌석을 섞어 앉는게 기본으로 남자 주인과 여자 주인은 항상 마주 앉고 여자 주인의 오른쪽에

원 웨이 스타일(one way style)

투 웨이 스타일(two way style)

그림 13-15 **칵테일 파티 상차림**

남자 주빈, 남자 주인의 오른쪽에 여자 주빈이 앉도록 한다.

- 식사가 시작될 때쯤 냅킨을 펴지 않은 상태로 무릎 위에 가져와 조용하게 편후 반으로 접힌 쪽을 자기 앞으로 놓는다. 냅킨은 음식물을 옷에 떨어뜨리지 않기 위해 사용하는 것인데, 입을 가볍게 닦거나 핑거볼(Finger Bowl) 사용 후물기를 닦을 때도 이용한다. 식사가 끝난 후에는 3~4번 정도 접어 테이블 위에얌전히 놓는다.

- 중앙의 접시를 중심으로 나이프와 포크는 각각 오른쪽과 왼쪽에 놓여 있다. 따라서 있는 그대로 나이프는 오른손에 포크는 왼손에 잡으면 되고 코스에 따라바깥쪽에 있는 것부터 순서대로 사용한다. 식사 중 와인을 마시거나 하는 등으로 잠시 포크와 나이프를 놓을 때는 접시 양 끝에 걸쳐놓거나 서로 교차해놓으며, 포크만을 사용한 경우에는 접시 위에 엎어놓는다. 식사가 끝났을 때는 접시 중앙의 윗부분에 나란히 놓는다.

- 빵 접시는 본인의 왼쪽에, 물컵은 오른쪽에 놓는다. 빵은 나이프를 쓰지 않고한입에 먹을 만큼 손으로 떼어 먹으며, 빵을 입으로 베어 먹지 않는다. 빵은 수프가 나온 후 먹기 시작하고 디저트가 나오기 전에 먹는 것을 마쳐야 한다.

- 샐러드는 고기요리와 교대로 먹어도 괜찮다. 크거나 긴 것은 나이프를 이용하여 잘 접어서 먹는다.

3 / 식공간 연출

1) 식공간 연출의 기본

(1) 식공간 연출의 개념

일반적으로 식공간이란 '무엇인가를 먹는 공간'을 의미하는 것으로 먹는 것의 모든 행위가 이루어지는 전체의 공간들을 의미하며 식당, 테이블이라는 국한된 공간과 장소를 벗어난 보다 다양한 공간을 의미한다. 즉 식공간 연출은 음식을 비롯하여 식사를 하는 주변 환경을 전반적으로 연출함으로써 식재료와 조리, 테이블웨어 (table ware)와 식공간, 식사 스타일, 서비스방법, 상대방을 배려하는 환대 서비스의 총체를 고려하는 것이며, 이를 통해 궁극적으로 보다 편안하고 아름다운 식사공간의 분위기를 만들어내는 것이라 할 수 있다.

식공간에서 가장 이상적으로 추구하고자 하는 것은 음식을 섭취할 때 인간의 오감인 시각, 청각, 후각, 촉각, 미각을 만족시키고자 하는 것이다. 음식의 만족스러운 맛을 결정짓는 가장 큰 요인은 바로 80~90% 정도를 차지하는 시각이라고 할 수 있다. 따라서 식공간 연출이란 식(食)이라는 행위가 이루어질 수 있는 모든 공간에서 미학적 차원에서 사람들의 오감을 만족시키기 위해 장식적인 요소를 가미하여 아름답고 쾌적한 공간을 연출하는 것이라 할 수 있다.

(2) 식공간 연출의 색채 조화와 코디네이션

색채는 파티의 테마를 강조하여 분위기를 연출하는 파티 공간 연출에서 중요한 역할을 한다. 인간의 오감 중 시각으로 사물을 인지하는 비율은 80% 이상으로 색채의 영향이 매우 크다. 잘 조화된 색채, 즉 과학적으로 분석·계획·실시된 색채는 파티 참가자에게 관심을 갖게 하고 시선을 끄는 효과가 있다. 파티의 색채는 파티의 콘셉트와 행사 개최일의 계절성, 선호색 등을 고려하여 행사의 분위기를 고조시키는 역할을 하며 파티 무대는 물론 각종 장치 장식물 및 이벤트 패턴 디자인에 중요한 요소로 활용된다.

모든 디자인의 미적 가치는 그 요소의 선, 형, 형태, 색채, 표면 구조와 관련된 재질

감의 조화로운 결합에서 발현된다. 그중에서도 인간의 시각에 가장 직접적인 반응을 일으키는 요소가 색채이다. 그러나 색채는 절대적인 가치를 지니고 있지 않다. 색채의 효과는 상대적인 것이어서 2가지 이상의 색이 어떻게 조합되는지에 따라 미적 평가의 내용이 달라진다. 색은 단독으로 있기보다는 다른 색에 인접해 있거나 둘러싸여 있으며 어떤 색을 본다는 것은 그 이전에 보았던 색이나 인접한 색에서 얻어진

표 13-2 **색채대비의 종류**

색채대비	특징	예
명도대비	명도가 다른 두 색이 서로의 영향으로 인해 밝은색은 더 밝게, 어두운색은 더 어둡게 보이는 현상으로 각각의 명도 차가 클수록 대비효과가 강하다.	
색상대비	색상이 다른 두 색이 서로의 영향에 의하여 색상차가 크게 보이는 현상으로, 색상대비가 강한 구성은 화려하고 원색적이며 자극이 강하므로 시선 집중의 효과가 크다.	
채도대비	색채가 지닌 채도(chromaticness)의 정도 차이를 의미한다. 채도가 다른 두 색이 서로의 영향에 의하여 실제보다 채도 차가 크게 보이는 현상이다.	
보색대비	보색관계인 두 색을 인접시키면 서로의 영향으로 인하여 순수하면서도 활력 있게 느껴져 안정된 조화를 이룬다. 채도가 낮은 색에서도 보색대비효과가 나타난다.	
한난대비	색의 차고 따뜻한 느낌이 인접색에 의해 변화가 오는 대비이다. 각각 차고 따뜻한 느낌의 차이가 큰 색끼리 대비시키면 한난대비효과가 강하게 나타난다.	
면적대비	면적의 크고 작음에 의해 색이 다르게 보이는 현상이다. 고채도, 고명도의 색은 면적을 적게 하고 저채도·저명도의 색은 면적을 넓게 하면 시각적으로 균형을 이룬다.	
동시대비	구성된 색이 주위의 색이나 인접색의 영향으로 실제 색과 다르게 보이는 현상이다. 이는 실제의 색과 지각된 색과의 차이가 나타나는 것으로 게시대비를 제외하고는 동시대비가 보편적으로 적용된다.	
게시대비	어떤 색을 보고 난 후 다른 색을 보는 경우 먼저 본 색의 영향으로 다음에 보는 색이 다르게 보이는 현상이다.	

표 13-3 **일본 컬러디자인연구소의 컬러이미지스케일에 따른 12패턴의 이미지 분류**

이미지 분류		연관 형용사	이미지 분류		연관 형용사
warm soft	캐주얼	격식이 없는, 활력 있는	cool soft	로맨틱	부드러운 달콤한
	프리티	귀여운, 예쁜		엘레강스	우아한, 품위 있는
	내추럴	자연스러운, 서정적인		클리어	청결한, 순수한
	로맨틱	달콤한, 환상적인		쿨 캐주얼	젊음의, 개방적인
warm hard	다이나믹	힘이 넘치는, 정열적인	cool hard	시크	깊이 있는, 고품격의
	고저스	호화로운, 화려한		모던	도회적인, 개성적인
	에스닉	소수민족의, 이국적인		댄디	실용적인, 안정된
	클래식	고품격의, 전통적인		포멀	격조 높은, 웅장한

감도에 근거하여 그 색을 보게 되어 원래의 색과는 다르게 느끼게 되는데 이것이 색
채 대비현상이다. 모든 색의 대비는 동시대비 내에서 명도, 색상, 채도, 한난대비 등
이 일어나지만 특히 면적대비가 궁극적으로 효과가 가장 크고 주의 깊게 설정해야
한다. 사람들은 고채도의 색이 면적을 적게 차지할 때 시각적 쾌감을 느끼고 아름

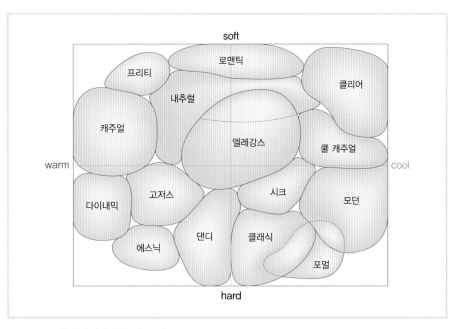

그림 13-16 **색채이미지 형용사 공간**

답다고 여긴다. 즉, 색마다 시각적으로 느껴지는 무게가 다른데 노란색 같이 명도와
채도가 높은 색은 자극이 커서 시각적 무게가 크므로 면적을 작게 잡아야 한다.

(3) 식공간 연출의 이미지

파티 공간 연출의 기본 콘셉트는 이미지(image)와 상상력(imagination)이다. 파티
연출을 위해 공간의 이미지를 구체적으로 시각화하는 것은 매우 어려운 작업이므
로 간단하게 이미지 스케일(image scale)을 이용하면 디자인 방향을 결정하기 쉬워
진다.

2) 테이블 코디네이션

서양요리의 테이블 세팅, 특히 프랑스요리에는 포크와 나이프를 늘어놓는 방법 등
에 일정한 룰이 있다. 또한 영국과 같이, 현재까지도 귀족계급이 존재하는 사회에서
는 엄격한 룰이 적용된다. 이러한 룰은 국가 간에는 공식의례이고, 개인에게는 에티
켓에 해당한다. 한국에는 한국식이 있는 것처럼 서양에는 그들만의 방법이 있다.

테이블 세팅을 단순히 보면 식탁 위에 접시와 스푼, 포크 등의 커트러리, 그리고
글라스를 배치하고 식탁을 보기 좋게 꾸미는 것에 그치나, 좀 더 넓게 생각하면 식
사의 목적과 모임의 성격에 맞는 분위기를 연출하고 그 모임에 활력을 주는 아주 중
요한 역할을 한다고 볼 수 있다.

일반적으로 테이블클로스, 냅킨, 초 등을 모두 동일한 색상으로 정한 후 접시, 글
라스, 커트러리 순으로 세팅하고 테이블에서 가장 강조되어야 할 부분에 센터피스
를 두어 테이블의 기본 색상과 조화를 이루면서 포인트가 되도록 한다. 격조 있는
디너 파티에서는 테이블웨어로 순은(sterling silver)제품을 사용한다.

테이블클로스는 흰 레이스 식탁보와 냅킨, 또는 리넨(특히 다마스크지)을 최고로
꼽는다. 냅킨을 어떻게 접었는가 하는 문제도 식탁 분위기를 좌우한다. 또한 종류별
글라스로 식탁의 분위기를 매혹적으로 연출하며, 테이블 세팅이 끝나고 초에 불을
붙이면 식기와 글라스에 빛이 반사되어 매혹적인 분위기를 조성할 수 있다.

표 13-4 **색채 이미지와 표현 언어**

색채 이미지 표현 언어	연관 언어	배색 이미지
[로맨틱(romantic)] 낭만적인, 소설적인, 소설에 나옴직한, 공상에 잠기는, 공상적인, 몽상적인, 비실제적인	• 천지난만하다. • 나긋나긋하다. • 부드럽고 온화하다. • 평온하고 침착하다. • 꿈 같다. 미래적이다.	
[엘리건트(elegant)] 품위 있는, 우아한, 고상한	• 우아하다. • 차분하다. • 여성적이다.	
[내추럴(natural)] 자연의, 천연의, 자연 그대로의, 가공하지 않은	• 평화롭다. • 안락하다. • 소박하다. • 가정적이다. • 친밀하다. • 한가하다.	
[프리티(pretty)] 예쁜, 귀여운, 참한, 조촐한, 예쁘장한	• 귀엽다. • 어리다. • 달콤하다. • 깜찍하다.	
[클리어(clear)] 밝은, 맑게 갠, 선명한, 밝은, 빛나는, 순수한	• 순수하다. • 청결하다. • 청초하다. • 상쾌하다. • 냉정하다. • 담백하다. • 깔끔하다. • 산뜻하다.	
[캐주얼(casual)] 우발적인, 뜻밖의, 무심결의, 되는대로의, 격식을 차리지 않은, 약식의	• 활기차다. • 즐겁다. • 유쾌하다. • 재미있다. • 의외이다.	
[다이내믹(dynamic)] 동적인, 에너지를 내는, 활동적인	• 강렬하다. • 격렬하다. • 충격적이다.	

(계속)

색채 이미지 표현 언어	연관 언어	배색 이미지
[고저스(gorgeous)] 호화스러운, 화려한, 찬란한, 눈부신, 멋진, 굉장한, 훌륭한	• 호화스럽다. • 사치스럽다. • 화려하다. • 화사하다.	
[에스닉(ethnic)] 인종의, 민족의, 민족 특유의	• 민족적이다. • 토착적이다. • 맵다. • 시다. • 쓰다. • 이국풍이다.	
[모던(modern)] 현대식의, 새로운, 최신의, 현대적인	• 샤프하다. • 지적이다. • 기계적이다. • 세련되다.	
[클래식(classic)] 일류의, 최고 수준의, 고전의, 유서 깊은, 권위 있는, 정평이 난, 전형적인, 모범적인, 유행에 얽매이지 않는	• 중후하다. • 변화가 없다. • 보수적이다. • 남성적이다.	
[전통적인(traditional)] 전통의, 고풍의, 전설의, 전승의, 구식의		

그림 13-17 **리넨류**

(1) 테이블 코디네이션의 기본 아이템

| **리넨류** | 리넨(linen)은 원래 마를 일컫는 말이지만 테이블 세팅에서는 테이블클로스, 러너, 매트, 냅킨 등 식사에 필요한 천 종류 모두를 뜻한다.

- 테이블클로스(table cloth): 일반적으로 정식 테이블 세팅에는 테이블클로스를 깐다. 프랑스 스타일의 정식 만찬 테이블 세팅의 경우는 풀 클로스(full cloth)로 준비하고,

일반적인 정식 테이블 세팅의 경우에는 식탁 끝에서 50~60cm 늘어지도록 하며, 가정에서 사용하는 테이블클로스는 식탁 끝에서 20~30cm 정도 늘어지는 크기가 적당하다. 소재는 마(다마스크지), 면, 레이스 순으로 자주 사용하며 어느 소재든 흰색이 가장 고급스럽고 무난하다.

- 언더클로스(under cloth): 테이블보 아래 깔아 그릇이나 커트러리 등을 놓을 때 나는 소리를 흡수하는 기능적인 역할을 한다. 테이블보다 10cm 정도 큰 것이 적당하며 소재는 멜톤이나 융, 두꺼운 면 등이 좋다.

- 런천매트(luncheon mat): 런천매트는 일반적으로 캐주얼한 세팅에 사용하는데 크기는 35×45cm의 직사각형이 일반적이며 식탁 위의 개인적인 공간을 표현한다. 테이블클로스와 함께 사용하거나 러너와 함께 사용하며 3가지를 한꺼번에 사용하는 것은 피하도록 한다.

- 냅킨(napkin): 냅킨은 무릎 위에 펼쳐놓아 음식물이 떨어질 때 옷이 더럽혀지지 않도록 하거나 입 주위를 닦을 때 사용하는 것이다. 테이블에 따라 크기가 다른데 정찬용은 60×60cm, 티타임엔 20×20cm, 칵테일 잔을 감싸는 냅킨은 10×10cm이다. 그러나 보통 가로세로 각각 45cm의 냅킨이 일반적이며 점심과 저녁에는 천으로 된 것을 사용하고 아침에는 종이 냅킨을 써도 괜찮다. 냅킨을 사용할 때는 끝을 10cm 정도 안으로 접어 무릎에 깔고 사용하며 입이나 손에 묻은 것을 닦을 때는 접은 안쪽을 사용하여 더러움이 눈에 띄지 않게 하는 것이 테이블 매너이다.

- 러너(runer): 테이블 가운데를 길게 덮는 직사각형 모양으로 대개 폭이 30cm 정도이며 테이블 밑으로 늘어지는 길이는 테이블클로스와 같거나 약간 짧은 것이 좋다. 러너만 사용할 경우에는 30cm 정도 늘어지는 것이 보기 좋다. 러너는 테이블클로스와 함께 사용하거나 단독으로 사용하며 센터피스 등의 장식을 놓거나 함께 먹는 요리를 놓는 공용공간(public space)을 나타낸다.

▌**식기류**▐ 일반 가정의 식기류(tableware)는 디너 접시(27cm), 샐러드 접시나 오드볼 접시(21~23cm), 수프 볼이나 시리얼 볼(21cm), 케이크 접시(18~19cm), 찻잔 세트 정도가 1인용 기본 세트이지만, 대개 일품요리를 먹는 점심 때나 가족들과의 저녁 식

그림 13-18 **식기류**

사에서는 디너 접시를 1장 사용하는 것이 일반적이다. 손님상일 경우 디너 접시 위에 샐러드 접시를 겹쳐 사용하여 멋을 내기도 한다. 또한 세팅 접시 위에 오드볼 접시가 놓이기도 하는데, 오드볼 접시와 세팅 접시가 치워진 후 메인 음식이 디너 접시에 담겨 나간다. 이때 세팅 접시는 주로 금속제를 사용하는데 이 접시는 지름이 30cm로 디너 접시보다 크고 앉을 자리를 나타내기 때문에 위치 접시라고도 한다.

▌커트러리▐ 서양식 상차림에서 수저류에 해당하는 스푼, 포크, 나이프를 통틀어 커트러리(cutlery) 또는 플랫웨어(flatware)라고도 한다. 고급 커트러리는 순은이나 도금제품이 많은데, 이것은 실버웨어(silverware)라고 부른다. 이것은 단순히 음식을

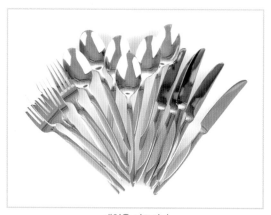

개인용 커트러리

공용 커트러리

그림 13-19 **커트러리**

그림 13-20 **유리잔류**

먹기 위해 운반하거나 자르는 도구의 역할뿐만 아니라 식탁의 품격을 높여주는 역할을 한다. 따라서 정찬 테이블 세팅에는 순은제품을 사용한다. 왕족이나 귀족 가문의 문양이 새겨진 커트러리는 자랑거리로 프랑스 스타일의 테이블의 경우 커트러리를 엎어서 세팅하기도 한다.

∥유리잔류∥ 정식 상차림에는 크고 작은 유리잔류(glassware)가 3개씩 놓이는데, 왼쪽부터 물·레드와인·화이트와인의 순서로 나이프 위쪽에 놓는다.

- 고블릿: 제일 큰 컵으로 물이나 주스, 맥주를 마시는 용도로 사용한다.
- 레드와인잔: 중간 크기로 고블릿 겸용으로 사용한다.
- 화이트와인잔: 레드와인잔보다 글라스의 폭이 약간 좁다.
- 샴페인잔: 좁고 길게 생긴 것과 넓고 얕은 것이 있는데 좁고 긴 것은 샴페인 이외에 발포성 와인 등에 폭넓게 사용하고, 넓은 것은 층층이 쌓아 파티용으로 많이 쓴다. 아이스크림잔이나 펀치볼 등으로도 사용할 수 있다.

∥센터피스∥ 센터피스(centerpiece)는 테이블 중앙에서 장식적인 역할을 담당하는 것을 통틀어 지칭하는 것이다. 음식과 상관이 없지만 꽃이나 과일로 식탁 위를 장식

그림 13-21 **센터피스**

해 식욕을 돋우고 촛대나 소품으로 식탁의 분위기를 연출하는 역할을 한다. 센터피스는 상대방의 시선을 방해하지 않는 높이여야 하며, 꽃의 경우 사람이 앉았을 때 턱 정도까지 오는 약 25cm가 적당하다.

▌**기타 소품** ▌이외에도 식탁에서 사용하는 기타 소품(figurement)인 양념통, 냅킨홀더, 네임카드 스탠드, 은이나 도자기 장식품 등이 테이블 세팅을 돋보이게 한다.

(2) 테이블 세팅

▌**테이블의 구조** ▌우선 테이블에 한 사람분의 식기를 놓는 범위의 너비는 40~45cm이고 폭은 35cm이다(그림 13-23). 이것은 사람의 어깨 너비와 자리에 앉아 팔을 뻗었을 때 편안하게 닿을 수 있는 길이를 고려한 수치이다. 테이블에서의 개인 공간에서도 룰에 맞추어 세팅한다. 우선 접시는 테이블 끝에서 손가락 2개만큼(3cm 정도), 커트러리는 손가락 3개만큼(5cm 정도) 안으로 들여서 세팅한다. 또한 컵은 접시 가운데 위에서 시작해 커트러리 오른쪽 끝 사이에 놓으며 물잔, 레드와인잔, 화이트와인잔 순으로 놓는다. 식탁 가운데의 30cm 폭을 차지하는 공용공간에는 센터피스와 캔들 스탠드, 양념통 등을 놓는다.

▌**테이블 세팅 순서** ▌

- 언더클로스를 깐다.

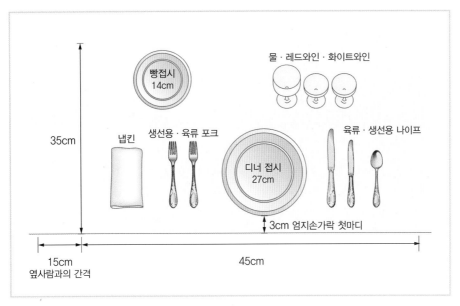

그림 13-22 **서양 테이블의 구조**

| 샐러드접시 세팅 | 빵접시 세팅 | 샐러드와 빵접시 세팅 |

그림 13-23 **식기 세팅**

- 테이블클로스를 깐다.
- 센터피스를 테이블 중앙에 놓는다.
- 플레이스 플레이트(place plate)를 놓는다. 이때 런천매트를 사용해도 된다.
- 식기와 커트러리(cutlery)를 놓는다.
- 유리잔류(glassware)를 놓는다.
- 냅킨을 접어서 포크의 왼쪽 또는 접시 중앙에 둔다.

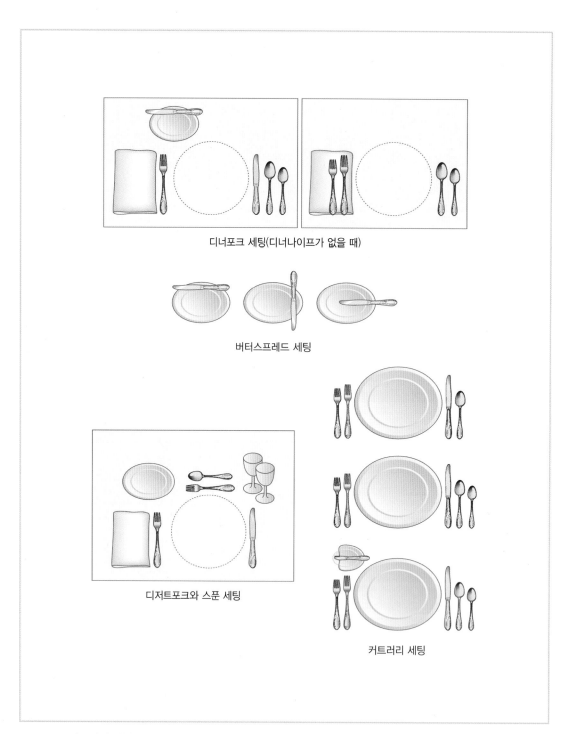

디너포크 세팅(디너나이프가 없을 때)

버터스프레드 세팅

디저트포크와 스푼 세팅

커트러리 세팅

그림 13-24 **커트러리 세팅**

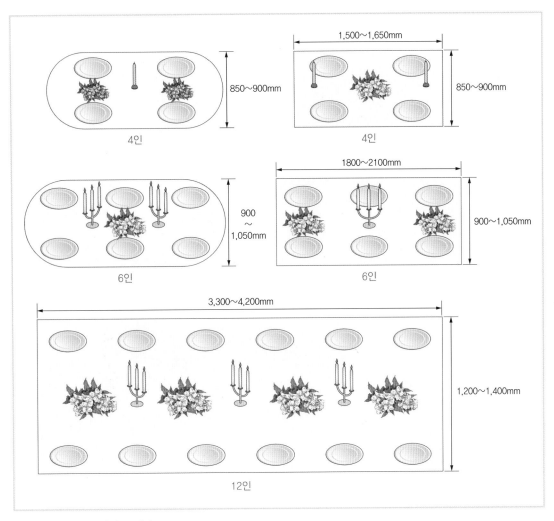

그림 13-25 **초와 센터피스 세팅**

3) 연회 식공간 연출

(1) 연회 기획

연회(파티)는 친목을 도모하거나 무엇인가를 기념하기 위한 잔치나 모임으로 소규모 모임부터 결혼 피로연, 생일 축하연, 기념회 등 대규모의 모임을 이르는 말이다. 서양 의 연회는 사교·친목 등을 목적으로 한 모임을 의미하지만, 우리나라에서의 연회는 경사가 있을 때 음식을 차려놓고 여러 사람이 모여 즐기면서 가족과 이웃 간의 소통과 정을 나누는 잔치나 연회를 의미한다. 잔치는 크게 마을 굿 등의 공동체 잔치, 궁중에서 행한 궁중 잔치, 돌이나 혼례·회갑 등의 통과의례 잔치, 설날이나 추석 등의 명절을 포함한다. 즉 음식과 함께 사람과 사람 간의 만남의 장을 만들고 커뮤니케이션을 통해 현대사회에서 중요시하는 인맥 네트워크를 형성시키며, 집안 모임이든 동료와의 회식이든 생일잔치든 사람들이 모여 먹거리를 나누며 흥겨운 시간을 보내는 것이 바로 연회이다.

과거에 연회는 상류층의 사치문화로 치부되었으나 삶의 질을 추구하는 사람들이

그림 13-26 **다양한 종류의 연회**

증가하면서 와인 파티, 댄스 파티, 선상 파티 등 다양한 목적의 사교와 유흥을 위한 연회가 늘고 있다. 이제 적은 수의 사람이 모여 이벤트성 모임을 갖는 소규모 연회에서 기업이 주최하는 어떤 명목을 가진 대규모 연회로, 연회가 확장되고 있다. 또한 푸드 스타일링이라는 새로운 영역과 함께 식음공간을 새로운 이벤트, 목적과 기능에 합당한 장으로 만들기 위해 개성 있고 편안한 식공간을 기획·조정·연출하는 일이 중요해지고 있다.

연회 기획의 생명은 훌륭한 테마와 이를 뒷받침하고 향후 전반적인 분야에 적용하게 될 콘셉트 도출이다. 미리 계획된 연회는 연회에서 얻을 수 있는 이론적인 욕구인 식욕의 충족과 동시에 연회 가치가 증대되는 환경의 충출을 통하여 고객의 오감에 유쾌한 자극을 줌으로써 궁극적으로 고객, 즉 인간의 삶을 더욱 풍요롭게 이끌어간다.

이전까지의 연회가 식사 중심이었다면 오늘날의 연회는 일종의 퍼포먼스 형식으로 진행된다. 따라서 주종인 음식 외에도 분위기를 고조시킬 수 있는 다양하고 참신한 이벤트가 필요해졌다. 연회 기획에서 가장 중요한 것은 모든 연출된 상황들이 전체적인 콘셉트와 연관성을 가져야 하고, 지루하지 않게 연출되어야 한다는 것이다.

연회의 기획자는 기존의 '먹기 위한 자리'라는 먹거리공간의 개념 외에 더 많은 이야깃거리, 볼거리가 있는 하나의 이벤트로 기억에 남는 식공간을 계획·기획하는 중요한 역할을 한다. 연회를 구상하기 위해서는 연회를 위한 식사 메뉴뿐 아니라 식기와 꽃, 음악이나 조명 등을 적절하게 조화시켜 개성 있는 특별한 공간을 연출하고 시간, 장소, 목적에 적합한 요인 간의 조화를 이루어야 한다.

연회는 단계별 준비과정을 체크리스트를 통해 통괄한다. 먼저 연회의 콘셉트와 개최자의 요구사항을 확인한 후 초대장을 발송한다. 다음에는 요리 메뉴를 설정하고 메뉴카드를 작성하고 요리를 완성한다. 마지막으로 테이블 데커레이션을 통해 식공간을 연출하고 네임카드 및 좌석을 세팅한다.

초대장은 연회 일주일 전쯤 도착할 수 있도록 발송하며 수신인은 약 3일 전에 참석 여부를 통보한다.

| 연회 콘셉트 정하기,
개최자의 요구사항 확인,
초대장 발송 | → | 요리 메뉴 설정,
메뉴카드 작성,
요리 완성 | → | 테이블 데커레이션,
식공간 연출,
네임카드 및 좌석 세팅 |

그림 13-27 **연회 기획과정**

4) 연회 메뉴계획

(1) 한식 식단 구성과 상차림

| 식단 구성 시 주의사항 |

- 반상, 면상, 주안상 등 상차림 종류에 맞는 음식을 선택한다.
- 계절과 식사하는 시간대를 고려한다.
- 인물 구성과 연령, 성별 등을 고려한다.
- 제철식품을 우선적으로 이용한다.
- 식품 천연의 맛, 색, 모양 등을 살린다.
- 다양한 조리법을 이용한다.
- 찬 음식과 더운 음식을 조화롭게 구성한다.
- 전채, 주음식, 후식을 확실하게 구별하여 대접한다.
- 식사 장소(주방, 식당, 홀, 방, 정원 등)나 서빙 인원에 따라 음식의 대접법을 달리 한다. 완전히 차리는 독상 또는 교자상인지, 뷔페식인지, 서빙을 일일이 해야 하 는 코스식인지 정한다.

| 손님 초대를 위한 주안상 | 먼저 술과 포나 마른안주를 내어 술잔이 고루 돌아가면 찬 음식과 더운 음식을 때에 맞추어 바로바로 내도록 한다. 술을 거의 들면 주식을 면이나 떡국 등으로 마련한다. 식사 후에는 후식으로 조과, 생과일, 화채나 차 등을 1가지 정도씩 내도록 한다.

- 기본음식: 국수(떡국, 만둣국), 청장, 초장, 초고추장, 보김치, 배추동치미
- 찬품: 대추초, 완자탕, 생굴회, 갈비찜, 신선로, 떡산적, 완자전, 알쌈, 쇠머리편육, 잡채

주안상에
곁들이는
장국상

표 13-5 **계절별 다과상 구성**

구분	떡	과자	음료	구분	떡	과자	음료
1월	꽃절편	깨강정	수정과	7월	증편	정과	제호탕
2월	약식	유과	원소병	8월	개성주악	밀쌈	수박화채
3월	화전	쌀강정	오미자화채	9월	송편	삼색란	곡차
4월	쑥설기	매작과	청면	10월	단자	다식	녹차
5월	삼색경단	오미자편	보리수단	11월	약과	대추초	오과차
6월	깨찰편	섭산삼	송화밀수	12월	두텁떡	빙사과	배숙

| **손님 초대를 위한 코스요리 구성법** |

- 우리나라 사람들은 정서상 주식(밥)을 원하므로 주요리가 끝나고 후식이 나오기 전 코스에 마련한다.
- 10가지 음식이 10회에 걸쳐서 나가는 것이 아니라 간소화시켜 3회 정도에 걸쳐 서빙되도록 한다(예: 전채, 탕, 소채 / 주요리(생선, 육가금류 중 1가지) / 후식)
- 백김치, 동치미, 겉절이는 전채나 기본찬 또는 사이드요리로 제공할 수 있다.
- 겨자채, 탕평채, 인삼튀김 등도 전채요리나 주요리(육류)와 함께 사이드요리로 제공하면 좋다.

- 주안상: 마른 안주와 전통주
- 전채요리: 오이선, 어선, 대하찜, 밀쌈 / 호박죽
- 주요리: 유자향 은대구구이와 호박전, 표고전, 애호박전, 삼합찜 / 신선로 / 갈비와 수삼구이, 마늘쫑
- 식사: 비빔밥, 석류탕, 배추김치, 백나박김치, 약고추장, 탕평채, 다시마튀각, 마늘장선
- 후식: 과일, 식혜, 매작과, 약과, 색단자

2002년 6월,
남북정상회담
만찬 메뉴

표 13-6 **한식 코스요리의 구성**

구분	1	2	3	4	5	6	7
1. 전채	마른안주	전복초와 알쌈	오이선	해물숙회	구절판	각색부각과 매듭자반	어채
2. 탕	잣죽	신선로	완자탕	꼬리곰탕	버섯맑은탕	연두부 쑥갓죽	양지머리 곰국
3. 생선요리	대하찜	어선	해물전유어	어산적	도미면	조개찜	게찜
4. 육류요리	섭산적	너비아니	갈비찜	우설찜과 호박나물	각색편육	고기전	돼지고기와 풋고추구이
5. 조류 또는 구이	생선구이	닭찜	닭섭산적	빈대떡	닭양념구이	북어와 더덕구이	파전
6. 소채	화양적	잡채	겨자채	탕평채	채소전	모둠나물	버섯볶음
7. 기본찬	동치미	보김치	배추김치	김구이와 깍두기	오이소박이	명란젓	백김치
8. 주식	냉면	온면	규아상	쌀밥	떡국	차조밥	골동반 (비빔밥)
9. 후식	단자	액식	약과	다식	경단	매작과	엿강정
10. 차	과일화채	식혜	곡차	녹차	배숙	오미자화채	유자차

(2) 서양식 식단 구성과 상차림

지위가 높은 정부의 공직자나 외교관이 공식적으로 베푸는 칵테일 파티를 리셉션이라고 하는데, 오늘날에는 특정한 사람이나 중요한 사건을 축하 또는 기념하기 위해 베푸는 공식적인 모임을 가리키기도 한다. 식사 전 리셉션은 초대된 손님들이 행사가 진행되기 전에 서로 모여서 교제하는 것이 목적으로 칵테일 파티와 비슷한 정도의 간단한 음식을 제공하는 것이 일반적이다. 풀 리셉션은 리셉션만을 베푸는 행사로 음식은 식사 전 리셉션보다는 실속 있게 카나페, 샌드위치, 커틀릿, 치즈, 작은 패티 등 손으로 집어 먹을 수 있는 핑거푸드 등을 더운 음식과 차가운 음식으로 다양하게 구성해야 하며, 주류는 디너와 뷔페와 같이 와인류를 제공한다. 주로 신제품 발표회나 전시 오프닝, 음악회 등의 행사에서 많이 행해진다.

그림 13-28 다양한 연회 음식 연출 실습[대구가톨릭대 식품영양학과 실습 수업]

표 13-7 **연회 식단 구성의 예**

분류	구체적인 메뉴
차가운 음식과 카나페	케이퍼를 곁들인 훈제연어, 미니 햄버거, 모둠카나페, 꽃샐러드, 월남쌈, 오이소박이
더운 음식	오렌지드레싱과 훈제오리, 아스파라거스 쇠고기말이, 떡갈비, 녹두전, 단호박타락죽
식사류	주먹밥, 컵비빔밥, 냉국수, 피자
후식	꿀떡꼬치, 모둠과일, 모둠한과
음료	홍초칵테일, 아이스티(커피)

5) 특별식 식공간 연출

(1) 어린이날 상차림

- 타이틀: 소공녀들의 저녁 만찬
- 테이블 스토리: 어느새 작은 숙녀로 자란 우리 공주님들을 위한 디너 파티
- 메뉴: 과일드레싱을 얹은 그린샐러드, 케이프크림소스를 곁들인 연어 스파게티, 오렌지젤리
- 테이블웨어: 앤티크 식기와 커트러리, 앤티크풍 도자기
- 센터피스: 리시안사스, 왁스, 부바르디아

(2) 어버이날 상차림

- 타이틀: 양가 부모님께 카네이션 달아드리던 날
- 테이블 스토리: 결혼 후 처음 맞는 어버이날, 아직 어렵고 서먹한 양가 부모님을 모시고 그간의 수고로움과 사랑에 감사하며 맛있는 저녁을 마련
- 메뉴: 호두곶감쌈, 육포, 송화다식, 섭산삼, 도화주
- 테이블웨어: 도자기
- 센터피스: 수국, 곱슬버들

그림 13-29 **어린이날 상차림**

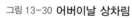

그림 13-30 **어버이날 상차림**

그림 13-31 **스승의 날 상차림**

(3) 스승의 날 상차림

- 타이틀: 선생님의 미소
- 테이블 스토리: 선생님의 사랑이 그리운 5월에 30년지기 여고 동창생이 마련한 선생님과의 저녁 식사
- 메뉴: 연자죽, 오이선과 고기상추 샐러드, 도미찜
- 테이블웨어: 연꽃이 피어 있는 생활 도자기
- 센터피스: 마디초, 부추꽃

(4) 화이트데이 상차림

- 타이틀: 당신과 함께할 화이트데이
- 테이블 스토리: 싱그런 추억을 기대하며 하루하루 손꼽아온 화이트데이
- 메뉴: 에멘탈치즈와 사과, 햄을 넣은 카나페
- 테이블웨어: 청자(한국 도요), 칠기 매트
- 센터피스: 대나무, 조팝, 연두빛 장미, 프리지아

(5) 약혼식 상차림

- 타이틀: 우리 큰딸 약혼식을 위해
- 테이블 스토리: 아쉬운 마음보다 애틋한 마음이 더 크기에 엄마가 직접 약혼식 테이블을 연출
- 메뉴: 은행수프, 연어샐러드, 깨소스버섯샐러드, 은대구유자간장조림, 치즈무스 케이크와 홍차
- 테이블웨어: 꽃을 꽂은 도자기
- 센터피스: 튤립, 리시안사스, 장미, 부바르디아

(6) 집들이 상차림

- 타이틀: 거실에서 하는 저녁 파티
- 테이블 스토리: 늘 바깥에서 하던 부부 모임을 이번에는 손님들을 초대하여 집에서 진행

그림 13-32 **화이트데이 상차림**

그림 13-33 **약혼식 상차림**

그림 13-34 **집들이 상차림**

그림 13-35 **돌상차림**

- 메뉴: 참치다다키샐러드, 두부튀김, 새우구이아보카도소스
- 테이블웨어: 다양한 색상의 터키석 그릇
- 센터피스: 설유화, 몬스테라와 장미잎

(7) 돌상차림

- 타이틀: 첫 딸 돌 파티
- 테이블 스토리: 엄마가 직접 준비하는 돌 파티
- 메뉴: 돌잡이상, 간단한 뷔페식, 간단한 답례선물
- 테이블웨어: 주칠소원반, 유기그릇, 유리접시

부록 1

2020 한국인 영양소 섭취기준 - 에너지와 다량영양소, 비타민, 무기질

에너지와 다량영양소

성별	연령	에너지(kcal/일) 필요추정량	권장섭취량	충분섭취량	상한섭취량	탄수화물(g/일) 평균필요량	권장섭취량	충분섭취량	상한섭취량	식이섬유(g/일) 평균필요량	권장섭취량	충분섭취량	상한섭취량
영아	0–5(개월)	500						60					
	6–11	600						90					
유아	1–2(세)	900				100	130					15	
	3–5	1,400				100	130					20	
남자	6–8(세)	1,700				100	130					25	
	9–11	2,000				100	130					25	
	12–14	2,500				100	130					30	
	15–18	2,700				100	130					30	
	19–29	2,600				100	130					30	
	30–49	2,500				100	130					30	
	50–64	2,200				100	130					30	
	65–74	2,000				100	130					25	
	75 이상	1,900				100	130					25	
여자	6–8(세)	1,500				100	130					20	
	9–11	1,800				100	130					25	
	12–14	2,000				100	130					25	
	15–18	2,000				100	130					25	
	19–29	2,000				100	130					20	
	30–49	1,900				100	130					20	
	50–64	1,700				100	130					20	
	65–74	1,600				100	130					20	
	75 이상	1,500				100	130					20	
	임신부[1]	+0 +340 +450				+35	+45					+5	
	수유부	+340				+60	+80					+5	

성별	연령	지방(g/일) 평균필요량	권장섭취량	충분섭취량	상한섭취량	리놀레산(g/일) 평균필요량	권장섭취량	충분섭취량	상한섭취량	알파-리놀렌산(g/일) 평균필요량	권장섭취량	충분섭취량	상한섭취량	EPA + DHA(mg/일) 평균필요량	권장섭취량	충분섭취량	상한섭취량
영아	0–5(개월)			25				5.0				0.6				200[2]	
	6–11			25				7.0				0.8				300[2]	
유아	1–2(세)							4.5				0.6					
	3–5							7.0				0.9					
남자	6–8(세)							9.0				1.1				200	
	9–11							9.5				1.3				220	
	12–14							12.0				1.5				230	
	15–18							14.0				1.7				230	
	19–29							13.0				1.6				210	
	30–49							11.5				1.4				400	
	50–64							9.0				1.4				500	
	65–74							7.0				1.2				310	
	75 이상							5.0				0.9				280	
여자	6–8(세)							7.0				0.8				200	
	9–11							9.0				1.1				150	
	12–14							9.0				1.2				210	
	15–18							10.0				1.1				100	
	19–29							10.0				1.2				150	
	30–49							8.5				1.2				260	
	50–64							7.0				1.2				240	
	65–74							4.5				1.0				150	
	75 이상							3.0				0.4				140	
	임신부							+0				+0				+0	
	수유부							+0				+0				+0	

[1] 1,2,3 분기별 부가량
[2] DHA

자료: 보건복지부, 한국영양학회(2020).

성별	연령	단백질(g/일)				메티오닌(g/일)				류신(g/일)			
		평균필요량	권장섭취량	충분섭취량	상한섭취량	평균필요량	권장섭취량	충분섭취량	상한섭취량	평균필요량	권장섭취량	충분섭취량	상한섭취량
영아	0–5(개월)			10				0.4				1.0	
	6–11	12	15			0.3	0.4			0.6	0.8		
유아	1–2(세)	15	20			0.3	0.4			0.6	0.8		
	3–5	20	25			0.3	0.4			0.7	1.0		
남자	6–8(세)	30	35			0.5	0.6			1.1	1.3		
	9–11	40	50			0.7	0.8			1.5	1.9		
	12–14	50	60			1.0	1.2			2.2	2.7		
	15–18	55	65			1.2	1.4			2.6	3.2		
	19–29	50	65			1.0	1.4			2.4	3.1		
	30–49	50	65			1.1	1.3			2.4	3.1		
	50–64	50	60			1.1	1.3			2.3	2.8		
	65–74	50	60			1.0	1.3			2.2	2.8		
	75 이상	50	60			0.9	1.1			2.1	2.7		
여자	6–8(세)	30	35			0.5	0.6			1.0	1.3		
	9–11	40	45			0.6	0.7			1.5	1.8		
	12–14	45	55			0.8	1.0			1.9	2.4		
	15–18	45	55			0.8	1.1			2.0	2.4		
	19–29	45	55			0.8	1.0			2.0	2.5		
	30–49	40	50			0.8	1.0			1.9	2.4		
	50–64	40	50			0.8	1.1			1.9	2.3		
	65–74	40	50			0.7	0.9			1.8	2.2		
	75 이상	40	50			0.7	0.9			1.7	2.1		
	임신부[1]	+12 / +25	+15 / +30			1.1	1.4			2.5	3.1		
	수유부	+20	+25			1.1	1.5			2.8	3.5		

성별	연령	이소류신(g/일)				발린(g/일)				라이신(g/일)			
		평균필요량	권장섭취량	충분섭취량	상한섭취량	평균필요량	권장섭취량	충분섭취량	상한섭취량	평균필요량	권장섭취량	충분섭취량	상한섭취량
영아	0–5(개월)			0.6				0.6				0.7	
	6–11	0.3	0.4			0.3	0.5			0.6	0.8		
유아	1–2(세)	0.3	0.4			0.4	0.5			0.6	0.7		
	3–5	0.3	0.4			0.4	0.5			0.6	0.8		
남자	6–8(세)	0.5	0.6			0.6	0.7			1.0	1.2		
	9–11	0.7	0.8			0.9	1.1			1.4	1.8		
	12–14	1.0	1.2			1.2	1.6			2.1	2.5		
	15–18	1.2	1.4			1.5	1.8			2.3	2.9		
	19–29	1.0	1.4			1.4	1.7			2.5	3.1		
	30–49	1.1	1.4			1.4	1.7			2.4	3.1		
	50–64	1.1	1.3			1.3	1.6			2.3	2.9		
	65–74	1.0	1.3			1.3	1.6			2.2	2.9		
	75 이상	0.9	1.1			1.1	1.5			2.2	2.7		
여자	6–8(세)	0.5	0.6			0.6	0.7			0.9	1.3		
	9–11	0.6	0.7			0.9	1.1			1.3	1.6		
	12–14	0.8	1.0			1.2	1.4			1.8	2.2		
	15–18	0.8	1.1			1.2	1.4			1.8	2.2		
	19–29	0.8	1.1			1.1	1.3			2.1	2.6		
	30–49	0.8	1.0			1.0	1.4			2.0	2.5		
	50–64	0.8	1.1			1.1	1.3			1.9	2.4		
	65–74	0.7	0.9			0.9	1.3			1.8	2.3		
	75 이상	0.7	0.9			0.9	1.1			1.7	2.1		
	임신부	1.1	1.4			1.4	1.7			2.3	2.9		
	수유부	1.3	1.7			1.6	1.9			2.5	3.1		

[1] 2,3 분기별 부가량

자료: 보건복지부, 한국영양학회(2020).

성별	연령	페닐알라닌 + 티로신(g/일)				트레오닌(g/일)				트립토판(g/일)			
		평균 필요량	권장 섭취량	충분 섭취량	상한 섭취량	평균 필요량	권장 섭취량	충분 섭취량	상한 섭취량	평균 필요량	권장 섭취량	충분 섭취량	상한 섭취량
영아	0–5(개월)			0.9				0.5				0.2	
	6–11	0.5	0.7			0.3	0.4			0.1	0.1		
유아	1–2(세)	0.5	0.7			0.3	0.4			0.1	0.1		
	3–5	0.6	0.7			0.3	0.4			0.1	0.1		
남자	6–8(세)	0.9	1.0			0.5	0.6			0.1	0.2		
	9–11	1.3	1.6			0.7	0.9			0.2	0.2		
	12–14	1.8	2.3			1.0	1.3			0.3	0.3		
	15–18	2.1	2.6			1.2	1.5			0.3	0.4		
	19–29	2.8	3.6			1.1	1.5			0.3	0.3		
	30–49	2.9	3.5			1.2	1.5			0.3	0.3		
	50–64	2.7	3.4			1.1	1.4			0.3	0.3		
	65–74	2.5	3.3			1.1	1.3			0.2	0.3		
	75 이상	2.5	3.1			1.0	1.3			0.2	0.3		
여자	6–8(세)	0.8	1.0			0.5	0.6			0.1	0.2		
	9–11	1.2	1.5			0.6	0.9			0.2	0.2		
	12–14	1.6	1.9			0.9	1.2			0.2	0.3		
	15–18	1.6	2.0			0.9	1.2			0.2	0.3		
	19–29	2.3	2.9			0.9	1.1			0.2	0.3		
	30–49	2.3	2.8			0.9	1.2			0.2	0.3		
	50–64	2.2	2.7			0.8	1.1			0.2	0.3		
	65–74	2.1	2.6			0.8	1.0			0.2	0.2		
	75 이상	2.0	2.4			0.7	0.9			0.2	0.2		
임신부		0.8	1.0			3.0	3.8			0.3	0.4		
수유부		0.8	1.1			3.7	4.7			0.4	0.5		

성별	연령	히스티딘(g/일)				수분(mL/일)					
		평균 필요량	권장 섭취량	충분 섭취량	상한 섭취량	음식	물	음료	충분섭취량		상한 섭취량
									액체	총수분	
영아	0–5(개월)			0.1					700	700	
	6–11	0.2	0.3			300			500	800	
유아	1–2(세)	0.2	0.3			300	362	0	700	1,000	
	3–5	0.2	0.3			400	491	0	1,100	1,500	
남자	6–8(세)	0.3	0.4			900	589	0	800	1,700	
	9–11	0.5	0.6			1,100	686	1.2	900	2,000	
	12–14	0.7	0.9			1,300	911	1.9	1,100	2,400	
	15–18	0.9	1.0			1,400	920	6.4	1,200	2,600	
	19–29	0.8	1.0			1,400	981	262	1,200	2,600	
	30–49	0.7	1.0			1,300	957	289	1,200	2,500	
	50–64	0.7	0.9			1,200	940	75	1,000	2,200	
	65–74	0.7	1.0			1,100	904	20	1,000	2,100	
	75 이상	0.7	0.8			1,000	662	12	1,100	2,100	
여자	6–8(세)	0.3	0.4			800	514	0	800	1,600	
	9–11	0.4	0.5			1,000	643	0	900	1,900	
	12–14	0.6	0.7			1,100	610	0	900	2,000	
	15–18	0.6	0.7			1,100	659	7.3	900	2,000	
	19–29	0.6	0.8			1,100	709	126	1,000	2,100	
	30–49	0.6	0.8			1,000	772	124	1,000	2,000	
	50–64	0.6	0.7			900	784	27	1,000	1,900	
	65–74	0.5	0.7			900	624	9	900	1,800	
	75 이상	0.5	0.7			800	552	5	1,000	1,800	
임신부		1.2	1.5							+200	
수유부		1.3	1.7						+500	+700	

자료: 보건복지부, 한국영양학회(2020).

지용성비타민

성별	연령	비타민 A(μg RAE/일)				비타민 D(μg/일)			
		평균 필요량	권장 섭취량	충분 섭취량	상한 섭취량	평균 필요량	권장 섭취량	충분 섭취량	상한 섭취량
영아	0–5(개월)			350	600			5	25
	6–11			450	600			5	25
유아	1–2(세)	190	250		600			5	30
	3–5	230	300		750			5	35
남자	6–8(세)	310	450		1,100			5	40
	9–11	410	600		1,600			5	60
	12–14	530	750		2,300			10	100
	15–18	620	850		2,800			10	100
	19–29	570	800		3,000			10	100
	30–49	560	800		3,000			10	100
	50–64	530	750		3,000			10	100
	65–74	510	700		3,000			15	100
	75 이상	500	700		3,000			15	100
여자	6–8(세)	290	400		1,100			5	40
	9–11	390	550		1,600			5	60
	12–14	480	650		2,300			10	100
	15–18	450	650		2,800			10	100
	19–29	460	650		3,000			10	100
	30–49	450	650		3,000			10	100
	50–64	430	600		3,000			10	100
	65–74	410	600		3,000			15	100
	75 이상	410	600		3,000			15	100
임신부		+50	+70		3,000			+0	100
수유부		+350	+490		3,000			+0	100

성별	연령	비타민 E(mg α-TE/일)				비타민 K(μg/일)			
		평균 필요량	권장 섭취량	충분 섭취량	상한 섭취량	평균 필요량	권장 섭취량	충분 섭취량	상한 섭취량
영아	0–5(개월)			3				4	
	6–11			4				6	
유아	1–2(세)			5	100			25	
	3–5			6	150			30	
남자	6–8(세)			7	200			40	
	9–11			9	300			55	
	12–14			11	400			70	
	15–18			12	500			80	
	19–29			12	540			75	
	30–49			12	540			75	
	50–64			12	540			75	
	65–74			12	540			75	
	75 이상			12	540			75	
여자	6–8(세)			7	200			40	
	9–11			9	300			55	
	12–14			11	400			65	
	15–18			12	500			65	
	19–29			12	540			65	
	30–49			12	540			65	
	50–64			12	540			65	
	65–74			12	540			65	
	75 이상			12	540			65	
임신부				+0	540			+0	
수유부				+3	540			+0	

자료: 보건복지부, 한국영양학회(2020).

수용성 비타민

성별	연령	비타민 C(mg/일)				티아민(mg/일)			
		평균 필요량	권장 섭취량	충분 섭취량	상한 섭취량	평균 필요량	권장 섭취량	충분 섭취량	상한 섭취량
영아	0–5(개월) 6–11			40 55				0.2 0.3	
유아	1–2(세) 3–5	30 35	40 45		340 510	0.4 0.4	0.4 0.5		
남자	6–8(세) 9–11 12–14 15–18 19–29 30–49 50–64 65–74 75 이상	40 55 70 80 75 75 75 75 75	50 70 90 100 100 100 100 100 100		750 1,100 1,400 1,600 2,000 2,000 2,000 2,000 2,000	0.5 0.7 0.9 1.1 1.0 1.0 1.0 0.9 0.9	0.7 0.9 1.1 1.3 1.2 1.2 1.2 1.1 1.1		
여자	6–8(세) 9–11 12–14 15–18 19–29 30–49 50–64 65–74 75 이상	40 55 70 80 75 75 75 75 75	50 70 90 100 100 100 100 100 100		750 1,100 1,400 1,600 2,000 2,000 2,000 2,000 2,000	0.6 0.8 0.9 0.9 0.9 0.9 0.9 0.8 0.7	0.7 0.9 1.1 1.1 1.1 1.1 1.1 1.0 0.8		
	임신부	+10	+10		2,000	+0.4	+0.4		
	수유부	+35	+40		2,000	+0.3	+0.4		

성별	연령	리보플라빈(mg/일)				니아신(mg NE/일)[1]			상한 섭취량
		평균 필요량	권장 섭취량	충분 섭취량	상한 섭취량	평균 필요량	권장 섭취량	충분 섭취량	니코틴산/니코틴아미드
영아	0–5(개월) 6–11			0.3 0.4				2 3	
유아	1–2(세) 3–5	0.4 0.5	0.5 0.6			4 5	6 7		10/180 10/250
남자	6–8(세) 9–11 12–14 15–18 19–29 30–49 50–64 65–74 75 이상	0.7 0.9 1.2 1.4 1.3 1.3 1.3 1.2 1.1	0.9 1.1 1.5 1.7 1.5 1.5 1.5 1.4 1.3			7 9 11 13 12 12 12 11 10	9 11 15 17 16 16 16 14 13		15/350 20/500 25/700 30/800 35/1000 35/1000 35/1000 35/1000 35/1000
여자	6–8(세) 9–11 12–14 15–18 19–29 30–49 50–64 65–74 75 이상	0.6 0.8 1.0 1.0 1.0 1.0 1.0 0.9 0.8	0.8 1.0 1.2 1.2 1.2 1.2 1.2 1.1 1.0			7 9 11 11 11 11 11 10 9	9 12 15 14 14 14 14 13 12		15/350 20/500 25/700 30/800 35/1000 35/1000 35/1000 35/1000 35/1000
	임신부	+0.3	+0.4			+3	+4		35/1000
	수유부	+0.4	+0.5			+2	+3		35/1000

[1] 1 mg NE(니아신 당량)=1 mg 니아신=60 mg 트립토판

자료: 보건복지부, 한국영양학회(2020).

성별	연령	비타민 B₆(mg/일)				엽산(μg DFE/일)[1]			
		평균 필요량	권장 섭취량	충분 섭취량	상한 섭취량	평균 필요량	권장 섭취량	충분 섭취량	상한 섭취량[2]
영아	0–5(개월) 6–11			0.1 0.3				65 90	
유아	1–2(세) 3–5	0.5 0.6	0.6 0.7		20 30	120 150	150 180		300 400
남자	6–8(세) 9–11 12–14 15–18 19–29 30–49 50–64 65–74 75 이상	0.7 0.9 1.3 1.3 1.3 1.3 1.3 1.3 1.3	0.9 1.1 1.5 1.5 1.5 1.5 1.5 1.5 1.5		45 60 80 95 100 100 100 100 100	180 250 300 330 320 320 320 320 320	220 300 360 400 400 400 400 400 400		500 600 800 900 1,000 1,000 1,000 1,000 1,000
여자	6–8(세) 9–11 12–14 15–18 19–29 30–49 50–64 65–74 75 이상	0.7 0.9 1.2 1.2 1.2 1.2 1.2 1.2 1.2	0.9 1.1 1.4 1.4 1.4 1.4 1.4 1.4 1.4		45 60 80 95 100 100 100 100 100	180 250 300 330 320 320 320 320 320	220 300 360 400 400 400 400 400 400		500 600 800 900 1,000 1,000 1,000 1,000 1,000
임신부		+0.7	+0.8		100	+200	+220		1,000
수유부		+0.7	+0.8		100	+130	+150		1,000

성별	연령	비타민 B₁₂(μg/일)				판토텐산(mg/일)				비오틴(μg/일)			
		평균 필요량	권장 섭취량	충분 섭취량	상한 섭취량	평균 필요량	권장 섭취량	충분 섭취량	상한 섭취량	평균 필요량	권장 섭취량	충분 섭취량	상한 섭취량
영아	0–5(개월) 6–11			0.3 0.5				1.7 1.9				5 7	
유아	1–2(세) 3–5	0.8 0.9	0.9 1.1					2 2				9 12	
남자	6–8(세) 9–11 12–14 15–18 19–29 30–49 50–64 65–74 75 이상	1.1 1.5 1.9 2.0 2.0 2.0 2.0 2.0 2.0	1.3 1.7 2.3 2.4 2.4 2.4 2.4 2.4 2.4					3 4 5 5 5 5 5 5 5				15 20 25 30 30 30 30 30 30	
여자	6–8(세) 9–11 12–14 15–18 19–29 30–49 50–64 65–74 75 이상	1.1 1.5 1.9 2.0 2.0 2.0 2.0 2.0 2.0	1.3 1.7 2.3 2.4 2.4 2.4 2.4 2.4 2.4					3 4 5 5 5 5 5 5 5				15 20 25 30 30 30 30 30 30	
임신부		+0.2	+0.2					+1.0				+0	
수유부		+0.3	+0.4					+2.0				+5	

[1] Dietary Folate Equivalents, 가임기 여성의 경우 400 μg/일의 엽산보충제 섭취를 권장함.
[2] 엽산의 상한섭취량은 보충제 또는 강화식품의 형태로 섭취한 μg/일에 해당됨.
자료: 보건복지부, 한국영양학회(2020).

다량무기질

성별	연령	칼슘(mg/일)				인(mg/일)				나트륨(mg/일)			
		평균 필요량	권장 섭취량	충분 섭취량	상한 섭취량	평균 필요량	권장 섭취량	충분 섭취량	상한 섭취량	평균 필요량	권장 섭취량	충분 섭취량	만성질환위험 감소섭취량
영아	0–5(개월)			250	1,000			100				110	
	6–11			300	1,500			300				370	
유아	1–2(세)	400	500		2,500	380	450		3,000			810	1,200
	3–5	500	600		2,500	480	550		3,000			1,000	1,600
남자	6–8(세)	600	700		2,500	500	600		3,000			1,200	1,900
	9–11	650	800		3,000	1,000	1,200		3,500			1,500	2,300
	12–14	800	1,000		3,000	1,000	1,200		3,500			1,500	2,300
	15–18	750	900		3,000	1,000	1,200		3,500			1,500	2,300
	19–29	650	800		2,500	580	700		3,500			1,500	2,300
	30–49	650	800		2,500	580	700		3,500			1,500	2,300
	50–64	600	750		2,000	580	700		3,500			1,500	2,300
	65–74	600	700		2,000	580	700		3,500			1,300	2,100
	75 이상	600	700		2,000	580	700		3,000			1,100	1,700
여자	6–8(세)	600	700		2,500	480	550		3,000			1,200	1,900
	9–11	650	800		3,000	1,000	1,200		3,500			1,500	2,300
	12–14	750	900		3,000	1,000	1,200		3,500			1,500	2,300
	15–18	700	800		3,000	1,000	1,200		3,500			1,500	2,300
	19–29	550	700		2,500	580	700		3,500			1,500	2,300
	30–49	550	700		2,500	580	700		3,500			1,500	2,300
	50–64	600	800		2,000	580	700		3,500			1,500	2,300
	65–74	600	800		2,000	580	700		3,500			1,300	2,100
	75 이상	600	800		2,000	580	700		3,000			1,100	1,700
임신부		+0	+0		2,500	+0	+0		3,000			1,500	2,300
수유부		+0	+0		2,500	+0	+0		3,500			1,500	2,300

성별	연령	염소(mg/일)				칼륨(mg/일)				마그네슘(mg/일)			
		평균 필요량	권장 섭취량	충분 섭취량	상한 섭취량	평균 필요량	권장 섭취량	충분 섭취량	상한 섭취량	평균 필요량	권장 섭취량	충분 섭취량	상한 섭취량[1]
영아	0–5(개월)			170				400				25	
	6–11			560				700				55	
유아	1–2(세)			1,200				1,900		60	70		60
	3–5			1,600				2,400		90	110		90
남자	6–8(세)			1,900				2,900		130	150		130
	9–11			2,300				3,400		190	220		190
	12–14			2,300				3,500		260	320		270
	15–18			2,300				3,500		340	410		350
	19–29			2,300				3,500		300	360		350
	30–49			2,300				3,500		310	370		350
	50–64			2,300				3,500		310	370		350
	65–74			2,100				3,500		310	370		350
	75 이상			1,700				3,500		310	370		350
여자	6–8(세)			1,900				2,900		130	150		130
	9–11			2,300				3,400		180	220		190
	12–14			2,300				3,500		240	290		270
	15–18			2,300				3,500		290	340		350
	19–29			2,300				3,500		230	280		350
	30–49			2,300				3,500		240	280		350
	50–64			2,300				3,500		240	280		350
	65–74			2,100				3,500		240	280		350
	75 이상			1,700				3,500		240	280		350
임신부				2,300				+0		+30	+40		350
수유부				2,300				+400		+0	+0		350

[1] 식품외 급원의 마그네슘에만 해당

자료: 보건복지부, 한국영양학회(2020).

미량무기질

성별	연령	철(mg/일)				아연(mg/일)				구리(μg/일)			
		평균필요량	권장섭취량	충분섭취량	상한섭취량	평균필요량	권장섭취량	충분섭취량	상한섭취량	평균필요량	권장섭취량	충분섭취량	상한섭취량
영아	0–5(개월)			0.3	40			2				240	
	6–11	4	6		40	2	3					330	
유아	1–2(세)	4.5	6		40	2	3		6	220	290		1,700
	3–5	5	7		40	3	4		9	270	350		2,600
남자	6–8(세)	7	9		40	5	5		13	360	470		3,700
	9–11	8	11		40	7	8		19	470	600		5,500
	12–14	11	14		40	7	8		27	600	800		7,500
	15–18	11	14		45	8	10		33	700	900		9,500
	19–29	8	10		45	9	10		35	650	850		10,000
	30–49	8	10		45	8	10		35	650	850		10,000
	50–64	8	10		45	8	10		35	650	850		10,000
	65–74	7	9		45	8	9		35	600	800		10,000
	75 이상	7	9		45	7	9		35	600	800		10,000
여자	6–8(세)	7	9		40	4	5		13	310	400		3,700
	9–11	8	10		40	7	8		19	420	550		5,500
	12–14	12	16		40	6	8		27	500	650		7,500
	15–18	11	14		45	7	9		33	550	700		9,500
	19–29	11	14		45	7	8		35	500	650		10,000
	30–49	11	14		45	7	8		35	500	650		10,000
	50–64	6	8		45	6	8		35	500	650		10,000
	65–74	6	8		45	6	7		35	460	600		10,000
	75 이상	5	7		45	6	7		35	460	600		10,000
임신부		+8	+10		45	+2.0	+2.5		35	+100	+130		10,000
수유부		+0	+0		45	+4.0	+5.0		35	+370	+480		10,000

성별	연령	불소(mg/일)				망간(mg/일)				요오드(μg/일)			
		평균필요량	권장섭취량	충분섭취량	상한섭취량	평균필요량	권장섭취량	충분섭취량	상한섭취량	평균필요량	권장섭취량	충분섭취량	상한섭취량
영아	0–5(개월)			0.01	0.6			0.01				130	250
	6–11			0.4	0.8			0.8				180	250
유아	1–2(세)			0.6	1.2			1.5	2.0	55	80		300
	3–5			0.9	1.8			2.0	3.0	65	90		300
남자	6–8(세)			1.3	2.6			2.5	4.0	75	100		500
	9–11			1.9	10.0			3.0	6.0	85	110		500
	12–14			2.6	10.0			4.0	8.0	90	130		1,900
	15–18			3.2	10.0			4.0	10.0	95	130		2,200
	19–29			3.4	10.0			4.0	11.0	95	150		2,400
	30–49			3.4	10.0			4.0	11.0	95	150		2,400
	50–64			3.2	10.0			4.0	11.0	95	150		2,400
	65–74			3.1	10.0			4.0	11.0	95	150		2,400
	75 이상			3.0	10.0			4.0	11.0	95	150		2,400
여자	6–8(세)			1.3	2.5			2.5	4.0	75	100		500
	9–11			1.8	10.0			3.0	6.0	80	110		500
	12–14			2.4	10.0			3.5	8.0	90	130		1,900
	15–18			2.7	10.0			3.5	10.0	95	130		2,200
	19–29			2.8	10.0			3.5	11.0	95	150		2,400
	30–49			2.7	10.0			3.5	11.0	95	150		2,400
	50–64			2.6	10.0			3.5	11.0	95	150		2,400
	65–74			2.5	10.0			3.5	11.0	95	150		2,400
	75 이상			2.3	10.0			3.5	11.0	95	150		2,400
임신부				+0	10.0			+0	11.0	+65	+90		
수유부				+0	10.0			+0	11.0	+130	+190		

자료: 보건복지부, 한국영양학회(2020).

성별	연령	셀레늄(μg/일)				몰리브덴(μg/일)				크롬(μg/일)			
		평균 필요량	권장 섭취량	충분 섭취량	상한 섭취량	평균 필요량	권장 섭취량	충분 섭취량	상한 섭취량	평균 필요량	권장 섭취량	충분 섭취량	상한 섭취량
영아	0-5(개월)			9	40							0.2	
	6-11			12	65							4.0	
유아	1-2(세)	19	23		70	8	10		100			10	
	3-5	22	25		100	10	12		150			10	
남자	6-8(세)	30	35		150	15	18		200			15	
	9-11	40	45		200	15	18		300			20	
	12-14	50	60		300	25	30		450			30	
	15-18	55	65		300	25	30		550			35	
	19-29	50	60		400	25	30		600			30	
	30-49	50	60		400	25	30		600			30	
	50-64	50	60		400	25	30		550			30	
	65-74	50	60		400	23	28		550			25	
	75 이상	50	60		400	23	28		550			25	
여자	6-8(세)	30	35		150	15	18		200			15	
	9-11	40	45		200	15	18		300			20	
	12-14	50	60		300	20	25		400			20	
	15-18	55	65		300	20	25		500			20	
	19-29	50	60		400	20	25		500			20	
	30-49	50	60		400	20	25		500			20	
	50-64	50	60		400	20	25		450			20	
	65-74	50	60		400	18	22		450			20	
	75 이상	50	60		400	18	22		450			20	
임신부		+3	+4		400	+0	+0		500			+5	
수유부		+9	+10		400	+3	+3		500			+20	

자료: 보건복지부, 한국영양학회(2020).

부록 2

영양소별 영양섭취기준에 대한 섭취 비율

구분	2010 비율(표준오차)	2011 비율(표준오차)	2012 비율(표준오차)	2013 비율(표준오차)	2014 비율(표준오차)
에너지	99.9(0.7)	98.5(0.7)	96.6(0.8)	101.2(0.8)	100.4(0.7)
단백질	163.5(1.4)	162.9(1.6)	159.5(1.8)	164.7(1.8)	160.1(1.4)
칼슘	73.4(0.8)	72.5(0.8)	70.3(1.1)	71.7(1.0)	68.7(0.7)
인	169.3(1.3)	166.8(1.3)	162.8(1.7)	157.6(1.8)	153.2(1.2)
나트륨	338.4(3.7)	335.9(4.1)	321.7(4.6)	284.4(3.3)	274.2(3.4)
칼륨	87.9(0.9)	86.3(0.8)	85.3(1.1)	86.5(0.8)	86.9(0.8)
철	139.8(2.0)	139.5(2.3)	137.6(2.4)	169.8(2.6)	163.8(4.5)
비타민 A	122.7(2.9)	126.0(3.1)	132.5(4.8)	112.2(2.3)	118.7(3.1)
티아민	129.8(1.3)	127.2(1.3)	126.2(1.6)	191.5(1.6)	186.3(1.9)
리보플라빈	103.3(0.9)	103.1(1.1)	103.1(1.4)	113.2(1.1)	110.2(1.0)
니아신	120.2(1.1)	120.2(1.3)	118.4(1.3)	113.0(1.2)	115.2(1.1)
비타민 C	114.1(2.3)	112.6(2.1)	113.1(2.6)	98.4(2.6)	105.5(2.8)

1) 영양섭취기준
  - 제5,6기(2010-2014): 2010 한국인 영양섭취기준 개정판(한국영양학회, 2010)
  - 에너지, 필요추정량; 나트륨, 칼륨, 충분섭취량; 그 외 영양소, 권장섭취량
자료: 보건복지부(2015). 2014 국민건강통계. 발췌 재구성.

부록 3
영양소별 주요 급원 식품

순위	탄수화물	단백질	지방	칼슘	철분	비타민C	나트륨
1	백미	백미	돼지고기	우유	백미	사과	소금
2	빵	돼지고기	콩기름	배추김치	뽕잎,분말	감	간장
3	찹쌀	닭고기	쇠고기	멸치	무	배추김치	배추김치
4	국수	쇠고기	달걀	호상요구르트	배추김치	고구마	된장
5	라면	딜걀	마요네즈	딜걀	달걀	무	라면
6	떡	우유	라면	백미	쇠고기	오렌지	고추장
7	사과	빵	우유	두부	이온음료	시금치	국수
8	현미	두부	빵	파	빵	딸기	쌈장
9	커피	오징어	참기름	라면	된장	참외	단무지
10	고구마	대두	닭고기	빵	떡	양파	빵
11	보리	국수	두부	치즈	돼지고기	양배추	어패류젓
12	설탕	라면	커피	대두	김	감자	깍두기
13	밀가루	배추김치	비스켓,쿠키	아이스크림	닭고기	토마토	햄
14	우유	찹쌀	케이크	커피	두부	고추	미역
15	콜라	햄	스낵과자	깨	대두	과일음료	메밀/냉면(국수)

자료: 보건복지부(2015). 2014 국민건강통계. 발췌 재구성.

부록 4

표준체중 계산하는 방법

Broca법에 의한 표준 체중(kg) 계산하기(성인)

- 남자: (신장(cm) − 100) × 0.9
- 여자: (신장(cm) − 100) × 0.85

변형된 Broca법에 의한 표준 체중(kg) 계산하기(성인)

- 신장 160cm 이상인 경우: (신장(cm) − 100) × 0.9
- 신장 150cm 이상~160cm 미만인 경우: [(신장(cm) − 150) / 2] + 50
- 신장 150 미만인 경우: 신장(cm) − 100

체질량지수(Body Mass Index: BMI)를 이용하여 표준 체중(kg) 계산하기(성인)

BMI 정상수치 18.5~24.9의 평균값(남자 22, 여자 21)을 아래 수식 중 BMI값에 대입하여 표준체중을 계산

$$BMI = \frac{체중}{키(m) \times 키(m)}$$

남자: 키(m) × 키(m) × 22
여자: 키(m) × 키(m) × 21

참고문헌

도서

구난숙, 권순자, 이경애, 이선영(2014). 세계 속의 음식문화. 교문사.

구성자, 김희선(2012). 새롭게 쓴 세계의 음식문화. 교문사.

권순자, 김미리, 손정민, 김종희, 이연경, 최경숙, 정현아(2014). 식생활관리(개정판). 파워북.

김숙희, 강병남(2013). 세계의 식생활과 음식문화. 대왕사.

김의근, 김석지, 박명주, 이선익, 이철우(2014). 세계음식문화. 백산출판사.

농촌진흥청 국립농업과학원(2010). 한식과 건강. 교문사.

동아시아식생활학회연구회(2004). 식의 문화. 식의 정보화. 광문각.

동아시아식생활학회연구회(2009). 식의 문화. 조리와 먹거리. 광문각.

동아시아식생활학회연구회(2012) 식의 문화. 식의 사상과 행동. 광문각.

류혜숙, 김옥선, 최해연(2012). 알수록 건강해지는 영양이야기. 양서원.

린다 시비텔로 저, 최정희, 이영미, 김소영 역(2011). 음식에 담긴 문화 요리에 담긴 역사. 대가.

마빈 해리스 저, 서진영 역(1995). 음식문화의 수수께끼. 한길사.

배현주, 백재은, 서정숙, 이연경(2014). 저나트륨 한국 음식 레시피. 농림축산식품부.

변광의, 손천배, 김향숙, 구난숙, 송은승, 이선영, 이경애(2008). 식품, 음식 그리고 식생활(개
    정판). 교문사.

서정숙, 이혜상, 이심열, 김경민, 김복희(2011). 식생활관리(개정판). 신광출판사.

신승미, 손정우, 오미영, 송태희, 김동희, 안채경, 고정순, 이숙미, 조민오, 박금미, 김영숙
    (2005). 우리 고유의 상차림. 교문사.

쓰지하라 야스오 저, 이정환 역(2002). 음식 그 상식을 뒤엎는 역사. 창해.

안명숙, 정혜경, 김애정, 신승미, 한경선, 우나리아, 김현정(2008). 식생활관리. 수학사.

유한나, 계수경, 김진숙, 김효연(2012). 함께 떠나는 세계 식문화. 백산출판사.

윤서석(1997). 한국음식대관 1: 한국음식의 개관. 한국문화재보호재단.

윤옥현, 이영순, 김현오, 황금희, 변진원, 백재은, 박경숙(2012). 식생활관리. 광문각.

이상일, 김지영, 김현학, 김화영, 라미용, 남승연, 문수재, 박경애, 손숙미(2002). 영유아영양.
    교문사.

이심열, 이혜상, 김경원(2010). 식생활관리. 한국방송통신대학교출판부.

21세기 연구회(2008). 진짜 세계사, 음식이 만든 역사. 미니어컴퍼니 쿠켄.

이지현(2013). 글로벌 시대의 음식문화. 기문사.

임양순, 이애랑, 하애화, 류혜숙(2011). 식생활관리. 교문사.

임영상, 최영수, 노명환(1997). 음식으로 본 서양문화. 대한교과서.

임영희, 왕수경, 윤은영, 구난숙(2006). 식생활과 다이어트. 형설출판사.

정정희, 허정, 김엄식, 이강춘, 권오천, 이여진(2011). 흥미롭고 다양한 세계의 음식문화. 광문각.

정혜경, 오세영, 김미혜, 안효진(2015). 식생활문화. 교문사.

최정희, 최남순, 조우균, 이영미, 차성미, 전관수(2014). 세계 식생활과 문화. 파워북.

최지유, 권수연, 윤지현(2013). 조리원리 및 실습. 양서원.

최혜미(2006). 영양과 건강이야기. 라이프사이언스.

최혜미, 박영숙, 이주희(2012). 21세기 식생활관리. 교문사.

한정순, 김갑수, 김영현, 김현오, 김현주, 박선민, 안창순, 한성희(2012). 생애주기영양학. 지구문화사.

황혜성, 한복려, 한복진, 정라나(2010). 3대가 쓴 한국의 전통음식. 교문사.

Gilles Fumey, Olivier Etcheverria(2004). Atlas mondial des cuisines et gastronomies, Éditions Autrement.

Ken Albala, Greenwood(2010). Food culture around the world. Prentice Hall.

Paul Fieldhouse(1995). Food and Nutrition. Customs and culture. Champman & Hall.

Solomon H. Katz & William Woys Weaver(2002). Encyclopedia of food and culture. Scribner.

논문·학술지·보고서

김경민, 김경희(2010). 한식 브랜드 개성의 포지셔닝을 통한 한식세계화 전략-한·중·일·영어권 글로벌 마케팅 접근-. 한국식품유통학회지 27(3): 63~96.

남유신(2015). 호텔 연회 웨딩홀의 식공간 연출, 푸드 스타일링, 테이블 코디네이션이 고객 만족과 행동의도에 미치는 영향-대전지역 특급호텔을 중심으로. 관광연구저널, 29(2): 185-198.

농림축산식품부(2015). 2014년 한국외식업경기 종합보고서.

농림축산식품부(2015). 농촌정책과, 농업 미래성장산업화의 도약판을 놓다.

농림축산식품부(2015). 식생활소비정책과. 로컬푸드 한 단계 더 높은 수준으로 도약을 위한 준비-로컬푸드 활성화 워크숍 및 전문가협의회 개최-.

농림축산식품부(2015. 12. 16). 농림축산식품부 보도자료, 식품소비량 및 소비행태조사.

농림축산식품부, 한국농수산식품유통공사(2021). 2021년 2분기 외식산업경기전망지수 보고서.

농진청 국립농업과학원(2014). 식용곤충식량 및 사료안보전망.

대구대학교 식품영양학과(2005). 단체급식소 이벤트 식단. 학술대회 자료집.

대한영양사협회 서울시영양사회(2013). 외국인 환자 식단 개발 연구.

류무희, 진상희, 나정기(2009). 한식당 식공간 연출 측정도구 개발에 관한 연구. 외식경영연구, 12(5): 161–185.

명천유치원(2015). 2015년 12월 3주 식단.

문예지(2015). 파티 서비스 품질의 중요도와 만족도에 관한 연구. 성신여자대학교 문화산업대학원 석사학위논문.

박해정, 윤성균, 이지매, 김은진, 배현주(2005a). 중고등학생의 이벤트 식단에 대한 기호도 조사. 한국식품조리과학회 추계학술대회 자료집, .125.

박해정, 이기열, 이진화, 양선희, 황보미애, 배현주(2005b). 사업체 급식소 이벤트 식단에 대한 선호도 조사. 대한지역사회영양학회 국제학술대회 자료집. 111.

방문규(2009). 한식 산업화·세계화 추진계획(안). 식품산업과 영양 14(1), 1 11.

배현주(2006). 대학생의 이벤트 식단에 대한 선호도 조사. 대한영양사협회 학술지, 12(3): 235–242.

변가희(2015). 성인남녀의 파티 인식에 관한 연구. 성신여자대학교 문화산업대학원 석사학위논문.

보건복지부(2010). 식생활지침.

보건복지부, 한국영양학회(2015). 2015 한국인 영양소 섭취기준.

보건복지부, 한국영양학회(2021). 한국인 영양소 섭취기준 활용연구

보건복지부, 한국영양학회(2020). 2020 한국인 영양소 섭취기준.

보건복지부(2015. 10 .6). 보건복지부 보도자료, 2014년 국민건강영양결과 발표.

보건복지부(2016). 국민 공통 식생활지침.

부고운(2015). 저나트륨 한식 조리법 개발 및 활용방안. 석사학위청구논문. 대구대학교 대학원, 49.

분당 서울대병원 직원식당(2016). 2016년 1월 2주 식단.

서울 강남 논현 데이케어센터(2015). 2015년 11월 4주 식단.

서울 세화고등학교(2015). 2015년 11월 1주 식단.

서울 용문중학교(2015). 2015년 11월 2주 식단.

서정숙, 김경원, 윤은영, 배현주(2006). 영양취약집단의 영양교육용 컨텐츠 개발사업. 식약청 용역과제 결과보고서.

식품의약품안전처(2009). 집단급식소 위생관리 매뉴얼.

식품의약품안전처(2010). 식품안전장보기. 홍보포스터.

식품의약품안전처(2012). 잔류농약, 이제 걱정하지 마세요.

식품의약품안전처(2015). 나트륨 건강하게 먹기.

식품의약품안전처(2015). 어르신을 위한 함께하는 건강식사 길라잡이.

식품의약품안전처(2015). 주요 식재료 검수도감 e-book.

식품의약품안전처(2015. 9). 식품의약품통계연보 제 17호.

식품의약품안전처(2016). 생애주기별 식생활.

식품의약품안전처(2020). 식품통계로 알아보는 HMR(가정간편식) 이야기.

식품의약품안전청(2012). 임산부를 위한 건강레시피.

윤지현(2011). 취약계층 어린이 급식 안전관리 지원 콘텐츠 개발을 위한 연구. 식품의약품안
전처 용역연구 보고서.

이경아(2004). 사랑이 있는 테이블전.

이경아(2005). 행복한 테이블세팅전.

이경아(2006). 송년파티를 위한 테이블 코디네이션전.

이경은, 홍완수, 김미현(2005). 채식중심 학교 급식 메뉴에 대한 중·고등학생들의 선호도. 대
한영양사협회 학술지, 11(3): 320-330.

이민아(2008). 한식의 세계화 전략. 식품과학과 산업(12월호), 41(4).

이수정, 이진민, 장연순(2010). 라이프스타일의 변화에 따른 식공간디자인에 관한 연구-국
내 파티문화를 중심으로. 한국화예디자인학연구, 22(1): 227-248.

이순영, 계승희, 이윤주, 조영연, 백재은, 김운진, 송윤희(2013). 행복 레시피. 경기도 고혈압
당뇨병 광역교육센터.

이연경, 서정숙, 배현주, 백재은(2014). 저염장을 이용한 저나트륨 한식 메뉴 조리법 개발. 농
림축산식품부 용역과제 결과보고서.

이유리(2006). 라이프스타일 유형에 따른 파티 잠재고객의 공간 연출과 음식에 대한 중요도
차이 연구. 세종대학교 관광대학원 석사학위논문.

이혜림(2014). 파티 공간 디자인의 스타일 분류와 추구효익에 따른 선호도. 고려대학교 공학
대학원 석사학위논문.

조성호, 김영태, 김광수(2009). 호텔 컨벤션에서의 양식메뉴, 푸드 스타일링, 테이블 위어조
화, 테이블 스타일링이 식공간 연출에 미치는 영향. 호텔경영학연구, 18(6): 71-89.

최웅, 정봉구, 우성근(2011). 레스토랑의 식공간 연출이 고객만족에 미치는 영향. 외식경영연
구, 14(1): 67-86.

통계청(2015). 국민영양건강조사.

통계청(2015. 9. 23). 통계청 보도자료.

한국건강기능식품협회(2021). 건강기능식품 시장 구조 및 현황 데이터.

한국농수산식품유통공사(2021). 2020년 가공식품 세분시장 현황 보고서.

한국보건산업진흥원(2015). 용역과제 최종보고서.

한국불교문화사업단(2015). 사찰음식의 정의, 특성, 역사.

한국삼육고등학교(2015). 2015년 11월 급식 식단표.

한국은행 경제통계 시스템(2015). 국내총생산.

한국이슬람교(2015). 할랄인증서 발급 안내.

한민희(2011). 한국 전통스타일 파티 공간 연출. 석사학위논문. 숙명여자대학교.

홍진배, 이애랑, 윤지영, 정현아, 배현주, 최수근, 최재석, 천은구, 김준호(2013). 2014 인천아시아경기대회 선수촌·미디어촌 급식메뉴 선정 및 원가계산 용역과제 결과보고서. 2014 인천아시아경기조직위원회.

환경부, 한국환경공단(2020). 전국 폐기물 발생 및 처리 현황(2019년도).

환경부(2015). 환경기술과. 환경마크제도와 환경마크제품.

기사

대한급식신문(2012. 10. 19). 100% 식물성 단체급식? 가능합니다! 약 50%의 온실가스가 축산업에서 발생… 먹을거리와 환경은 동반자.

대한급식신문(2015. 10. 29). 할랄인증 '니맛' 세계 한식 알리기 일조. 인천공항 내 유일한 한식 할랄인증 메뉴… 세계 입맛 공략.

대한급식신문(2015. 11. 11). 구내식당, 오늘은 어떤 특별식이 나올까.

동아사이언스(2015. 12. 20) 세계 각국의 독특한 크리스마스 음식.

매일경제(2015. 10. 2). 곤충은 징그러워? 미래 먹거리로 주목.

매일신문(2021. 2. 16). '곤충 원료' 미트볼·소시지는 어떤 맛?…친환경·저탄소 단백질로 주목.

보건복지부(2016). 정부, 건강한 식생활을 위해 '국민 공통 식생활지침' 제정.

불교신문(2015. 10. 26). 이탈리아 밀라노에 한국 사찰음식 인기폭발.

비즈니스 와치(2021. 9. 26). 고기 대신 '곤충' 한 입 어떠세요?

식품의약품안전처(2015. 9). 식품의약품통계연보 제17호.

YTN(2015. 3. 17). 저물가 지속에 작년 '엥겔계수' 최저 수준.

이코노믹리뷰(2015. 12. 13). 뉴욕 짠맛과의 전쟁, 음식메뉴에 소금통 표기.

이코노믹리뷰(2015. 12. 25). 푸드테크(Food-Tech), 현재와 미래.

조선비즈(2014. 11. 24). 美 수퍼마켓 60% 점령한 '코셔(Kosher·유대교 율법 따른 음식) 인증'.

조선일보(2015. 7. 2). 통장어덮밥·한우곰탕… '도시樂' 드실래요.

중앙일보(2015. 12. 15). 맛있는 기술, 푸드테크.

코리아데일리타임즈(2019. 5. 3). 식물성 고기 '비욘드미트' 나스닥 데뷔 대성공, 160% 상승.

파이낸셜 뉴스(2015. 12. 23). 스마트팜 도입농가 생산성 평균 25%·소득 31% 증가.

푸드나라(2016). 식중독균, 이런 것이 있어요.

하이투자증권(2015). 농심실적 개선 하에서 태경농산의 HMR 등 성장성 부각될 듯.

한국경제(2015. 3. 9). "18억 무슬림 입맛 잡아라" 할랄푸드로 신성장 동력 찾는 식품기업들.

한국창업경제신문(2015. 2. 26). 2015년 외식업계 트렌드 '한식의 재해석'.

헤럴드경제(2015. 12. 25). 한국 남아 비만 OECD 평균 ↑… 아동 비만 증가세.

헤럴드경제(2021. 10. 1). 3D 프린터로 찍어낸 참치부터 로봇팔이 만든 '한식'까지…푸드테크
     의 진화[언박싱].

홈페이지

농림축산식품부 https://www.mafra.go.k

농식품정보누리 http://www.foodnuri.go.kr

명천유치원 홈페이지 http://www.mckid.cnekids.kr

바로정보 https://www.baroinfo.com

보건복지부 http://www.mohw.go.kr

사찰음식 http://www.koreatemplefood.com

친환경인증관리정보시스템 http://www.enviagro.go.kr

코리아이슬람 http://www.koreaislam.org

통계청 http://www.kostat.go.kr

푸드세이프티코리아 http://www.foodsafetykorea.go.kr

한국민족문화대백과 http://encykorea.aks.ac.kr

한국보건산업진흥원 http://www.khidi.or.kr

한국비건인증원 http://vegan-korea.com

한국식품안전관리인증원 http://www.haccpkorea.or.kr

한국환경공단 http://www.keco.or.kr

환경부 http://www.me.go.kr

환경부 환경통계포털 http://stat.me.go.kr

302

저자 소개

백재은
숙명여자대학교 대학원(이학박사)
부천대학교 식품영양학과 교수

배현주
숙명여자대학교 대학원(이학박사)
대구대학교 식품영양학과 교수

이경아
동아대학교 대학원(이학박사)
대구가톨릭대학교 식품영양학과 교수

류시현
성신여자대학교 대학원(이학박사)
배재대학교 외식조리학과 교수

김옥선
숙명여자대학교 대학원(이학박사)
장안대학교 식품영양학과 교수

이영미
서울대학교 대학원(생활과학박사)
명지대학교 식품영양학과 교수

권수연
서울대학교 대학원(생활과학박사)
신구대학교 식품영양학과 교수

식생활관리

2022년 2월 28일 초판 1쇄 발행

지은이 백재은 외 6
펴낸이 류원식
펴낸곳 **교문사**
편집팀장 김경수
책임진행 권혜지
디자인 신나리
본문편집 우은영

주소 (10881)경기도 파주시 문발로 116
전화 031-955-6111
팩스 031-955-0955
홈페이지 www.gyomoon.com
E-mail genie@gyomoon.com
등록 1968. 10. 28. 제406-2006-000035호
ISBN 978-89-363-2311-0(93590)
값 23,000원